国家哲学社会科学基金重大招标项目（15ZDB014）阶段性成果
江苏省优势学科建设工程三期项目
中国人民大学伦理学与道德建设研究中心“乡村道德与文化振兴研究所”成果
江苏高校哲学社会科学重点研究基地“乡村文化振兴研究中心”项目
中国特色社会主义道德文化省部共建协同创新中心项目
中华文化发展湖北省协同创新中心项目

伦理如何『回』乡村

王露璐　著

上海三联书店

内容简介

乡村是中国社会的根基，关于中国乡村伦理的研究可以而且应当成为伦理学研究的重要组成部分。本书收录了作者关于中国乡村伦理研究的代表性论文及与此相关的书评和报道，涉及中国乡村伦理的理论资源、历史发展和现实问题，既从理论层面丰富了伦理学研究的内容和方法，又从实践层面对我国乡村振兴战略的实施提供了有益参考。

伦理如何“回”乡村（代前言）

乡村是中国社会的基础和主体。费孝通先生在其经典著作《乡土中国》中，开篇即提出：“从基层上看，中国社会是乡土性的。”梁漱溟先生也曾指出，中国的文化、法制、礼俗、工商业等，无不“从乡村而来，又为乡村而设”。乡村是中国传统伦理精神形成和孕育的基本单位。从一定意义上说，家庭和乡村，构成了中国伦理精神的两大源泉。

基于对中国社会这种“乡土性”的认识，自19世纪末开始，中国乡村社会在得到各方人士重视的同时，也日渐成为学术关注的对象。20世纪，乡村研究始终是我国学界的中心课题，吸引了社会学、经济学、人类学、历史学等众多学科的探讨。比较而言，伦理视角下的乡村研究无论从深度和广度上说都显得相当薄弱，几近阙如。以至于可以说，在整个20世纪，乡村似乎成了我国伦理学研究中“被遗忘的角落”。或者说，在众多学科纷纷走进“乡土”的时候，与中国乡村社会本应有着最密切的学术关联的伦理学却选择了一条离弃“乡土”的“现代化之路”。

缘于此，自2004年开始，我逐渐聚焦于伦理视角下的中国乡村研究，并在2007年出版了第一部专著《乡土伦理——一种跨学科视野中的“地方性道德知识”探究》（人民出版社，2007年版）。在该书中，我以苏南这一独特的区域为典型，管窥中国乡村社会独特的伦理关系和道德生活样式。借用费孝通先生对中国社会的“乡土性”概括，我将这种具有“乡土”特色的中国乡村伦理称为“乡土伦理”。易而言之，乡土伦理的基本形态和特征是基于“乡土中国”之乡土特性的。无论是勤勉重农的生产理念，还是信任互助的人际交往，抑或是村规民约的制度设置，乡土伦理都显示出封闭、稳固和平衡的基本特征。也正是此种契合了“乡土中国”特征的“乡土伦理”，维系着传统乡土社会的秩序。

在研究和写作过程中，我也日渐感受到中国乡村在市场经济和全球化背景下发生的巨大变化，并在一种强烈的学术兴奋感驱使下确定了自己的后续研究——将视线转向更加广阔的空间，探究转型期的中国乡村伦理问题。2011 年，我以“社会转型期的中国乡村伦理问题研究”为选题，申报国家哲学社会科学基金重点项目并获得立项。

不过，项目启动后，我越来越强烈地感受到这一研究面临的困难和压力。一是田野调查工作的艰巨性。转型期的中国乡村伦理问题研究，应当选择地处不同区域的多个不同规模、类型的村庄开展田野调查，并在此基础上进行比较研究。然而，实地调查工作在时间、人员、精力等各方面的可行性，使得田野工作只能局限于少量的村庄个案，这显然难以充分反映中国乡村社会的地域差异性，也无法成为判断和应对中国乡村伦理问题的充分论据。二是面临问题的复杂性。伴随着传统的“乡土中国”向“新乡土中国”的转变，中国乡村社会的伦理关系和道德生活究竟出现了何种变化？与之相对应的既不失乡土本色又蕴涵现代价值的“新乡土伦理”如何生成？这其中蕴含的“问题”的复杂性，显然难以通过一个课题的研究完整地呈现、阐释并解决。由此，转型期的中国乡村伦理问题研究似乎成了一个“不可能完成的任务”，课题立项初期的兴奋感在其后更多地被一种完成课题的焦虑和压力所取代。

所幸的是，2012 年暑假，我带领调研团队先后赴贵州朗利村和河南扁担赵村进行了田野调查。也正是在两个村庄的田野工作中，我重新拾获了久违的学术兴奋感,也在与访谈对象和课题组成员的交流中捕捉到了大量的灵感和火花。田野工作不仅为我提供了鲜活的数据和访谈资料,更让我找到了这一研究的某种"捷径",即把研究的重点放在转型期中国乡村伦理的"问题"及这些问题的解决路径的探究上。在其后的课题研究中,我不再将构建一个系统完整的乡村伦理理论体系作为课题的研究目标,而是立足于对"什么问题"、"问题何以产生"、"问题如何解决"的思考和分析。易而言之,作为课题研究的成果,本书所涉及的,是转型期中国乡村伦理关系和道德生活变化中若干值得关注的重点问题,如:乡村伦理共同体的式微与重建、农民行为选择的伦理冲突与化解、乡村分配伦理问题、乡村人际信任问题、乡村道德权威问题、乡村礼治秩序和法治秩序的关系问题、城乡公平问题,等等。

改革开放30多年来,以农业的工业技术化、农村的城镇化和农民的流动性、市民化为基本内容的农村改革进程,极大地改变了中国乡村社会的生产方式和生活方式,也引发了乡村伦理关系和农民道德观念的变迁。可以说,今天的中国乡村社会较之传统乡土社会已发生了质的变化,出现了一系列新的特征。其一,作为传统乡土社会主导关系的血缘与地缘关系受到冲击。其二,农民的分层导致差序格局被突破。其三,人际交往不再局限于自然的聚居村落所产生的熟人社会,社会关系开始向村落间及更广范围发展。与之相对应,乡村伦理关系和道德生活出现了新的变化。敢于冒险、开拓创新、求富争先的现代经济理性意识,在相当程度上改变了传统乡土伦理勤勉重农的价值取向;乡村人际关系的理性化程度逐渐提高,农民信用意识、契约意识、责任意识得以萌生并日渐增强,从而为传统乡土社会信任互助的交往伦理注入了新的内容;农民的法律意识、自我意识、权利意识逐步强化,对法律条文的认同感和践行度逐渐提升,传统村规民约的道德感召力和约束力则日渐式微。

鉴于“乡土中国”在市场经济和全球化的背景下发生了巨大的变化，有学者提出了“新乡土中国”这一概念。事实上，我们不难从纵向的时间维度上理解，“新乡土中国”之“新”，在于较之中国传统乡村社会生产、生活方式的封闭性和稳定性，今天的中国乡村已然呈现的开放性和市场性特征。同时，我们也不难从横向的空间维度上发现，较之城市的市场化和现代化程度，中国乡村社会仍然在生产、交换（交往）、分配、消费等方面保留着大量并未在现代市场经济浪潮冲刷中完全丧失的“乡土本色”，这也正是“新乡土中国”仍有“乡土”之谓的原因所在。简言之，“新乡土中国”是一个“现代性的乡土社会”。

由是观之，当我们强调伦理“回到”乡村时，需要首先明晰的是：回到何种乡村？以何种伦理回到这样的乡村？伦理又如何回到此种乡村？面对转型期中国乡村工业化、市场化进程的加快，我们已然无法回到费孝通先生所说的“乡土中国”而似乎只能感慨“故乡不再是故乡，感怀无以维系的乡愁，或是发出张爱玲式的感叹——我们回不去了”！转型期的中国乡村社会，从伦理视角看，根植于传统乡土社会生产、生活和交往方式的“乡土伦理”逐渐“退场”，而与当前乡村市场经济发展相适应的伦理文化尚未建构并“出场”，由此产生的乡村社会伦理“缺场”现象，是造成诸多问题的伦理文化根源。笔者以为，实现乡土伦理的现代转型，建构具有中国特色的新乡土伦理，其关键点有二：一是寻求乡土伦理之“历史之根”与“现代之源”的成功嫁接；二是实现乡土伦理之“地方性知识”与“普适性意义”的有效整合。如果说，乡土伦理是在封闭和稳固中实现自身的平衡，并以此成为传统乡土社会的伦理根基，那么，新乡土伦理则应顺应开放和变革的时代背景实现一种“动态平衡”，换言之，新乡土伦理绝不是某些一成不变的伦理范式或道德规范，而是在不断借鉴和融合现代理念和其他“地方性道德知识"中先进成分的基础上实现自身伦理文化的提升与优化。唯此,新乡土伦理方能既显其"新"之内涵,又不失其"乡土"之本色,也才能真正成为转型期中国社会新的伦理精神源泉。

《新乡土伦理——社会转型期的中国乡村伦理问题研究》一书,正是笔者在多年来中国乡村伦理的研究中,对"伦理如何'回到'乡村?"这一问题的思考。在本书出版的过程中,我申报的国家社科基金重大招标项目"中国乡村伦理研究"获批立项,也使我对中国乡村伦理更加系统完整的研究成为一个必须完成的任务。因此,本书与其说是课题研究的"完成",毋宁说是我和田野工作团队进一步系统和全面地研究中国乡村伦理的又一次"准备"。不过,这一"准备"的过程,也让我更加坚定自己的学术方向和道路:走进乡土,贴近农民,是理解中国社会伦理关系和道德状况的根本。

(原文刊于《博览群书》2017年第5期)

目　　录

【乡村伦理的历史传统与现代发展】

【乡村治理与乡村伦理】

【“地方性道德知识”与乡村伦理】

【附录：书评及报道】

【乡村伦理研究的基本理论与方法】

中国乡村经济伦理之历史考辩与价值理解

中国传统乡村社会在自给自足的生产方式和相对封闭的生活方式的基础上，形成了具有自身特色的乡村经济伦理。借用费孝通先生对中国社会所作出的“乡土性”概括，[①]可以将这种具有“乡土”特色的中国乡村经济伦理称为“乡土伦理”。近代以来，传统乡土伦理的传承和变迁已经并将进一步影响我国乡村社会经济的发展。深入考察中国乡村经济发展与伦理道德的互动关系，从而更深刻地把握当代中国乡村道德发展的内在规律，对于社会主义和谐乡村的建设与发展，具有十分显见的理论价值和现实意义。

一、乡土伦理之现代变迁

道德的产生和发展，是由社会的经济关系尤其是作为其直接表现的利益关系决定的。因此，对近代以来中国乡土伦理变迁的历史考察，也应以中国乡村社会中经济关系和利益关系的变化为切入点。中国传统社会在其两千年的历史中，“几乎与世界其他大文化完全隔绝，而近乎一种平衡、稳固及‘不变的状态’”。[②] 但是，1840 年的鸦片战争改变了中国的历史。科学、技术、文化的侵入及其所产生的工业化、城

① 费孝通：《乡土中国　生育制度》，北京：北京大学出版社，1998 年，第 1 页。
② 金耀基：《从传统到现代》，广州：广州文化出版社，1989 年，第 49 页。

市化进程，使中国社会走进了从“传统”到“现代”的“转型期”。在中国乡村社会，这一转型主要体现为农业的工业技术化、农村的城镇化和农民的市民化过程。尽管中国乡村社会的变迁比城市要缓慢得多，但我们依然可以看到，近代以来，我国乡村社会经济的发展突破了传统的生产方式，改变了乡村经济关系和利益关系，从而使传统的乡土伦理也发生了相应的变迁。

在18—19世纪的中国历史发展过程中，出现了以往周而复始的更替或循环中未曾有过的两大因素：一是“人口增长到了真正空前的水平”，二是西方资本主义的野蛮式进入带来了“比中国先前游牧民族入侵者更带有根本性的挑战”。[①] 在这两个因素的作用下，中国传统乡村社会自给自足的自然经济开始解体。商品经济一定程度的发展，开始动摇了乡村社会恋土重农、重本轻末、安土重迁等传统伦理价值观念。进入20世纪，中国乡村经济的商品化进程进一步加速。黄宗智曾引用大量数据证明，河北和山东西北部的小农经济，“在20世纪的三四十年中经历的商品化程度，至少相当于过去三个世纪”。[②] 乡村经济的商品化使乡村从传统的熟人社会逐步转变为半熟人社会，生产关系也“从一种在相识的人之间、面对面的长期性关系，改变为脱离人身的、短期性市场关系”。[③] 与之相伴随，农民的市场意识、契约意识开始萌芽。同时，人口的继续增加和人地矛盾的进一步突出，自然灾害带来的恶劣生存条件，沉重赋税的压迫及由战争所引发的动荡，使20世纪30年代以后农民离土离乡的人数急剧增加。离开土地的农民，无论进城务工或从商，都开始了与现代生产和生活方式的接触。也正是

① 费正清、费维恺：《剑桥中华民国史》(下卷)，刘敬坤等译，北京：中国社会科学出版社，1993年，第8页。

② 黄宗智：《华北的小农经济与社会变迁》，北京：中华书局，2000年，第124页。

③ 黄宗智：《华北的小农经济与社会变迁》，北京：中华书局，2000年，第212页。

在这种接触中，农民的经济价值观、生活态度及行为方式发生了一些变化，效率意识、自我意识、合作意识等现代经济价值观开始被一些农民接受。

1949年新中国成立，中国共产党领导的土地制度改革彻底改变了中国乡村原有的社会生产关系，使中国农村的土地占有情况发生了根本的变化。在这一过程中，广大贫农和雇农通过平分土地实现了“获得财富的愿望”，[①]并在此基础上产生了一定程度的政治平等和主人翁意识。同时，土改使农村社会的经济条件更加平均，这在无形中强化了农民的平均主义思想。这种平均主义思想在合作化运动后得到进一步增强，并通过人民公社化运动达到顶峰。在汹涌澎湃的“共产风”中，农民模糊了“公”与“私”的界限：我的就是公家的，公家的也就是我的。“公”与“私”的混淆和转化，产生了责任不清、平均主义和“等、靠、要”的懒汉思想。每个人似乎都有责任承担工作，但每个人的责任却无法区别清楚；每个人在集体财产中都应有一份，而与其劳动的数量和质量无关；每个人都把自己算作“公”的一个组成部分，因而“公”的或“别人”的帮助也就被视为理所当然。[②] 在当时全国近四百万个“大食堂”中，顿顿吃干饭、放开肚皮吃、边吃边糟蹋，成为十分普遍的现象。我们可以从中看到，不合理的经济制度对农民良好道德风尚的极大破坏。

中国的改革是从农村开始的。家庭联产承包责任制的实行，从根本上改变了长期以来平均主义的分配方式，极大地调动了农民的积极性，促进了农村生产力的发展，从而带来了中国农村的一系列巨大变

① 对大多数贫农来说，参加土改是出于获得财富的愿望。在对地主进行剥夺后，其绝大部分土地被重新分配给穷人，贫农获得与他们从前曾经租耕的面积相当的土地。参见：[美]麦克法夸尔，费正清编：《剑桥中华人民共和国史(1966—1982)》，北京：中国社会科学出版社，1998年，第656页。

② 王晓毅：《血缘和地缘》，杭州：浙江人民出版社，1993年，第110页。

化。这些变化中，农民自主、自立、平等、勤劳、节俭等意识大大增强。家庭联产承包责任制的实行使农村劳动力出现了明显剩余，农副产品的增加和国家统派购制度的取消使农村市场得以重建。这两个变化促成了中国乡镇工业的兴起和发展，并进一步推动了中国乡村经济的发展，也为传统农民向现代的转变提供了真正的可能。[①] 大量农民在由传统向现代的转换中，产生了难以在农耕活动中真正建立的效能感、时间感和计划性，市场意识、信用意识、契约意识、责任意识、权利意识和创新精神也大大增强。当这些新的理念内化为农民的自觉意识时，新一代的农民产生了。在这里，我们似乎可以找到对孟德拉斯所谓“农民的终结”之最佳诠释：孟德拉斯所说的“农民的终结”，并不是“农业的终结”或“乡村生活的终结”，而是“小农的终结”。[②] 具备现代经济伦理观念的一代新型农民，是市场经济背景下中国乡村经济发展的必然产物。

二、“经济决定论”与“精神气质论”：两种理解路径及其整合

在乡村经济伦理生活的历史变迁中理解经济发展与伦理道德之间的互动关系，包括两个相互关联的价值维度：一是揭示乡村经济发展所带来的伦理变迁，二是探寻伦理文化对乡村经济发展的推进与支持或者抑制与阻碍。就此而言，在理论史上，至少有两种为人们所熟知的理论范式，即马克思主义的“经济决定论”和韦伯的“精神（伦理）气质论”。可以说，此两种看似矛盾却实质相通的理论阐释，为我们理解中国乡村经济发展与“乡土伦理”的互动关系提供了基本的理论资源。两者之整合可以为我们提供理解中国乡村经济伦理生活之本真

---

① 周晓虹：《传统与变迁——江浙农民的社会心理及其近代以来的嬗变》，北京：三联书店，1998 年，第 230—247 页。

② 孟德拉斯：《农民的终结》，李培林译。北京：社会科学文献出版社，2005 年，第 2 页。

状态的较为完整的理论镜像。

马克思主义经典作家对经济发展与伦理道德之间关系的分析，是以唯物史观为基础的。马克思明确指出："物质生活的生产方式制约着整个社会生活、政治生活和精神生活的过程。不是人们的意识决定人们的存在，相反，是人们的社会存在决定人们的意识。"[①]恩格斯也强调："人们自觉地或不自觉地，归根到底总是从他们阶级地位所依据的实际关系中——从他们进行生产和交换的经济关系中，获得自己的伦理观念。"[②]因此，道德总是历史地发生、发展和发挥作用的，没有"凌驾于历史和民族差别之上的不变的原则"，"一切以往的道德论归根到底都是当时的社会经济状况的产物"。[③] 在马克思主义唯物史观的视野中理解经济发展与伦理道德之间的关系，应当遵循的基本逻辑思路是：道德受一定社会的经济发展水平和经济制度的制约。道德的产生、内容及其作用的范围，由社会的经济关系和作为经济关系直接表现的利益关系决定。因此，必须从经济关系特别是从利益关系的变动中，寻找道德变化发展的规律。正是基于这样的认识，人们将"经济决定论"视为马克思主义伦理学在经济发展与伦理道德关系问题上的基本立场。

"经济决定论"是马克思主义伦理学处理经济发展与伦理道德关系的基本原则，但是这一原则不应被理解为经济发展对伦理道德的机械决定。事实上，马克思主义经典作家在强调经济关系对道德之决定作用的同时，从来没有否认道德的相对独立性及其对经济发展的反作用力。恩格斯告诫人们不要用"经济唯物主义"精神使思想庸俗化，他

---

① 马克思、恩格斯：《马克思恩格斯选集》(第 2 卷)，北京：人民出版社，1995 年，第 32 页。

② 马克思、恩格斯：《马克思恩格斯选集》(第 3 卷)，北京：人民出版社，1995 年，第 434 页。

③ 马克思、恩格斯：《马克思恩格斯选集》(第 3 卷)，北京：人民出版社，1995 年，第 435 页。

强调指出，精神生活的每个领域一经产生，就具有相对的独立性。同科学和艺术一样，道德也具有相对独立性。在一般地取决于社会经济这个前提下，道德有其自身的发展趋势，并以其特殊的方式对经济发展产生反作用。[①] 这种反作用表现在：道德既可能以其先进性推进经济的发展，成为经济发展不可或缺的支持因素乃至动力，亦可能以其落后性抑制经济的发展，成为经济发展的阻碍因素甚至桎梏。

韦伯关于新教伦理与资本主义精神之关系的理论命题，为理解经济发展与伦理道德之关系提供了又一认识范式。由于韦伯更多的是从新教伦理、精神气质的角度研究资本主义，加之他明确将马克思的“经济决定论”看作是一种“片面的唯物论”并加以反对，因此，韦伯命题往往被概括为“精神（伦理）气质论”并被视为与马克思的“经济决定论”相对立的认识范式。然而，全面解读韦伯命题的研究背景和文本，即可发现，韦伯对马克思的历史分析十分佩服并深受影响，认为马克思从经济和技术方面去探讨历史事件的造因是发前人所未发。[②] 无论在研究方法还是结论上，我们都可以找到两者的相通之处。

从研究方法来看，韦伯在《新教伦理与资本主义精神》中采用的是从具体到抽象的研究方法。他抓住了资本主义的最主要的经济特征，一层一层地探索其背后的精神塑造痕迹，最终找到了资本主义发展的精神渊源。这正是马克思在《资本论》中对资本主义生产方式的本质进行研究时所采用的方法。同时，韦伯的研究方法体现了历史考察与逻辑考察的统一。在他看来，资本积累、雇佣劳动等经济事实是资本主义发展的历史起点，与此相对应，资本积累、雇佣劳动等概念是在理

① A. H. 季塔连科：《马克思主义伦理学》，黄其才等译，北京：中国人民大学出版社，1984 年，第 32 页。

② 余英时：《关于韦伯、马克思与中国历史研究的几点反省——《中国近世宗教伦理与商人精神》自序》，载于《儒家伦理与商人精神》，桂林：广西师范大学出版社，2004 年，第 217 页。

性框架中认识资本主义发展与新教伦理精神内在联系的逻辑起点。韦伯在对新教各宗各派的历史考察中所探究的“天职”、“职业观”、“禁欲主义”、“理性行事”等概念，是与作为资本主义基本经济事实的资本积累和雇佣劳动相对应的。这种逻辑考察方法体现了历史的发展过程，它不仅不是主观的或唯心主义的，相反，与马克思的历史唯物主义方法论有异曲同工之处。[1]

尽管韦伯高度肯定了以禁欲主义观念为核心的新教伦理与西方资本主义兴起之间存在的“选择性的亲缘关系”(elective affnity)，但他始终没有将新教伦理视为促进西方理性资本主义兴起和发展的唯一根据，也没有否认经济因素的决定作用。在《新教伦理与资本主义精神》一书的结束之处，韦伯十分清楚地指出:“这里我们仅仅尝试性地探究了新教的禁欲主义对其他因素产生过影响这一事实和方向；尽管这是非常重要的一点，但我们也应当而且有必要去探究新教的禁欲主义在其发展中及其特征上又怎样反过来受整个社会条件，特别是经济条件的影响。……但是，以对文化和历史所作的片面的唯灵论因果解释来代替同样片面的唯物论解释，当然不是我的宗旨。每一种解释都有着同等的可能性，但是如果不是做做准备准备而已，而是作为一次调查探讨所得出的结论，那么，每一种解释不会揭示历史的真理。”[2]也就是说，韦伯坚持一种历史多因论的观点，不能认同将物质因子看作可以解释一切历史现象的最后之因。[3] 但是，韦伯也十分清楚地看到了资本主义经济发展对禁欲主义精神的影响，他认为，伴随着物质

---

① 叶静怡:《韦伯〈新教伦理与资本主义精神〉的方法论和思想研究》,《北京大学学报(哲学社会科学版)》,1999 年第 4 期。

② 马克斯・韦伯:《新教伦理与资本主义精神》,于晓、陈维纲等译。北京:三联书店,1987 年,第 143—144 页。

③ 余英时在《中国近世宗教伦理与商人精神》自序中指出，尽管韦伯认同马克思从经济和技术方面去探讨历史事件造因的基本方法，但他反对将经济看作因果系列中的最后定点，更不同意把这一观点提升为一种全面的“世界观”(Weltanschauung)。

财富的巨大增长，物质产品对人类的生存"开始获得了一种前所未有的控制力量，这力量不断增长，且不屈不挠。今天，宗教禁欲主义的精神虽已逃出这铁笼(有谁知道这是不是最终的结局?)，但是，大获全胜的资本主义，依赖于机器的基础，已不再需要这种精神的支持了"。[①]在此，韦伯已然十分明确地表明了资本主义生产方式的发展对伦理道德所产生的巨大影响。

可见，在经济发展与伦理道德的关系问题上，马克思主义经典作家与韦伯所作出的理论阐释，并非两种截然对立的"唯物"与"唯心"的认识范式。事实上，两种阐释都看到了经济发展与伦理道德之间的互动关系，即经济的发展决定着伦理道德的产生和变化，伦理道德对经济的发展具有反作用。从这一意义上说，马克思主义经典作家和韦伯从不同的理论原点出发，殊途同归地得出了实质相通的研究结论。这一结论，为我们提供了理解中国乡村经济伦理生活变迁过程中经济发展与伦理道德之互动关系的基本逻辑思路。

三、乡土伦理与"社会主义新农村建设"

如果说，乡村经济生活与道德生活之交融互动是不可或缺且相互促进的，那么，作为一个与实践相关的历史性主题，乡土伦理是否能在当前的"社会主义新农村建设"中彰显其现代价值呢?

事实上，就伦理道德对农村建设之功能的考察不乏前人之功。不少国内外学者在研究我国乡村问题时都注意到了伦理文化对乡村经济发展的重要影响。其中，尤其值得我们关注的是民国时期以梁漱溟、晏阳初为代表的乡村建设理论及其实践。梁漱溟认为，乡村建设运动起于乡村的破坏和救济。在他看来，近代以来西方入侵所导致的

---

① 马克斯·韦伯:《新教伦理与资本主义精神》，于晓、陈维纲等译。北京：三联书店，1987年，第142页。

"文化失调"破坏了中国乡村社会伦理本位的礼俗秩序，从而导致乡村破坏。因之，乡村救济的路径是通过乡村建设建立新的乡村文化礼俗，从而恢复伦理本位的社会秩序。① 晏阳初则指出，中国的根本问题是"人的问题"，而建设农村，也"首当建设农村的人"。② 完成这一建设的途径，是通过以文艺教育、生计教育、卫生教育和公民教育为内容的"四大教育"，解决中国乡村"愚"、"穷"、"弱"、"私"这四大基本问题。他以学校式、家庭式、社会式三种方式的连环推行为基本措施，将四大教育运用到乡村建设中，形成了乡村文化、经济、卫生、政治四大建设。

尽管梁漱溟与晏阳初的理论都有其局限性，但他们对乡村在中国社会经济发展中的重要地位及乡村伦理文化对乡村经济和社会发展的重要作用的认识，至今仍有其不可低估的时代价值。尤其应当看到的是，梁漱溟与晏阳初并没有仅仅满足于对中国乡村建设的纯学理探讨，而是身体力行地把这种探讨引向社会实践并取得了一定的成绩。梁漱溟在山东邹平地区通过为期 7 年的乡村建设实验，使这一地区匪乱不近，盗贼不兴，形成了良好的乡村秩序和社会风气。据艾恺考证，到 1937 年，邹平实验县已接近实现普及教育，在禁止贩毒、吸毒以及对赌博、缠足等社会陋俗的改造方面也取得了较好的效果。③ 可以说，以梁漱溟、晏阳初为代表的乡村建设理论与实践，为我们理解伦理文化对乡村经济发展的重要作用提供了十分有益的理论资源和实践例证。

回溯我国改革开放以来乡村经济的发展历程，亦可十分清楚地看到，伦理道德已成为我国乡村经济改革和发展进程中不可或缺的精神动力。发轫于中国农村的经济体制改革，在促进中国乡村经济极大发

① 相关理论观点，参见梁漱溟：《乡村建设理论》，上海：上海人民出版社，2006 年。

② 晏阳初：《晏阳初全集》(第 2 卷)，长沙：湖南教育出版社，1992 年，第 35 页。

③ 艾恺：《最后的儒家》，王宗昱、冀建中译。南京：江苏人民出版社，1996 年，第 259—275 页。

展的同时，也削弱了安土重迁、惧怕变革等保守意识，致富光荣、敢于争先、开拓创新等新型理念逐渐被广大农民所接受。在现代农业生产中，越来越多的农民认识到勤劳只是致富的必要而非充分条件，只有具备一定的知识和技术并运用市场意识和创新意识，才能率先走向富裕。如果说，20 世纪 70 年代末，安徽小岗村 18 户农民一纸“包产到户”的血书，是生存压力的逼迫下一次无奈的冒险与创新，而在随后的改革进程中，中国农民一次次超乎寻常的创新行为，则显示出不断强化的市场意识和创新意识。20 世纪 80 年代初，东部沿海地区乡镇企业的异军突起、河南林县“十万建筑大军出太行”带动的全国范围内的“民工潮”，可以视为初步具备市场意识的农民力图致富的理性选择；20 世纪 90 年代初期，山东诸城农民创造的“公司加农户养鸡模式”和寿光农民创造的“蔬菜批发市场”，推进了中国农业产业化的进程，也是市场意识更加成熟的农民作出的制度创新；进入 21 世纪，东部沿海地区乡村民营经济的迅猛发展，表明在市场经济大潮中成长起来的新一代农民，已经超越被动适应而走向主动创新。这一个个生动例证所体现的，正是在市场经济发展中逐渐生成的现代经济伦理观对乡村经济发展所产生的支持与推进。

社会主义新农村建设的目标是“生产发展、生活宽裕、乡风文明、村容整洁、管理民主”，这体现了物质文明、精神文明、生态文明和政治文明的高度统一。应当看到，新农村建设需要伦理道德为其提供强有力的动力和支撑。忽视伦理道德的支撑作用，必然陷入将新农村建设简单地理解为“建新路、建新楼、建新村”的认识误区，甚至产生急功近利、盲目建设的错误理念和实践。在这方面，韩国“新村运动”的实践经验是很值得我们思考和借鉴的。韩国从 1970 年开始的“新村运动”，其实质是一场由政府发起，以缩小城乡差距、改造农村、造福农民为目的，以倡导“勤劳、自助、合作”精神为核心，以改善农民生产生活条件的村庄建设项目和提升农民文明素质的思想教育为载体，物质文明建设与伦理精神教育互动的农村现代化建设运动。朴振焕博士给"新村运动"下的定义是：通过参加建设村庄项目，开发农民的生活伦理精神，从而加速农村现代化的发展。通过"新村运动"，农民的伦理思想发生了巨大变化，从宿命的"我们不能做"转变到"我们能够做"，自信心大大增强。"新村运动"树立的"勤劳、自助、合作"精神也逐渐转化为农民良好的生活伦理精神。这种良好的国民精神，弥补了当时韩国科学技术水平上的不足，提高了韩国整体的人力资本质量，为韩国经济的持续发展作出了巨大贡献。[①]

当然，将伦理道德视为乡村经济发展的精神动力，并非因此否认它对乡村经济发展可能产生的抑制和阻碍作用。相反，无论从理论逻辑还是历史事实来看，伦理文化对经济发展的反作用都是双重性的。传统的中国农民在长期自给自足的生产和生活方式中形成的道德观念和道德习惯，必然存在先天的缺陷和局限性。例如，作为小生产者和小私有者，他们的社会交往方式单调稀少，这就决定了他们道德特征上的自私狭隘性；分散的生产和生活方式，造就了他们比较散漫、缺乏组织纪律性的特点，等等。[②] 也正是这些缺陷的存在，在一定程度上阻碍了近代以来尤其是改革开放以来乡村经济的发展。认识到这一问题，有助于帮助我们把握存在于乡土伦理传统与现代市场意识之间的紧张关系，更加全面地审视伦理道德的双重作用。也唯有如此，才能兴利除弊，使乡土伦理之于社会主义新农村建设的推进价值得以更加充分地张扬。

（原文发表于《道德与文明》2007 年第 6 期）

---

① 朴振焕：《韩国新村运动——20 世纪 70 年代韩国农村现代化之路》，潘伟光、[韩]郑靖吉、魏蔚等译。北京：中国农业出版社，2005 年，第 2—4 页。

② 陈瑛：《改造和提升小农伦理》，《伦理学研究》2006 年第 2 期。

社会转型期的中国乡土伦理研究及其方法

一、"乡土"的离弃与回归：一种伦理学研究范式的转换

"从基层上看去，中国社会是乡土性的。"[①]费孝通先生对中国社会之"乡土本色"的概括，已然得到广泛接受和认同。事实上，华夏文明正是建立在自给自足的农耕生产和生活方式基础上的农业文明，乡土关系是中国传统农业社会中的基本关系。

正是基于对中国社会的"乡土性"认识，自 19 世纪末开始，中国乡村社会在得到各方人士重视的同时，也日渐成为学术关注的对象。20 世纪 20—30 年代，乡村成为革命者与学者共同关注的焦点。各党派纷纷谋划乡村救治之道，以梁漱溟、晏阳初为代表的乡村建设理论及其实践，更是超越对中国乡村建设的纯学理探讨而将其"乡土重建"思想引向社会实践。其后，费孝通、施坚雅、马若孟、黄宗智等人的中国乡村研究，或在田野调查基础上描述中国乡村社会结构和社会关系，或以西方理论作为解读中国乡村社会的理论资源。近十几年来，伴随着乡村在发达国家工业化进程中的日渐萎缩，西方学术界的乡村问

① 费孝通：《乡土中国　生育制度》，北京：北京大学出版社，1998 年，第 6 页。

题、农民问题研究呈现出趋冷之势。当代中国尽管在市场经济和全球化的背景下也发生了巨大的变化，但乡村生活依然是绝大多数中国人的生活方式。因此，乡村研究始终是我国学界的中心课题。从“三农问题”到“新三农问题”，及至方兴未艾的“新农村建设”，国内社会学、经济学、人类学、历史学等学科纷纷走进“乡土”。黄宗智曾明确提出，鉴于乡村在中国社会中显现的重要性和独特性，建立一门综合历史学、社会学、经济学、法学、人类学等学科的交叉学科——“乡村学”的时机已经成熟，中国的乡村研究将会领先于世界。[①]

回溯 20 世纪以来的中国乡村研究，不难发现，一些学者已将触角延伸至中国乡土社会的伦理文化及其对经济社会发展的影响。梁漱溟以恢复“中国乡村社会伦理本位的社会秩序”为基础，提出现代中国乡村社会的道德伦理重建问题，[②]对 20 世纪 30 年代国民党统治时期发动的道德建设运动产生了重要影响。费孝通提出的“乡土中国”、“血缘和地缘”、“差序格局”、“礼制秩序”、“长老统治”等概念工具，[③]已成为中国传统乡村社会结构和伦理观念问题上的经典概括。20 世纪 80 年代以来，一些学者也开始尝试从村落文化、社会心理等新的视角来透视乡村社会的发展，并对其中伦理文化的变迁和作用有所涉及。然而，与其他学科中乡村研究的活跃态势相比，伦理学对中国乡村社会的关注无论从深度还是广度上说都相距甚远。在一定意义上可以说，在众多学科纷纷走进“乡土”的时候，伦理学却选择了一条离弃“乡土”的“现代化之路”。

在笔者看来，中国伦理学对“乡土”之离弃，并非学者们刻意使然，更多是源于一种“自上而下”式的伦理学研究范式在学科内的高度认

① 黄宗智：《中国乡村研究》(第 1 辑)，上海：商务印书馆，2003 年，前言。
② 梁漱溟：《乡村建设理论》，上海：上海人民出版社，2006 年。
③ 费孝通：《乡土中国　生育制度》，北京：北京大学出版社，1998 年。

同。在整个20世纪,以"元伦理学"或"批判的分析伦理学"为代表的纯学理探究始终是西方伦理学的主流之一。在国内,"伦理学应回归生活"的呼声以及关于道德生活史和日常伦理生活的研究,在大量规范伦理学和分析伦理学的研究成果当中,至多也只能算是小插曲而已。然而,我们不应忘记,马克思主义创始人早就告诫我们:"人们自觉地或不自觉地,归根到底总是从他们阶级地位所依据的实际关系中——从他们进行生产和交换的经济关系中,获得自己的伦理观念。"[①]离开人类社会的历史语境和生活地域环境,我们无法理解人类真实的道德生活,甚至无法虚构所谓"一般的道德"或"作为道德的道德"。事实上,面对现代西方伦理学所创立的种种现代性道德理论,麦金太尔在20世纪80年代就断言18世纪启蒙运动以降论证道德合理性的种种谋划必定失败,而其根源正在于传统的中断或忘却使"我们所拥有的就只是一个概念构架的诸片断,并且很多已缺乏那些它们从中获取其意义的语境"。[②] 麦金太尔的这一论断,或许可以帮助我们思考和建立一种转型时期中国伦理学研究的新范式,即一种基于现实道德生活经验的、"自下而上"的综合—分析方法。秉持这一方法,面对中国社会的"乡土本色",伦理学之回归"乡土"也就成为一种必然的选择。

中华民族的传统伦理思想是在漫长的小农生产和生活方式的演进中逐渐形成并积淀下来的,具有十分明显的"乡土"特色。毋庸置疑,今天的中国正面临着以农业的工业技术化、农村的城镇化和农民的市民化为基本内容的乡村社会变迁。但是,这一变化并没有从根本上改变中国社会的乡土特性,乡村仍然是国家政治、经济、文化和道德

---

① 马克思、恩格斯:《马克思恩格斯选集》(第3卷),北京:人民出版社,1995年,第434页。

② 麦金太尔:《追寻美德》,宋继杰译,南京:译林出版社,2003年,第3页。

生活的根基所在。尤其应当注意的是，我国社会转型期的二元化城乡经济结构类型势必孕育着二元化的城乡伦理结构类型，即城市伦理与乡土伦理之分辨。从两者的关系看，一方面，现代城市伦理无疑脱胎于传统乡土伦理，后者是前者的“历史之根”；另一方面，城市伦理为现代乡村伦理注入了新时代的价值血液，从而成为后者的“现代之源”。当然，两者之间也必然存在着一种内在的紧张关系。由此，把握中国乡土伦理之关键，即在于从乡土伦理与城市伦理的内在紧张中实现“历史之根”与“现代之源”的成功嫁接。

二、“地方性道德知识”的建构：中国乡土伦理研究的切入点与方法论探讨

中国是一个有着9亿农民的农业大国，乡村发展极不平衡，在发达程度上呈东、中、西部地区梯度递减的趋势。同时，不同地区的地域文化传统亦有很大差异。从这一意义上说，任何不顾差异、笼而统之的乡村研究都可能缺乏科学性。正因为如此，近年来，在社会学、人类学的视野中，以村庄为背景的地方性知识探究已成为乡村研究的基本维度之一。当伦理学走进“乡土”并试图以一种“自下而上”的方式获取新的道德知识资源时，选择具有典型意义的某一区域作为研究之切入点，探究一种“地方性(区域性)道德生活知识”的生成、演化和特征，是使这一研究更具可行性和可操作性的合理路径。这种“地方性道德知识”的建构可以运用三种基本方法。

方法一：跨学科视景透视。这是一种建立在伦理学、社会学、人类学、农村经济学、历史学、民俗学的交叉透视基础之上的“自下而上”的道德社会学研究方法，其基本理论立场是道德生活史的，而其理论表达方式包括理论描述、理论分析、道德分析推理等，是基于现实道德生活经验的。

事实上，关于乡村问题的跨学科研究不乏前人之功。马克思在《路易·波拿巴的雾月十八日》中精辟地分析了资本主义制度下农民的经济和政治状况，在研究方法上以大量的历史资料为基础，对小农的土地所有制、小农生活方式、社会心理及官僚行政体制和社会政治结构进行了全方位的分析，并从中把握其相关性。[①] 晚近的美国著名学者斯科特(James C. Scot)1976 年出版的《农民的道义经济学：东南亚的反叛与生存》一书，是体现其理论阐释与个案分析相结合的实证主义研究特色的代表作品。他在该书中论证了“安全第一”乃是农民最基本的生存伦理原则。斯科特十分清楚地说明，他对农民道义经济的研究，遵循的路线“始于经济学领域”，“终止于对农民文化和宗教的研究”。因此，他既大胆采用了经济学家和人类学家的研究成果，又吸纳了社会学的实证研究方法。费孝通先生建立在田野调查基础上的中国乡村问题研究成果，为中国乡土伦理研究提供了极具示范价值的理论范式和学术路向指导。他在大量实证调查的基础上提出假设，又遵循“假设—验证—假设—验证”的反复过程来不断推进其研究；他通过对一个个微型社区的具体描述和分析，揭示其作为个案的特殊性，并为全面分析中国乡村发展的一般规律提供有价值的资料；在对某一区域的调查和研究中，他高度关注当地的历史文化传统，从历史中找到现实的渊源并描绘未来的图景。可以说，费孝通在其中国乡村研究中所体现的学术路向，是从实践到理论的跨学科研究方法的经典运用。

强调中国乡土伦理研究中的跨学科透视，并非完全否定惯常的伦理学研究方法。这种基于道德生活经验的、“自下而上”的研究方法，确实不同于传统伦理学“自上而下”的、从理论出发的严密逻辑推演和

① 马克思、恩格斯：《马克思恩格斯选集》(第 1 卷)，北京：人民出版社，1995 年。

论证。但是，如果因此将这一方法理解为道德生活经验的简单描述而忽视其理论提炼，则又可能使运用这一方法进行的中国乡土伦理研究沦为单纯的史料整理或文献堆砌。因此，中国乡土伦理之研究，应力求既坚持道德生活史的基本立场，以真实还原和描述乡村道德生活的历史图像与实存状态，又通过逻辑推演与学理论证，将琐碎而平凡的道德生活经验提升为具有普适价值的理论范式。

方法二：道德叙事学。这一方法借鉴自麦金太尔的相关研究，[①]是基于特定的道德语境，通过梳理特定道德共同体或伦理社群的道德生活经验及其道德观念的生成与演变脉络，所创立的一种道德叙事方式。中国乡土伦理研究中"地方性道德知识"的建构，可以运用这一方法，基于某一区域乡村社会转型与变迁中的道德向度及其历史演进脉络，探究一种"地方性乡村道德知识"的生成、演化和特征。

显然，道德叙事学的方法不仅仅是一种历史主义的道德观，更关键的特征在于其对人类道德生活经验和知识之独特多样性、传统谱系化和道德知识理解的语境主义诉求。因此，该方法的理论关注重点在于特定道德共同体或伦理社群的内在特质，在于诸种道德传统的多样性和差异性，在于人类道德生活经验和道德生成传承的地方性或区域性、原生态或初始图式，以及由上述基本维度所共同构成的道德文化个案或伦理理论范例的典型示范意义。然而，道德叙事学并不意味着任何道德相对主义的妥协，相反，它强调的只是人类道德生活经验本身的相对差异性和人类道德文化传统的丰富多样性。尽管它或多或少地忧虑于，甚至无奈于因这种差异与多元所导致的诸道德文化传统及其所代表的不同道德共同体之间的道德不可通约性或无公度性

① 参见麦金太尔：《追寻美德》，宋继杰译，南京：译林出版社，2003；《谁之正义？何种合理性？》，万俊人译，1996年；《三种对立的道德探究观：百科全书派、谱系学和传统》，万俊人、唐文明、彭海燕译，北京：中国社会科学出版社，2004年。

(incommensurablity),然而,它的此一忧虑甚或无奈正是其尊重人类道德生活世界固有的道德文化之丰富多样性的明证,也因之提醒人们关注人类道德生活经验和道德的地方性意义,以及理解与尊重这种地方性道德知识意义的极端重要性。

在中国乡土伦理的研究中,运用道德叙事学的方法建构一种“地方性道德知识”,正是着眼于这一理论方法的重要参照价值,避免这种研究和探讨流于抽象、泛化和一般形式主义。事实上,迄今为止,我们仍然可以十分清楚地看到中国不同区域乡村道德生活经验和道德知识之地缘独特性,这种特性及其独特的乡村伦理意义并没有因为现代商品经济浪潮的冲刷而丧失。同时,种种地方性道德知识也包含着现代中国乡土伦理的普遍特征和一般要素。因此,建构一种“地方性道德知识”,探究中国不同区域乡土伦理的独特品性,亦有助于进一步揭示其所内含的现代中国乡村伦理发展演进的一般路向和特征,并最终展示后者内涵的丰富多样性和生长的多种可能性。

方法三:村庄进入与主体“贴近”。村庄是中国乡土社会的基本单位,农民是乡土社会的主体。因此,在中国乡土社会的背景中建构一种地方性的“乡村道德知识”,无疑需要研究者进入村庄并尽可能贴近农民,以深度访谈的定性研究与问卷调查的定量研究相结合的调查资料为基础,揭示村庄这一基本伦理社群的道德传统与特质。

可以说,在20世纪以来中国的乡村研究中,人文社会科学的众多门类对村庄展开了各具特色的论述。对于村庄研究的方法论意义,费孝通先生早在1939年就已作出了阐释。在他看来,“为了对人们的生活进行深入细致的研究,研究人员有必要把自己的调查限定在一个小的社会单位内来进行”,同时,“被研究的社会单位也不宜太小,它应能够提供人们社会生活的较完整的切片”。由此,他认为“把一个村子作为单位最为合适”。[①] 诚然，今天的中国乡村与费孝通先生最初从事研究时的状况已不可同日而语，但是，村庄仍然是中国乡村最基本的社会单位，人们的日常生产与生活大多是在村庄中进行的，这就使村民自然地产生了一种基于心理认同和身份认同的村庄共同体意识。近年来，社会学、人类学的村庄研究已经开始对这种村庄共同体内部的伦理认同、共同体成员的相互信任，及由此产生的村庄内部凝聚力、特定村庄共同体的伦理精神等问题，进行了初步的分析。对于一种跨学科视野中的“乡村道德知识”探究而言，上述研究成果与方法无疑是具有借鉴和参考价值的。

几乎所有研究中国乡村的学者都曾谈到史料不足这一困难。事实上，在乡村道德生活史和农民道德观念演进的研究方面，这种史料的缺乏更为严重。对于这一问题，借用口述史的方法不仅能够弥补文献资料之不足，更可通过“讲述村民自己的故事”凸显农民作为乡村社会主体的意义和价值。事实上，已经有学者对乡村史研究中忽略农民历史主体性的“见物不见人”的研究提出了质疑，认为如果“只能使读者看到枯燥乏味的资料和冷眼旁观的分析，而看不到农民的情感世界和观念变化”，这种所谓“再现”肯定是“蹩脚的、不完全的甚至不正确的”。因此，研究者应当实现从“旁观”到“贴近”的角色意识转变，以种种方式“走近”农民的生活。[②] 由是观之，以“贴近”农民为目的的口述史方法，是以村庄为个案的乡土伦理研究中不可或缺的重要组成部分。在具体的操作路径上，一种“半结构式的深度访谈”（semi-structured depth interview）在这种“地方性道德知识”的建构中尤显必要和重要。这种方式具有两个最重要的特征：其一，它的问题是事

① 参见费孝通：《江村经济——中国农民的生活》，北京：商务印书馆，2001年。

② 张佩国：《近代江南乡村地权的历史人类学研究》，上海：上海人民出版社，2003年，第67—70页。

先部分准备好的(半结构的),要通过访谈员进行大量改进。作为整体的访谈是访谈员和被访者的共同产物;其二,要深入事实内部,获取更多的细节知识,并了解表面上简单直接的事情在实际上是如何更为复杂的。易而言之,这一访谈方式并不预设具体问题,而是从被访者的日常生活史切入,从其经验图式即生平经验中理解其处境、行动和态度。尤其值得注意的是,由于村庄调查中受访对象与访谈者往往在受教育程度、语言表达、生活背景等方面有着较大差距,因而这种较为轻松的对话式访谈能够最大限度地使双方迅速“贴近”,从而极大地降低受访者的心理戒备,并减少可能由此产生的叙述“谎言”。面对受访者看似杂乱无章的叙述,研究者可以从三个维度上进行“淘金”式的抽象分析:

其一,从大量反复出现的共性叙述及评价中了解村庄共同体的道德传统和伦理认同;其二,从反常的甚至不可思议的特例中发现村庄变迁中不同价值理念间的紧张与冲突;其三,从所有受访者的个体叙述中寻找村庄共同体的伦理演进规律并作出前瞻性的预测。由此,既可透视乡村社会变迁对个人的影响,也可通过个体的叙述来达到对“地方性乡村道德知识”的了解。

三、“地域特殊”与“普适价值”:“地方性道德知识”的普适价值及其限度

几乎所有“地方性知识”的研究背后都隐藏着一种探寻普遍意义的“宏大叙事”目的。在中国乡土伦理的研究中,建构一种“地方性道德知识”的最终目的,也正是透过此一视角,揆度正在孕育生成的中国特色社会主义乡村伦理的可能图像和发展前景。要实现这一目的,需要处理好“地域特殊”与“普适价值”之间的关系。

毋庸置疑,任何一种“地方性乡村道德知识”都是在种种无法克隆

的“地域特殊”基础上建构起来的。某一区域特殊的地理位置和自然条件产生其特殊的乡村生产和生活方式，也使其地域伦理文化传统具备了自身的特殊性。而这种特殊的生产、生活方式和特殊的地域伦理文化背景，又使其形成独具地域特色的乡土伦理传统，并对其地域经济和社会发展产生特殊的影响。从这一意义上说，某一区域的乡土伦理图像，正是由一个个的“地域特殊”所构成的。因此，对于任何一个无法同样具备所有这些“地域特殊”的“他者”而言，这种“地方性道德知识”的不可复制性是十分显见的。

在乡村问题的研究中，对于以某一个(或几个)社区为对象的研究是否能够代表整个中国农村与农民，在学界一直存有争论。费孝通以开弦弓村为背景的研究得到国内外学者的高度评价，但是，他在英国伦敦经济学院的同学艾德蒙特·利奇教授却在《社会人类学》一书中对此提出质疑：“在中国这样广大的国家，个别社会的微型研究能否概括中国国情”?① 类似的疑问长期存在。事实上，费孝通在以开弦弓村为背景的研究中，明确指出“对这样一个小的社会单位进行深入研究而得出的结论并不一定适用于其他单位”，②但是，他认为“管中窥豹所见的毕竟是豹的一个部分”，③并且深信“通过类型比较法是有可能从个别逐步接近整体的”。④ 因此，他坚持将这种方法视为“获得真正科学结论的最好方法”。⑤

---

① 费孝通：《人的研究在中国》，载《费孝通选集》，福建：海峡文艺出版社，1996年，第368页。

② 费孝通：《江村经济——中国农民的生活》，北京：商务印书馆，1996年，第26页。

③ 费孝通：《四年思路回顾》，载《费孝通学术论著自选集》，北京：北京师范学院出版社，1992年，第26页。

④ 费孝通：《人的研究在中国》，载《费孝通选集》，福建：海峡文艺出版社，1996年，第368页。

⑤ 费孝通：《江村经济——中国农民的生活》，北京：商务印书馆，1996年，第26页。

在中国乡村社会的发展历程中，不同区域、地方呈现出的差异性十分明显。20世纪80年代以来，江苏南部、浙江东部和广东珠江三角洲成为中国乡村最为发达的三大区域，引发了理论界关于“苏南模式”、“温州模式”和“珠江模式”的热烈探讨。这种“模式”探讨的现实目的在于，人们试图通过“领先者”经验或“模式”的传播与推广实现差异的缩小，并将其看作“先富带动后富，走向共同富裕”的一种实践路径。但问题在于，对于有着不同自然地理条件、经济发展传统和地域文化传统的不同地区，这种经验或“模式”的推广决不会如同“复制＋粘贴”般简单和易于操作。自20世纪80年代中期开始，“苏南模式”以其集体经济的主体地位、共同富裕的价值目标和创造的区域经济发展比较优势，获得了国家意识形态和社会舆论的高度认同。一时间，试图“仿效”者纷至沓来。然而，且不说其他地区，即便是在一江之隔的苏北农村，这种“仿效”的实践终究也以失败告终。党的十六届五中全会提出“建设社会主义新农村”的目标后，苏南乡村因其率先实现的“生产发展、生活宽裕、乡风文明、村容整洁、管理民主”而频繁出现在主流媒体的报道中，一些村庄被称为“社会主义新农村建设示范村”；不过，大量的参观团却发现，这些苏南村庄“建设社会主义新农村”的路径，似乎并不容易在本地得到移植和推广。这一例证给我们的启示是，对于某一区域乡村经济发展的领先优势，我们需要更加关注其背后的“精神动力”。即使一种“地方性乡村道德知识”对其地域发展的强大推动作用已然得到充分体现，我们也无法期待通过对其描述和复制而使之成为一种普遍的道德知识和道德准则。但是，这并不意味着“地方性乡村道德知识”因此而失去普适之可能。相反，种种“地方性道德知识”的相互融合或借鉴，能够使不同区域的人们在承继自己的地域伦理文化传统的同时，不断吸收其他地域伦理文化的先进成分。易而言之，通过这种融合，使不同区域伦理文化中最具活力或积极意义的要素得以整合,从而实现伦理文化资源的"优化组合"。这种整合与"优化",恰恰是一种"地方性乡村道德知识"走向普适的前提条件与实践路径。

然而,这种地域伦理文化的整合或"优化"并不是能够自动实现的。这里涉及到不同区域的人们对待不同地域伦理文化资源的价值判断与实践利用。何者为优、何者为劣,这种对于不同地域伦理文化资源及其要素特征的甄别与判断,直接决定着人们对自身地域伦理资源的承继或舍弃,以及对外来伦理文化资源的汲取与排斥。寄居于特殊道德谱系之中的各种地方性道德知识,只有以"文化平等"和相互学习、相互理解为基本前提和条件,才能实现这种地方性道德知识普遍生长的愿望。从这一意义上说,实现地域伦理文化"优化"的前提条件,是各种地方性道德知识基于一种平等的文化心态,在自身地域伦理的承继和外来伦理文化的吸收之间的紧张中找到一种平衡。没有这种平衡,就只能要么是对地方道德传统丧失活力的偏执固守,要么是对外来伦理文化失去根基的邯郸学步。可以看到,"苏南模式"、"温州模式"和"珠江模式"在其形成和发展中,既从作为其独特的地域文化渊源的"吴文化"、"永嘉文化"和"岭南文化"中承继了可资利用的道德传统,从而使其发展呈现出明显的地域特色;又始终以一种开放和包容的态度不断汲取其他地域伦理文化资源中的积极因素,从而使其地域伦理文化在变迁中不断"优化"。也正是这种不断"优化"的地域伦理文化,给这些地区的乡村经济发展注入了强大的精神动力,并造就了其地域经济发展的领先优势。

由是观之,作为一种在"地域特殊"基础上建构的"地方性道德知识",其普适意义不仅仅在于其中所包含的若干具体道德原则或规范及其普遍应用价值,更为重要的是在于一种"地方性道德知识"在"承继传统"与"吸收外来"的平衡中实现的不断自我优化。对于地处中国不同区域的乡村而言，它们过去没有、未来也不可能走上完全相同的发展道路。但是，它们可以借鉴和融合其他地域伦理文化中的先进成分，实现自身地域伦理文化的提升与优化，并以此作为推动自身经济发展的强大而持久的精神动力。可以说，任何一种“地方性道德知识”都能够为这种借鉴与融合提供可资利用的资源；但必须强调的是，它终究只是“资源之一”，而不是“唯一资源”。

（原文发表于《哲学研究》2007 年第 12 期；收入湖北大学哲学学院编：《价值论与伦理学研究 · 2012 年卷》，新华出版社 2013 年版；《中国社会科学文摘》2013 年 12 月）

中国乡村伦理研究论纲

一、“回到”乡村与“进入”乡村：中国乡村伦理研究的必要性及其理论与实践价值

梁漱溟曾经指出，乡村是中国社会的基础和主体，中国的文化、法制、礼俗、工商业等，无不“从乡村而来，又为乡村而设”。[1] 中国传统社会组织构造是由乡村渐发端倪并逐步发展生成的。因此，乡村是中国传统伦理精神形成和孕育的根基。从一定意义上说，家庭和乡村，构成了中国伦理精神的两大源泉。

中国传统乡村社会以自给自足的生产方式和相对封闭的生活方式为基本特征，在此基础上产生了具有自身特色的乡村伦理关系和道德生活样式。借用费孝通对中国社会所作出的“乡土性”概括，笔者将这种具有“乡土”特色的中国乡村伦理称为“乡土伦理”。[2] 易而言之，乡土伦理的基本形态和特征是基于“乡土中国”之乡土特性的。无论是勤勉重农的生产理念，还是信任互助的人际交往，抑或是村规民约的制度设置，传统乡土伦理都显示出封闭、稳固和平衡的基本特征。

---

① 梁漱溟：《乡村建设理论》，上海：上海人民出版社，2006 年，第 10 页。

② 关于“乡土伦理”的概念及其阐释，参见王露璐：《乡土伦理——一种跨学科视野中的地方性道德知识探究》，北京：人民出版社，2008 年。

正是此种契合了“乡土中国”特征的“乡土伦理”，维系着传统乡土社会的秩序。

1840年的鸦片战争打破了中国传统社会的封闭与稳定，中国社会走进了从“传统”到“现代”的“转型期”。改革开放三十多年来的农村改革进程，更是通过农业的技术化、农村的城镇化和农民的流动性、市民化极大地改变了中国乡村社会的生产方式和生活方式，也引发了乡村伦理关系和农民道德观念的变迁。今天的中国乡村社会较之传统乡土社会已发生了质的变化，作为传统乡土社会主导关系的血缘与地缘关系受到冲击，越来越多的农民冲破血缘和地缘关系的限制从事市场化、职业化的生产劳动；随着乡村市场化进程中财富的积累和身份的改变，农民用新的社会分层逐步改变传统的差序格局；农村城市化、城乡一体化进程的加快，使乡村社会从传统的熟人社会转变为“半熟人社会”。与之相对应，乡村伦理关系和道德生活出现了新的变化。敢于冒险、开拓创新、求富争先的现代经济理性意识不断提升，农民的信用意识、契约意识、责任意识大大增强，法律意识、自我意识、权利意识得以强化，而传统乡土社会勤勉重农的价值取向、村规民约的道德感召力和约束力都呈现式微之势。也正是在这一意义上，伦理“回到”乡村，并不意味着我们可以回到费孝通所说的“乡土中国”。

改革开放以来，价值多元化成为社会文化生活领域的重要趋势，道德领域也出现了种种矛盾和冲突。由于中华民族的传统伦理思想在漫长的小农生产和生活方式的演进中逐渐生成，在乡村社会具有更加深远的影响，因此，伦理传统与现代理念间的冲突与矛盾在乡村社会也更加凸显。党的十八大以来，以习近平为核心的党中央提出了全面建成小康社会、全面深化改革、全面依法治国、全面从严治党的战略布局。应当看到，全面建成小康社会的关键在于农村小康的实现。中国特色的“社会主义新农村建设”需要中国特色的乡村伦理文化，其生成既无法排斥市场化乃至全球化进程中的“现代性伦理话语”，也不能脱离其长期孕育的作为“地方性道德知识”的地域伦理文化资源。基于此，重新认识并准确描述当代中国乡村的道德现状及其问题，构建具有中国特色的乡村伦理文化，探寻转型期中国社会新的伦理精神源泉，既是当代中国伦理学研究不可回避的重大理论问题，也是中国特色的社会主义新农村建设乃至全面建成小康社会亟待解决的重大现实问题。

自20世纪初起，国内外学者就已经开始关注乡村伦理问题，并形成了较为丰硕的研究成果，也为以后的系统研究提供了有益的理论和方法资源。然而，较之其他学科对中国乡村的理论关注和取得的成果，伦理视角下的乡村研究相对薄弱，在某些领域和具体问题上，伦理学还处于“尚未进入”或“准备进入”的前理论状态，存在研究内容不够均衡、研究成果较为零散、研究方法交叉不强、体系建构相对滞后、田野调查规范不足等问题。[①] 从学术层面上看，中国乡村伦理研究的理论价值在于：其一，乡村是中国政治、经济、文化和道德生活的根基，也是中国伦理文化孕育和生成的源头。因此，回归“乡土”面向乡村，是转型期中国伦理学体现实践性乃至获得生命力的重要源泉。深入探讨中国乡村伦理的历史传统和当代问题，对于深化有关中国乡村伦理的传统、发展、嬗变和转型的研究具有开创性价值。其二，中国乡村伦理研究有助于我们厘清中国传统乡村伦理与现代乡村伦理的关系，准确把握中国乡村伦理发展的一般规律和历史脉络，深刻理解中国乡村伦理的理论和实践特质，并在此基础上凸显这一研究的方法论意义。走进“乡村”的伦理学应当以一种“自下而上”的方式获取新的道德知识资源，这一方法不同于传统伦理学“自上而下”的、从理论出发的严密逻辑推演和论证，而是既坚持道德生活史的基本立场以真实还

① 刘昂、王露璐：《我国乡村伦理研究的进展、现状与问题》，《伦理学研究》，2016年第3期。

原和描述乡村道德生活的历史图像与实存状态，又通过逻辑推演与学理论证将琐碎而平凡的道德生活经验提升为具有普遍意义的理论范式。[①] 其三，通过对中国乡村伦理的系统研究，准确、完整、全面地概括我国乡村伦理的传统特色、历史变迁和现代转型，构建具有中国特色的乡村伦理研究的理论体系，既能显示伦理学研究的“中国问题意识”，也能够更好地凸显当代中国伦理学学科体系的“中国特色”，打造伦理学研究的“中国话语”。转型期的中国乡村社会，从伦理视角看，与传统乡村社会生产、生活和交往方式相契合的“乡土伦理”逐渐“退场”，带来了乡村伦理关系和道德生活的巨大变化。然而，与“新乡土中国”相契合的“新乡土伦理”尚未真正建构并“出场”，由此产生的乡村社会伦理“缺场”现象，也带来了乡村伦埋传统理念与现代意识间的种种矛盾和冲突。而其所导致的乡村伦理共同体的断裂和乡村伦理文化的流失，不仅使仍旧居住在乡村的广大农民产生了诸多道德困惑，也引发了整个社会关于“留住乡愁”的探讨。正如习近平所强调的，“新农村建设一定要走符合农村实际的路子，遵循乡村自身发展规律，充分体现农村特点，注意乡土味道，保留乡村风貌，留得住青山绿水，记得住乡愁。”[②]从这一意义上说，中国乡村伦理研究不仅在学科层面上有助于伦理学更好地“进入”乡村，亦在实践层面上有利于探寻留住“乡愁”的伦理路径。

二、伦理学何以“进入”乡村：中国乡村伦理研究的四个基本方面

中国乡村伦理研究是一个庞大的学术系统工程。从时间维度上

---

① 王露璐：《乡土伦理——一种跨学科视野中的地方性道德知识探究》，北京：人民出版社 2008 年，第 20 页。

② 习近平：《坚决打好扶贫开发攻坚战　加快民族地区经济社会发展》，《人民日报》2015 年 10 月 22 日。

看，自先秦直至现代，中国乡村伦理在不同历史时期既有共性的特征，也呈现出不同的时代特点；从空间维度上看，中国乡村发展极不平衡，乡村伦理的区域性和地方性特点丰富多样、差异明显；从涉及领域上看，乡村家庭关系、经济发展、社会治理、民主政治、生态文明等方面均有大量值得探究的伦理问题，而乡村改革进程中的分配公平问题、人际信任问题、道德秩序问题等，更成为乡村发展中亟待解决的重要问题。因此，尽管伦理学“进入”乡村需要构建一个较为完整系统的研究体系，但是，完整系统不等于也不可能是面面俱到。无论从中国乡村伦理研究力图体现的“中国特色”和“乡村特色”，还是基于当前乡村伦理问题的现实性和急迫性，乡村家庭伦理、经济伦理、生态伦理和治理伦理，都可以而且应当成为伦理学“进入”乡村首先关注的四个基本方面。

1. 中国乡村家庭伦理研究

家庭是社会的细胞，中国传统家庭伦理对传统乡村社会发挥了极为重要的作用。在传统的农业社会，经济生活和家庭生活是统一的，传统农民的生产活动和家庭生活是不可分割的整体。这也使家庭（家族）的道德教化和养成成为传统乡村社会道德传承的重要方式。对于一个农民而言，“做事的本领和处世之道是同一种经验：在他的孩提和少年生活中，耕作技术与家庭的田地联系在一起，像语言或礼节等其他职业生活和社会生活‘技术’一样，耕作技术是在田地里学到的，并纳入一种生活方式”。[①] 中国传统家庭伦理基于封闭的自然地理环境、男耕女织的小农经济、家国同构的社会政治背景、群体本位的价值导向等社会历史条件而产生，以父子人伦为主轴，以孝为核心，强调家庭本位，强化父慈、子孝、夫义、妇顺、兄友、弟恭等道德范畴，对传统乡

① 孟德拉斯：《农民的终结》，李培林译，北京：社会科学文献出版社，2005年，第81—82页。

村社会的发展发挥了一定的作用。

中国传统乡村家庭伦理根植于农耕文明的生产和生活方式，在近代中国走向现代化的历程中，传统家庭伦理文化在“古今”、“中外”的思想碰撞中被裹挟着进入了现代化的浪潮之中，开始了传统家庭伦理的现代转向和变迁。这一变迁过程大致经历了三个时期：近代社会阶段(从鸦片战争后至五四新文化运动)、新民主主义革命与社会主义制度建立和发展阶段(中国共产党成立至“文革”结束)、现代改革开放阶段(1978 年至今)。在这一过程中，家庭伦理精神从传统的家庭本位价值取向转向个人和家庭双重价值取向；夫妻人伦规范从夫权中心转向平等伙伴；父子人伦规范从单向度的孝发展为双向度的爱。① 尤其值得注意的是，农村家庭联产承包责任制的广泛推行以及新时期农村土地流转等政策带来了生产方式的变化，市场经济的迅速发展使得功利化倾向渗入乡村社会生活中，中西方文化的交流带来农民思想的解放，频繁的社会流动使得交往对象和交往范围急剧扩大……这些都使乡村家庭结构、关系和功能发生了巨大的变化，也带来了乡村家庭伦理关系的调整：经济上的独立提高了家庭成员的独立人格意识，降低了对家庭的依赖感，导致婚姻关系和亲子关系的松散；大量农民的异地务工，带来家庭(家族)道德教育和传承的式微；计划生育政策及新的“二孩”政策的施行，使传统生育观和孝亲观念面临新的挑战。概而言之，乡村婚姻家庭领域出现了很多新的道德冲突和问题。尤其是引起全社会广泛关注的留守儿童问题、农村养老问题等，不仅是关系到家庭和谐和个体幸福的问题，更是关涉到整个社会稳定和未来发展的重大现实问题。

在这一背景下，如何正确看待乡村家庭伦理在乡村社会发展中的

---

① 李桂梅：《冲突与融合：中国传统家庭伦理的现代转向及现代价值》，长沙：中南大学出版社，2002 年，第 1—2 页。

变化，如何发挥其在新农村道德建设中的突出作用，如何构建适应经济社会发展要求的现代乡村家庭伦理体系，尚未引起理论和实践层面足够的重视。这就需要通过对乡村生产、生活方式变化及其所导致的家庭结构、关系和功能变化的探讨，阐释传统家庭伦理的现代发展，把握乡村家庭伦理的发展规律，为新时期城镇化背景下乡村家庭伦理建设提供理论依据。

2. 中国乡村经济伦理研究

以自给自足的生产方式和相对封闭的生活方式为基本特征的中国传统乡村经济，产生了与之相契合的、具有“乡土特色”的乡村经济伦理，对中国乡村经济的发展产生了重要影响。改革开放以来，在中国农村经济改革及其所带来的日趋深刻的变化中，传统乡村经济伦理的传承和变迁已经并将进一步影响我国乡村社会经济的发展。被视为中国改革之发轫的农村家庭联产承包责任制，从根本上改变了计划经济体制下农村低效的生产方式和平均主义的分配方式，极大地调动了农民的积极性，促进了中国乡村经济的巨大发展。在这一过程中，农民安土重迁、惧怕变革等保守意识被逐渐削弱，自主自立、求富争先、开拓创新等理念日渐增强。乡镇工业的异军突起，“农民工”这一新型劳动大军的迅猛发展，使大量传统农民转变为职业工人，这种角色转换带来了生产、交换（交往）、分配、消费方式的变化。今天的农民产生了与市场经济相契合而难以在农耕活动中生成的效率意识、时间意识、信用意识、契约意识、责任意识和权利意识等现代伦理观念，也由此改变了乡村社会的伦理关系和道德生活样式。与此同时，农民传统经济价值观与现代经济价值观之间的冲突也日益凸显，乡村经济发展中的分配公平、诚信缺失等问题，也成为亟待解决的伦理难题。

由是观之，中国乡村经济伦理的研究重在考察乡村经济发展与伦理道德的互动关系，重点关注乡村生产、交换、分配、消费等四个环节中的伦理问题，尤其是乡村市场化进程中生产方式的变化和利益调整所带来的农产品生产和经营的伦理规约、乡村分配正义、农民经济价值观变化等问题。具体而言，中国乡村经济伦理研究主要涉及的问题包括：其一，中国乡村经济伦理的传统特色与历史变迁。通过阐释中国传统乡村社会一般特征和中国传统乡村经济伦理在生产、交换、分配、消费方面的主要特征，展现中国乡村经济伦理思想的发展历程及其在不同历史阶段的主要特征。其二，中国乡村经济伦理的发展规律。借鉴伦理学和其他相关学科的理论成果，深入研究乡村经济发展与伦理之间的关系问题，系统梳理把握中国乡村经济伦理的发展规律，寻求推进中国乡村经济伦理发展的指导原则。其三，当代中国乡村经济伦理的现状分析。通过实证调查和数据分析，全面掌握我国乡村经济伦理发展的现状，初步描绘中国乡村经济伦理的“图像”，分析乡村经济伦理存在的问题及其原因。其四，现代中国乡村经济伦理的重建路径。汲取传统乡村经济伦理中的有益成分，不断借鉴和融合现代理念，实现中国乡村经济伦理的不断提升与优化。在具体操作路径上，需要根据中国乡村经济伦理建设的现状，不断转变农民经济价值观念，提升农村经济政策的道德含量，优化农业经济发展的道德环境，从而为乡村经济发展提供有效的伦理支撑和精神动力。

3. 中国乡村生态伦理研究

伴随着国家环境保护相关法规制度的完善和公众环境意识的提升，我国城市环境在整体上趋于好转。与此同时，转型期乡村市场化、城市化、工业化进程的快速推进，却使得我国广大农村的生态环境趋于恶化，农民成为环境污染的主要受害群体。从一定意义上说，近年来我国城市环境的改善建立在农村环境恶化的基础上，由此，环境公平成为当前城乡关系中不可忽视和回避的重要问题。应当看到，在现代化进程中，中国乡村一直面临着“经济发展不足”和“经济发展不当”

的问题。前者表现为乡村经济发展落后，农民的生活水平低于城市居民的生活水平；后者表现为以破坏自然环境的方式发展经济，造成乡村环境污染加剧。如何处理好乡村发展与环境保护之间的关系，化解“绿水青山”和“金山银山”之间的冲突，实现乡村发展和乡村生活的“生态化”，既是当前乡村发展中亟待解决的问题，也是整体上建设生态文明的重要环节。

中国传统乡村的农业生产和生活模式本身是生态化的，大体形成了一种“天人合一”的状态。然而，随着乡村城市化、工业化进程，传统的农业生产方式受到侵袭，乡村环境污染和破坏问题逐步凸显并日趋严重。乡村生态问题的产生，既有农业的市场化和乡村工业化的推进所造成的污染增加和转移，更深层的原因在于价值导向上的误区。长期以来我国经济社会发展中形成的农村与城市的现实差距，尤其是牺牲农民利益的做法，使得人们形成了这样一种价值观念：工业经济是一种优于农业经济的经济发展方式，城市生活是一种优于农村生活的“好生活”。正是这种错误的价值观念，引导人们总是向往和认同工业经济和城市生活，歧视和排斥农业经济和乡村生活。

中国乡村生态伦理研究的最终目的是促进乡村生产方式和生活方式的生态转型，因此，应当着力解决三个主要问题：第一，如何通过乡村生态伦理的研究和实践，助推乡村经济突破单一的工业化模式而向生态经济转型，实现乡村生态经济发展与自然环境保护的统一，真正实现绿水青山就是金山银山，这是中国乡村生态伦理研究必须面对和解决的首要问题。第二，通过乡村生态经济责任承包等具体的制度设置，强化农民对发展生态农业经济的主体道德责任，转变生活方式，提升生态伦理意识，履行生态责任，实现生态责任与经济效益的统一，是中国乡村生态伦理应当研究解决的又一问题。第三，中国乡村生态伦理的研究与建设必须转变人们的价值取向，树立一种“美丽乡村的生态生活优越于城市生活，生态经济价值高于工业经济价值”的理念，从而吸引更多的人投身于美丽乡村建设，致力于生态化的农业经济运作。

4. 中国乡村治理伦理研究

党的十八届三中全会提出推进国家治理体系和治理能力现代化，引发了众多学科关于治理理论和路径的热烈探讨。2015 年中央一号文件进一步提出创新和完善乡村治理机制，凸显了乡村治理问题的重大现实意义。应当看到，伴随着城镇化进程的不断加快，乡村治理面临着新的挑战。传统的乡村礼治秩序难以料理市场化条件下愈加复杂的乡村利益关系和矛盾，新型的法治秩序又尚未获得足够的认同，由此造成了当前乡村社会秩序维系中的诸多冲突和问题。因此，从根源上说，建构与当前中国乡村市场经济发展及工业化、城镇化相适应的现代乡村治理伦理，并由此重塑能够促进乡村发展并回应农民公正诉求的乡村伦理秩序，是实现具有中国特色的“乡村治理现代化”的理论和实践根基。

中国传统乡土社会以“礼”来维持和保障秩序，是一种典型的礼治社会。在漫长的封建统治中，“皇权不下县”的国家机构设置使中国传统乡村社会最基层的自治管理程度远远高于城市，实现这种自治管理依靠的“伦理”则往往表现为各种成文或不成文的村规民约。而村规民约的制定和执行，主要依靠家族、宗族或村中声望较高的长老、族长或士绅。并且，“维持礼俗的力量不在身外的权力，而是在身内的良心。”[①]也正因为如此，无论是李大钊、毛泽东等进行的农民运动研究和实践，还是梁漱溟、晏阳初的乡村建设运动，都始终强调通过农民的

① 费孝通：《乡土中国　生育制度》，北京：北京大学出版社，1998 年，第 55 页，第 6 页。

“解放”和“改造”来“创立新的生活方式，建设新的社会结构。”[①]即以主体的伦理改造重建乡村治理的根基。

中国乡村治理伦理的研究，旨在从伦理的视角阐释中国传统乡村社会的组织结构、乡村治理的基本特征及其现代转型，分析当前乡村治理中存在的伦理问题并提出有针对性的解决路径，从而构建切实可行的乡村治理伦理范式。首先，价值目标是治理的根本。中国乡村治理伦理的价值目标是实现广大农民的利益，这一目标的实现在宏观层面需要国家政策对农业、农村、农民的保护和倾斜，在中观层面体现为新农村建设目标的具体实现，在微观层面则表现为农民物质和精神生活的全面提升。其次，制度操作是治理的核心。中国乡村治理既需要依靠正式的规章制度，也需要以各种传统习俗、地方习惯为代表的“地方性道德知识”所形成的非正式制度安排。并且，这种非正式制度被容纳和汲取的方式会直接影响治理的效果。最后，路径选择是治理的关键。治理主体的多元性和治理制度的多样性决定了乡村治理伦理路径的复杂性。政府“自上而下”的治理方式与正式的法律和制度相结合，形成了乡村治理的“法治”逻辑和路径，而以村庄领袖、乡贤、村民等为基础的治理方式与非正式的风土民俗相结合，形成了乡村治理的新型“礼治”逻辑和路径。乡村治理伦理应该在两者的紧张共生中寻找合理的平衡点，从而探索出一条乡村治理伦理的合理路径。

应当看到，中国乡村社会的家庭关系、经济发展、生态保护和社会治理不可分割且有着密切的内在关系，这也使中国乡村伦理研究的上述四个方面有着紧密的内在逻辑关联。费孝通在其经典著作《乡土中国》中，开篇即明确提出：“从基层上看去，中国社会是乡土性的。”[②]华

---

① 晏阳初：《晏阳初全集》(第1卷)，天津：天津教育出版社，2013年，第561页。
② 费孝通：《乡土中国　生育制度》，北京：北京大学出版社，1998年，第6页。

夏文明是建立在自给自足的农耕生产和生活方式基础上的农业文明，乡土关系则是中国传统农业社会中的基本关系。这种乡土关系既包括人与人之间的关系，也包括人与自然即农民与其耕种的土地之间的关系。血缘和地缘、差序格局等关系，是由这一基本关系派生的。对土地的依赖和以土地为根基的经济行为，使血缘关系成为中国传统乡村社会的主要纽带。长期定居、依附土地而缺乏流动的农耕生产方式和生活方式，使得以血缘为纽带的家庭、家族和宗族得以繁衍和维持，并在血缘和地缘的人际关系基础上，形成了以“差序格局”为基本特征的乡土社会基层结构。可见，中国传统乡村社会的生产、生活方式，使其家庭伦理、经济伦理、生态伦理和治理伦理呈现出典型的“乡土”特色，并产生相互间的密切关系。伴随着转型期乡村工业化、城市化和农民市民化、流动性的加强，传统的乡村生产、生活方式发生了巨大变化，乡村家庭结构、关系和功能的变化，乡村分配模式的改变和农民经济价值观的变化，乡村生态环境与经济发展之间的冲突，乡村秩序维系方式的改变，既是生产、生活方式变化的结果，又相互之间产生密切的关联和紧张，既带来一定的冲突与矛盾，又由此产生推动乡村发展的某种张力。因此，中国乡村伦理研究必须始终关注和反映这种内在的逻辑关系。

三、伦理学如何“进入”乡村：中国乡村伦理研究的基本立场与方法

中国乡村伦理的研究目标和主要内容，使其在基本立场和方法上既与已有的研究有相似之处，又呈现出自身独特的研究路径与方法资源。换言之，伦理学“进入”乡村应当秉持的基本立场和采用的方法资源主要包括：

第一，坚持唯物史观的基本立场，从中国乡村社会的生产和生活

方式及其所决定的经济关系中把握中国乡村伦理的基本特征和发展规律。恩格斯曾经指出:“人们自觉地或不自觉地,归根到底总是从他们阶级地位所依据的实际关系中——从他们进行生产和交换的经济关系中,获得自己的伦理观念。”[①]也就是说,道德受一定社会的经济发展水平和经济制度的制约,其产生、内容及作用范围由社会经济关系和作为经济关系表现的利益及利益关系决定。因此,只有从经济关系特别是利益关系的变动中,才能找到把握道德变化发展规律的正确路径。从中国乡村社会发展不同时期的生产方式和生活方式中理解乡村经济关系和日常生活的基本特征,从而把握乡村伦理关系和道德生活的变化,揭示中国乡村伦理发展的基本规律,是贯穿中国乡村伦理研究的“一根红线”。易而言之,无论是对中国乡村伦理传统特色、历史变迁和现代转型的概括以及对中国乡村伦理发展脉络和一般规律的把握,或是对乡村家庭伦理、乡村经济伦理、乡村生态伦理和乡村治理伦理的具体研究,都应始终贯穿着唯物史观的基本立场和思路。

第二,借鉴道德叙事学(moral narratives)的方法,秉持“村庄进入”与“主体贴近”的思路,通过深度访谈的定性研究与问卷调查的定量研究相结合的田野调查,揭示村庄这一伦理共同体的道德传统与特质。中国是一个农业大国,乡村发展极不平衡,区域性和地方性特点丰富多样,地域伦理文化传统亦呈现出明显差异。因此,在研究中国乡村伦理时,选择具有典型意义的若干村庄作为研究对象,是使这一研究更具可行性和可操作性的合理路径。费孝通早在1939年就对村庄研究的方法论价值进行了阐释:“为了对人们的生活进行深入细致的研究,研究人员有必要把自己的调查限定在一个小的社会单位内来

① 马克思、恩格斯:《马克思恩格斯文集》(第9卷),北京:人民出版社,2009年,第99页。

进行”,[1]“被研究的社会单位也不宜太小,它应能够提供人们社会生活的较完整的切片”,[2]因此,“把一个村子作为单位最为合适”。[3] 今天的中国乡村已然发生了巨大变化,但村庄依然是中国乡村的基本单位。村民们在共同的日常生产与生活中仍会自然地产生出一种基于心理认同和身份认同的村庄共同体意识。近年来,不同学科的村庄研究对这种村庄共同体内部的伦理认同基础和表现、共同体内部的人际信任度和凝聚力等问题进行了分析,其思路、方法和成果对于中国乡村伦理研究具有重要的借鉴和参考价值。

第三,选取不同区域具有典型意义的若干村庄作为田野调查个案,处理好“地方性道德知识”的个别探究与中国乡村伦理的整体把握之间的关系。如何处理好中国乡村伦理研究中“地域特殊”与“整体一般”之间的关系?从一定意义上说,中国乡村发展的不平衡性及其丰富的地方性特色,使这一问题既成为中国乡村伦理研究不可或缺的重要内容,同时又是面临困境的焦点与难点问题。一方面,离开基于田野调查对村庄共同体伦理关系和道德生活的真实还原,中国乡村伦理研究无疑将成为空洞的概念堆砌或是远离乡村的道德想象;另一方面,田野工作在时间、人员、精力等方面的可行性,使其永远无法穷尽所有的村庄而只能局限于有限的村庄个案,因而无法充分反映中国乡村社会的地域差异性,也不足以构成判断和应对中国乡村社会复杂性的充分论据。换言之,即便我们通过规范而严谨的田野工作获得了若干“乡村伦理的村庄图像”并基于此建构了若干“地方性道德知识”,却

① 费孝通:《江村经济——中国农民的生活》,北京:商务印书馆,2009年,第24页。

② 费孝通:《江村经济——中国农民的生活》,北京:商务印书馆,2009年,第24页。

③ 费孝通:《江村经济——中国农民的生活》,北京:商务印书馆,2009年,第24页。

依然无法由此而自然地得出中国乡村伦理的整体性认识和规律性判断。其原因在于,“中国乡村伦理”显然并不等于若干“地方性道德知识”的简单相加。但这并不意味着,中国乡村伦理的研究可以完全放弃“地方性道德”知识的探究而另辟蹊径。尽管田野调查中村庄样本的有限性限定了问题的讨论域,其所得出的结论和判断既无法“放之中国而皆准”,更无法直接运用于某一特定的村庄。然而,不同区域具有典型意义的若干村庄在地域分布、生产模式、经济状况、文化传统等方面的差异性和代表性,仍然可以为呈现当前中国乡村社会的道德问题和规律提供具有典型意义的田野论据。

第四,运用建立在伦理学、社会学、经济学、政治学、人类学、民俗学等交叉透视基础之上的跨学科视景透视,同时注重凸显伦理学的基本理论视角。中国乡村伦理发生、发展和变迁,始终无法脱离中国乡村社会的生产方式、生活方式及其所决定的乡村利益关系的变化和发展。换言之,我们无法想象独立于乡村经济、社会和生活之外的所谓抽象的“乡村伦理”或“乡村道德”,也无法构建作为独立的知识系统和知识体系的所谓“乡村伦理学”。由此,只有把伦理学的知识体系与其他相关知识体系结合起来,才能避免中国乡村伦理的研究流于抽象和空洞,也才能形成对中国乡村伦理的客观、全面、准确的阐释。

中国乡村伦理研究所面临的问题是复杂的,无论是从时间上对其在不同历史时期的纵向梳理,还是从空间上对具有丰富地域特色的“地方性道德知识”的探究,或是从领域上对乡村家庭伦理、经济伦理、生态伦理和治理伦理的阐释,都必然涉及社会学、经济学、政治学、人类学、民俗学等相关学科的理论和方法资源。易而言之,任何一种单一的学科视角和方法都无法给出全面的理论分析和具有实践操作性的对策路径。但是,值得注意的是,强调中国乡村伦理研究的跨学科视角与方法,并不意味着中国乡村伦理的研究可以失去伦理学这一基本的学科和理论视角。换言之,中国乡村伦理的研究,既应当坚持道德生活史的基本立场,又必须超越琐碎而平凡的道德生活经验;既需要借鉴和使用众多学科的理论和方法资源,又必须始终体现伦理学学科视角和理论方法的主体性。失去了伦理学的基本理论立场,中国乡村伦理的研究或将停留于对乡村道德生活或问题的简单描述,或将沦为单纯的史料整理及文献堆砌。显然,这样的中国乡村伦理研究既不能准确地分析问题,更无法体现其应有的理论价值、学科价值和实践价值。

(原文发表于《湖南师范大学社会科学学报》2017年第3期;《新华文摘》2017年第20期全文转载;《中国社会科学文摘》2017年第9期全文转载)

【乡村伦理研究的理论资源】

若干经典理论对乡村经济伦理研究的资源意义

一、问题的提出

乡村，一般而言，泛指城市以外的地区。传统的中国社会是一个典型意义上的“乡土社会”，①正因为如此，对中国乡村社会及乡村经济的研究自20世纪初开始一直是中外学者关注的重要问题。近十几年来，乡村在发达国家工业化的进程中日渐萎缩，这在一定程度上导致西方学术界的乡村研究出现趋冷之势。而在“乡土中国”，尽管在市场经济和全球化的背景下也发生了巨大的变化，但乡村或乡土却依然是中国社会的根本所在和大多数国民的生活所在。因此，乡村研究始终是我国学界的中心课题。近年来，从“三农问题”到“新三农问题”，及至方兴未艾的“新农村建设”，国内社会学、经济学、人类学、历史学等学科界对乡村问题给予了大量的学术关注。比较而言，伦理视角下的乡村研究无论从深度和广度上说都显得相当薄弱，几近阙如。乡村，似乎成了我国伦理学（尤其是经济伦理学）研究中“被遗忘的角落”。

从20世纪初期开始，国内外学者对我国乡村经济的发展进行了

① 费孝通先生在《乡土中国》一书中指出，“从基层上看去，中国社会是乡土性的”，这一概括成为对中国传统乡村社会的经典阐释。

大量理论研究和实证分析。这些研究并非从伦理的角度切入，也没有对乡村经济发展中的伦理问题进行系统的阐述。但是，应当看到，相当一部分学者在研究中已经开始认识到中国乡村社会独特的伦理文化对其经济和社会发展所产生的重大影响。1908—1945年，日本在我国大连设置的“南满洲铁道株式会社”先后在东北、华北和华东进行了大规模的农村习俗和经济状况调查，调查结果被汇编为《中国农村惯行调查》，由东京岩波书店1957年出版。尽管满铁的调查是为日本侵略服务的，但其积累的大量田野调查资料，对研究中国乡村社会传统习俗及其对乡村经济发展的影响具有十分重要的学术参考价值。大约在1926—1937年间，梁漱溟、晏阳初等发起了“乡村建设运动”。梁漱溟在《乡村建设理论》中指出，西方文化的进入破坏了中国传统的风俗习惯和道德规范，中国的出路应该在维护中国固有传统伦理文化的基础上进行“乡土重建”。尤其值得一提的是，1936年费孝通在对江苏吴江开弦弓村进行深入调查的基础上写出了题为《中国农民的生活——长江流域农村生活的实地调查》(后译《江村经济》)的博士学位论文。1947—1948年，费孝通先后出版了《生育制度》和《乡土中国》，对中国最基层的乡村社会所显现的伦理文化进行了深入的分析和研究。1975—1978年，美国汉学家陈佩华(Anita Chan)、安戈(Jonathan Unger)和赵文词(Richard Madsen)对广东陈村26位流入香港的知青和村民进行了223次深入访谈，撰写了《陈村：毛泽东时代一个中国农民社区的现代史》(1984)，赵文词还利用这次访谈的资料撰写了《一个中国村落的道德和权力》(1984)。[1] 这两本著作对陈村的社会权力结构和干部权力的道德基础进行了深入的分析。20世纪80年代以后，国内亦有学者开始尝试从村落文化、社会心理等新的视角来透视我国

① Richard Madsen. *Morality and Powerina Chinese Village*. Berkeley: University of California Press, 1984.

乡村的经济发展，一些学者也对其中伦理文化的变迁和作用有所涉及。

考察乡村经济发展的伦理维度，至少包括了两个相互关联的方面，一是揭示乡村经济发展所带来的伦理变迁，二是探寻伦理文化对乡村经济发展的推进与支持或者抑制与阻碍。乡村是中国社会的基础，可以说，中华民族的传统伦理思想正是在漫长的小农生产和生活方式的演进中逐渐形成并积淀下来的，这种传统伦理思想渗透在各种社会礼仪、风俗和习惯当中，对维护传统乡村社会的秩序和调节人际关系发挥了重要作用。中国传统乡村经济以自给自足的生产方式和相对封闭的生活方式为基本特征，在此基础上产生的具有“乡土特色”的乡村经济伦理，对中国乡村经济的发展产生了重要的影响。改革开放以来，随着中国广大农村经济改革日趋深刻的变化，传统乡村经济伦理观的传承和变迁已经并将进一步影响我国乡村社会经济的发展。因此，深入考察中国乡村经济发展的伦理维度，探究当代中国农村经济改革进程中乡村道德价值观念和伦理关系的变化及其特征，从而更深刻地把握当代中国乡村道德文化发展的内在规律，促进社会主义和谐乡村社会的建设与发展，具有十分显见的理论价值和现实意义。

二、经典理论及其应用路径

1. 马克思：“小农”及其伦理特征的唯物史观分析

在马克思的论述中，小农是相对于资本主义的农业生产方式而言的。马克思认为，小农是小块土地所有者或经营者，其生产方式和生活方式具有明显的分散性、保守性和落后性。马克思在《路易·波拿巴的雾月 18 日》中指出：“小农人数众多，他们的生活条件相同，但是彼此间并没有发生多种多样的关系。他们的生产方式不是使他们互相交往，而是使他们互相隔离。这种隔离状态由于法国的交通不便和农民的贫困而更为加强了。他们进行生产的地盘，即小块土地，不容许在耕作时进行分工，应用科学，因而也就没有多种多样的发展，没有各种不同的才能，没有丰富的社会关系。每一个农户差不多都是自给自足的，都是直接生产自己的大部分消费品，因而他们取得生活资料多半是靠与自然交换，而不是靠与社会交往。一小块土地，一个农民和一个家庭；旁边是另一小块土地，另一个农民和另一个家庭。一批这样的单位就形成一个村子；一批这样的村子就形成一个省。这样，法国国民的广大群众，便是由一些同名数简单相加形成的，好像一袋马铃薯是由袋中的一个个马铃薯所集成的那样。"[①]也就是说，小农之"小"，不仅在于其耕种小面积的土地，更在于其缺乏社会交往与市场交换的生活方式和生产方式，在于其生活世界的狭小和社会关系的简单。

马克思对小农的分析，是建立在他一贯坚持的唯物史观基本原则之上的。他指出："法国农民现在没落的原因，正是他们的小块土地、土地的分散，即被拿破仑在法国固定下来的所有制形式"，"小块土地所有制的经济发展根本改变了农民对其他社会阶级的关系"。[②] 小农分散而单调的生产方式和生活方式，是其思想意识和道德观念赖以存在的基础。小农的劳动在彼此孤立的状态下进行，"在这种情况下，财富和再生产的发展，无论是再生产的物质条件还是精神条件的发展，都是不可能的"。[③] 在这种彼此隔绝的生产和生活状态中，合作意识、竞争意识和效率意识是无法生成的。正因为如此，小农在其伦理道德

① 马克思、恩格斯：《马克思恩格斯选集》(第1卷)，北京：人民出版社，1995年，第677页。

② 马克思、恩格斯：《马克思恩格斯选集》(第1卷)，北京：人民出版社，1995年，第679—680页。

③ 马克思：《资本论》(第3卷)，北京：人民出版社，2004年，第918页。

意识中，必然先天地带有自私狭隘、自由散漫等缺陷。[①] 在马克思看来，小农意识是比小资产阶级意识更为保守、落后和反动的思想意识。也正是在这一意义上，作为改造和变革小农意识的重要途径，以商品化的社会化大生产取代传统和封闭的小农生产方式和生活方式被马克思赋予道德进步的意义。

毋庸置疑，马克思对小农及其伦理特征的唯物史观分析，为伦理视角下的我国乡村经济发展研究提供了基本的逻辑思路，即：从乡村经济关系和利益关系的历史变迁中，探寻伦理道德的变化发展及其内在规律。回顾 18—19 世纪中国的乡村经济发展，可以看到，人口的迅速增长和西方资本主义的野蛮式进入使得中国乡村自给自足的自然经济开始解体，与之相伴随，重本轻末、安土重迁等传统观念受到了一定程度的动摇。进入 20 世纪，中国乡村经济的加速商品化，使得乡村社会的生产关系“从一种在相识的人之间、面对面的长期性关系，改变为脱离人身的、短期性市场关系”。[②] 在与现代生产和生活方式的接触中，农民的经济价值观、生活态度及行为方式发生了一些变化，效率意识、自我意识、合作意识等现代经济价值观开始被农民逐渐接受。从 1949 年新中国建国之初，到改革开放前的 30 年间，土地改革、合作化、大跃进、人民公社等社会运动的依次展开，在以政治手段促进中国乡村经济发展的同时，亦在相当程度上影响了乡村社会伦理道德观念。20 世纪 70 年代末从农村发轫的经济改革，特别是家庭联产承包责任制的实行，改变了农村长期以来平均主义的分配方式，大大促进了农村生产力的发展。与此同时，农村剩余劳动力的出现和农村市场的重建，促成了中国乡镇工业的兴起和发展。乡镇工业的发展，则进一步

---

① 陈瑛：《改造和提升小农伦理》，《伦理学研究》2006 年第 2 期。

② 黄宗智：《华北的小农经济与社会变迁》，北京：中华书局，2000 年，第 212 页。

繁荣了中国乡村经济，并推进了现代经济伦理观念在中国乡村社会的普及。如此环环递进的现代中国农村变革，带来了中国乡村经济发展的巨变，其间所蕴含的乡村经济伦理变革更是意味深长，耐人寻味。

2. 韦伯：经济发展中的伦理动因及不同宗教伦理的比较研究

马克思·韦伯在其代表作《新教伦理与资本主义精神》中，论证了以禁欲主义观念为核心的新教伦理与西方资本主义兴起之间存在的一种“选择性的亲缘关系”(elective afinity)。韦伯指出，新教的入世禁欲主义观念产生了一种合理化的经济伦理即“资本主义精神”，在这种“精神气质”(ethos)的约束下形成一种理性的经济行动，这种理性的经济行动最终促进了理性资本主义的兴起和发展。他尤其强调，新教伦理将世俗的职业观念转变为宗教意义上的“天职”，从而使职业活动被纳入理性主义的轨道并获得巨大的宗教与道德力量支持。“一个人对天职负有责任——乃是资产阶级文化的社会伦理中最具代表性的东西，而且在某种意义上说，它是资产阶级文化的根本基础”。[①] 为了更好地论证新教伦理与近代资本主义之间的关系，并从更为广阔和普遍的意义上把握“理性化”在世界诸文化中扮演的角色，韦伯对世界主要民族的精神文化气质与社会经济发展的内在关系进行了比较研究。从逻辑思路上说，韦伯对世界宗教的经济伦理研究，既以其新教伦理研究作为参照，又是对其已有研究结论的延伸与拓展。在韦伯看来，新教伦理代表着一种“支配现世的理性主义”，儒教伦理则代表着一种“适应现世的理性主义”，然而，在儒教伦理支配下人的“气质”和“态度”，成为中国资本主义发展的最大障碍。在《儒教与道教》中，韦伯有关儒教与资本主义发展关系的研究及其对儒家伦理思想的批判，在其后的数十年中，成为相当一部分西方学者研究中国及亚洲问题的重要

---

① 马克斯·韦伯：《儒教与道教》，北京：商务印书馆，1995年，第19—20页。

理论支撑。20世纪60年代以后，伴随着日本奇迹般的发展、亚洲“四小龙”的腾飞及至80年代以后中国经济发展的巨大成功，韦伯思想开始受到质疑，国内学术界也出现了对韦伯“中国命题”的不同诠释或评价。事实上，如果对韦伯思想的把握基于全面深入的文本研究，即可清楚地看到，韦伯反复强调，新教伦理只是促进资本主义精神在西方发生的众多因素之一而不是唯一根据。在《世界诸宗教的经济伦理》中，韦伯十分明确地指出：“利益(物质的与理念的)，而不是理念，直接控制着人的行动。但是，‘理念’创造的‘世界观’常常以扳道工的身份规定着轨道，在这些轨道上，利益的动力驱动着行动。”韦伯十分清楚地看到，经济和宗教所分别代表的“利益”和“理念”两种力量对人们行动的影响。也正是鉴于《新教伦理与资本主义精神》之后人们对其思想的“唯心论”误解，在《儒教与道教》中，韦伯以大量历史资料为依据，从城市与行会、货币制度、农业制度、氏族(血缘)组织和法律等众多方面分析了中国传统社会的结构特征，意图在更为均衡的层面上探究儒教传统与中国资本主义发展之间的因果关联。

不可否认，韦伯对儒教伦理的研究是有其历史局限性的，尤其是在研究资料选取的时间跨度上较为狭窄，使其在对有两千多年历史跨度的儒家伦理及其内在变化的理解上存在一定的片面性。但是，全面审视韦伯的理论，我们依然可以发现，他对经济发展的伦理动因及不同宗教伦理的比较研究，为我们考察乡村经济发展的伦理维度提供了极有价值的研究路径和理论资源。可以说，中国传统社会是以乡村为基础的，被韦伯视为儒教伦理核心的“传统主义”在乡村有着更为深远的影响。同时，韦伯对世界主要民族宗教伦理的比较研究，亦可为我们提供一种极有意义的理论启示，即：从我国历史与现实来看，某一区域乡村经济发展的超前或滞后，是否与不同地区特殊的地域伦理文化间存在着因果关联？如果某种特殊的地域伦理文化确实能够推进这一地区的乡村经济发展，那么，它又是否具有可复制性？对于这些问题的探究，韦伯尽管不能给出所谓的“标准答案”，但是，他的问题意识、研究视角、论证方法及研究结论，都可以为我们的研究找到应用的路径。

3. 斯科特："安全第一"的农民生存伦理及"斯科特—波普金"争论

詹姆斯·C.斯科特(James C·Scot)1976年出版的《农民的道义经济学：东南亚的反叛与生存》一书，是体现斯科特理论阐释与个案分析相结合的实证主义研究特色的代表作品。作者在该书中大胆采用经济学家和人类学家的研究成果，论证了“安全第一”乃是农民最基本的生存伦理原则，它“体现在前资本主义的农民秩序的许多技术的、社会的和道德的安排中”。[①] 在这一原则的支配下，农民所追求的不是收入的最大化，而是较低的风险分配与较高的生存保障。斯科特认为，“这一原则不仅是农民经济的特定产物，而且具有规范的或道德的意义。在乡村互惠、社会选择、租佃制度的偏好以及对税收的态度中，都可以看到这一点”[②]。据此原则，斯科特以东南亚的缅甸和越南为背景，从农民的反叛与起义问题入手，探究了市场资本主义的兴起对传统农业社会的冲击，并指出，农民反叛的原因并不在于贫困，而在于农业商品化和官僚国家的发展所侧重的租佃和税收制度侵犯了农民生存的伦理道德和社会公正感。

斯科特的研究方法和结论在理论界存在争论，其中最有影响的是“斯科特—波普金争论”。[③] 在《理性的农民》(*The Rational*

---

① 詹姆斯·C.斯科特：《农民的道义经济学：东南亚的反叛与生存》，南京：译林出版社，2001年，第5页。

② 詹姆斯·C.斯科特：《农民的道义经济学：东南亚的反叛与生存》，南京：译林出版社，2001年，第14页。

③ 关于这一争论及波普金的相关观点，可参见刘擎、麦康勉的《政治腐败·资本主义冲击·无权者的抵抗》，《读书》1999年，第6期。

Peasant)[①]一书中,波普金(Samuel Popkin)坚持他一贯主张的"理性选择"(rational choice)理论,认为所有的人都会以追求最大利益为目标来做理性的决策,在这个基本问题上,农民与商人不存在本质的差别。在他看来,农民并不比任何其他阶级更倾向集体主义,也不抱有迥然不同的正义观念。对于农民的反叛问题,波普金认为,市场的兴起给农民带来了新的赚钱机会,但是,公村中的农民必须通过村庄首领作为中介才能达到市场,而首领们却从中盘剥了最有利可图的机会。农民愤起反抗正是为了摆脱那些妨碍他们直接进入市场获利的阻障,这才是现代农民革命的根源。可以看出,对于伴随殖民力量的扩张而兴起的市场经济制度,波普金和斯科特持有不同的价值判断,即:"市场到底是给农民及其他贫困的人们带来了机会、使他们得以逃出封建锁链的桎梏,还是以非正义的方式瓦解了传统社会、其结果使得富贵强权者能够强化他们对贫穷弱势者的剥削?"[②]

斯科特和波普金的分歧是明显的,但他们的观点却在我国乡村经济发展的不同时期或不同地区得到相应的支持。一方面,改革开放以来,农民进城务工人数的增加以及东部发达地区乡镇企业的兴起,可以视为农民力图致富的理性选择,这在一定程度上印证了波普金的观点;另一方面,城市化浪潮中失地农民大量出现及其引发的矛盾日渐尖锐化,亦证明商品化条件下的农民依然执着地将土地视为最基本的生存条件,这又在一定程度上支持了斯科特"安全第一"的生存伦理原则。也许,正如斯科特所强调的,应当对不同地区、不同时期的人们所处的具体生存境遇和生存策略进行详尽考察,并探寻历史和地域的传

---

① S。Popkin。*The Rational Peasant*: *The Political Economy of Rural Society in Vietnam*。*Berkeley*: *University of California Pres*, *1979*.

② 刘擎、麦康勉:《政治腐败·资本主义冲击·无权者的抵抗》,《读书》,1999年,第26页。

统及伦理特质。这一基本思路和方法,对于在地区发展极不平衡的国情背景中研究我国的"三农"问题,无疑有着十分重要的应用价值。

4. 费孝通:"乡土中国"的伦理特色及其研究的学术路向

如果说,马克思主义经典作家和西方一些学者的研究为伦理视角下的中国乡村经济研究提供了方法论的指导和可资借鉴或参考的理论资源,那么,费孝通先生建立在实证调查基础上的中国乡村经济和乡村社会问题研究,尤其是他在1939年出版的《江村经济——中国农民的生活》和1947年出版的《乡土中国》,可以说为我们今天研究中国乡村经济伦理问题提供了极具实际示范价值的理论范式,也是我们今天研究中国乡村经济伦理问题时无法绕过的经典之作。《江村经济》通过对开弦弓村社会结构及其运作的实证描述,全面分析了村落经济发展中的各种要素系统,并以此分析中国乡村社会变迁的动力。费孝通认为,传统力量与新的动力在中国农村的发展中具有同等重要性,在这两种力量的共同作用下,中国乡村社会的发展既不可能是传统的复归,也不可能是西方工业文明以来乡村发展的复制品。[①]《乡土中国》一书,以不到6万字的篇幅,对中国传统乡村社会的社会结构、人际关系和价值理念进行了精辟的论述。费孝通先生在此书中所提出的"乡土中国"、"差序格局"、"礼制秩序"、"长老统治"等概念工具,已成为中国传统乡村社会结构和伦理观念问题上的经典理论概括。

费孝通对中国传统乡村社会伦理特征的分析,可以在乡村经济伦理问题研究中得到直接的应用。在他看来,中国传统乡村社会的所有伦理文化特征都是基于乡土特性的,这种乡土特性,与中国传统乡村社会的生产方式和生活方式有着紧密的联系。传统的农业生产对土

① 余英时:《儒家伦理与商人精神》,广西:广西师范大学出版社,2004年,第16页。

地有极大的依附性，靠农业谋生的人是“粘在土地上的”，[①]生于斯，长于斯，死于斯，终老是乡。正是在这一意义上，费孝通将中国传统社会形容为“被土地束缚的中国”(Earth bound China)。[②] 中国传统乡村社会的人际关系是建立在血缘和地缘基础上的，费孝通以“差序格局”来形容这种社会结构和人际关系，认为这种格局“好像把一块石头丢在水面上所发生的一圈圈推出去的波纹。每个人都是他社会影响所推出去的圈子的中心”。[③] 在这种格局中，社会关系是一根根私人联系所构成的网络，这使得中国社会形成了重私德而轻公德(团体道德)的传统。同时，乡土社会人与人之间，在从小相识的基础上熟悉，并由这种熟悉而产生彼此的信任，这种信任“并不是对契约的重视，而是发生于对一种行为的规矩熟悉到不加思索时的可靠性”。[④] 正因为如此，在变迁缓慢的乡土社会，“礼治”成为秩序维持的基本方式。费孝通认为，礼这种“社会公认合式的行为规范”，“是经教化过程而成为主动性的服膺于传统的习惯”，因此，它不同于法律，也不同于普通意义上的道德，而是更甚于道德，“如果失礼，不但不好，而且不对、不合、不成”。[⑤]

考察乡村经济发展的伦理维度，必须首先基于对中国乡村经济和社会发展的历史与现实的准确把握。尽管今天的中国农村与费孝通先生最初从事研究时的状况已不可同日而语，但是，我们仍然从近 70

---

① 费孝通：《江村经济——中国农民的生活》，北京：商务印书馆，2001 年，第 7 页。

② 1945 年，费孝通在美国出版了由《禄村农田》、《易村手工业》和《玉村土地与商业》改写而成的 *Earth bound China*: *A Study of Rural Economy in Yunan* (Chicago: Chicago University Pres, 1945)，1988 年该书以《云南三村》为名出版了中文版本。

③ 费孝通：《江村经济——中国农民的生活》，北京：商务印书馆，2001 年，第 26 页。

④ 费孝通：《江村经济——中国农民的生活》，北京：商务印书馆，2001 年，第 10 页。

⑤ 费孝通：《江村经济——中国农民的生活》，北京：商务印书馆，2001 年，第 52 页。

年来中国乡村经济与社会的发展以及今天中国“三农”问题的现状中，发现其理论经久不衰的应用价值。通过对中国农村广泛深入的社会调查，费孝通准确地把握了中国农村的基本问题即“人民的饥饿问题”。正是从这一意义上，他赞成中国共产党以革命的方式解决土地问题的主张，并且指出，要真正解决中国农村问题还必须增加农民的收入，这就必须走乡村工业化之路，把农民从土地上解放出来。他主张以发展乡村企业这种“离土不离乡”的方式解决农村剩余劳动力问题。早在20世纪80年代，他就在重返江苏考察的基础上，率先提出“苏南模式”并给予高度评价。可以说，费孝通先生的这些思想，对于我们历史地分析新中国成立后的土地改革、合作化和人民公社运动以及改革开放后乡镇企业的异军突起、乡村经济发展的地域模式及其文化背景等问题，并在此基础上认识20世纪以来中国乡村经济发展中农民传统经济价值观的承继与变迁，都有着极强的指导意义。

费孝通先生对中国传统乡村社会的概括是十分形象和精辟的，他所作出的“乡土本色”、“血缘地缘”、“差序格局”、“礼治秩序”等理论概括，可以成为分析中国传统乡村经济伦理特征的理论起点。首先，有着“乡土本色”的中国传统农民，在恋土重农的价值观指导下，必然将“勤劳”视为基本的道德规范。在农业耕作中，勤劳意味着农业剩余的增加和生活水平的提高，这种“劳”与“得”之间的直接对应关系，使得勤劳被视为农民应具备的基本素质。其二，在一个建立在“血缘地缘”基础上的“熟人社会”中，交换活动往往是基于双方的信任而不是依靠契约。也正是这种信任，使互助成为人与人经济交往中的基本道德准则。这种互助往往以“人情”的形式出现，是乡村社会“为人的哲学”。[①]

① 王铭铭：《村落视野中的文化与权力》，上海：上海三联书店，1997年，第174页。

其三，乡土社会是"礼治"的社会。礼治是对传统规则的服从，这些传统规则往往表现为成文或不成文的村规民约。在变迁缓慢的乡村社会，行为者自小对这些村规民约就相当熟悉，外在的规则逐渐被内化为自身的行为习惯。因此，这种村规民约是村民们在长期的生活实践中进行的伦理制度创设，而非依靠国家权力进行外在强制的结果。

在乡村经济伦理问题的研究中，费孝通先生不仅能够给我们提供经典的理论资源，更可为我们的研究提供一种学术路向上的指导。首先，费老对中国乡村社会的研究，是建立在其广泛的田野调查工作(field work)基础之上的。他在大量实证调查的基础上提出假设，又遵循"假设—验证—假设—验证"的反复过程来不断推进其研究。[①] 例如，他对江村社会文化的变迁进行了长达半个多世纪追踪调查，前后访问20多次。其次，费孝通通过对一个个微型社区的深入研究而获得对中国乡村社会的整体认识。尽管对于这一研究方法至今尚存争论，然而，越来越多的学者认为，将某个社区看作典型并代表所有中国农村，当然是错误的；但是，如果通过具体描述和分析某一典型村落，揭示其作为个案的特殊性，并为全面分析中国农村发展的一般规律提供有价值的资料，无论从研究方法的可行性或研究结果的可信度而言，都是值得肯定的。最后，费孝通在其乡村研究中始终注重历史的考察分析。在对某一区域的调查和研究中，他高度关注当地的历史文化传统，从历史中找到现实的渊源并描绘未来的图景。费老的学术路向和研究方法，对于乡村经济伦理问题的研究是大有裨益的。应当看到，伦理视角下的乡村研究，固然离不开运用伦理学的基本理论和研究方法，但如果这种研究仅仅局限于伦理学的狭窄视域之内，那么，它

---

① 钟年：《假设与验证的循环推进——由〈乡土中国〉和〈江村经济〉想到中国文化研究的学术路向》，《湖北大学学报(哲学与社会科学版)》1999年第7期。

的实践性乃至生命力都会大打折扣。源自实践、归于实践的研究理念，不仅是一种学术关怀的体现，更应成为乡村经济伦理问题研究中贯穿始终的基本思路，而伦理学、社会学、人类学、经济学、历史学、民俗学的交叉研究方法，则是这一研究取得应有理论和实践价值的必要前提和基本路径。

（原文发表于《伦理学研究》2007 年第 1 期）

梁漱溟乡村建设理论的伦理蕴涵与实践路向

1840年鸦片战争以后，中国传统社会遭遇前所未有的激荡，无数志士仁人为挽救民族危机、实现国家富强，艰难地探索中国前进的道路。作为中国文化最执着的守望者，梁漱溟不赞同维新革命，认为它抛弃中国传统伦理精神，是“先进后进自己捣乱自己否定之一部滑稽史”。[①] 在他看来，“今后除非中国民族更无前途，即亦没什么自救运动再发动起来，如其有之，此新运动之趋向，将不能不从‘民族自觉’出发”。[②] 由于中国社会从组织构造来说是一个典型的农业大国，因此，“从农村入手”便是“民族自觉”的出发点。在梁氏看来，中国的问题不是帝国主义和国内军阀，不是“贫、愚、弱、私”，而是“极严重的文化失调，其表现出来的就是社会构造的崩溃，政治上的没办法”。[③] 因此，梁漱溟从中国传统社会组织构造的伦理特性出发，发觉乡村的破坏，并由此认为，进行一场以伦理精神的改造为核心的乡村建设运动，是建设新社会组织构造的“最后觉悟”。

---

① 梁漱溟：《梁漱溟全集》(第5册)，山东：山东人民出版社，1993年，第106页。
② 梁漱溟：《梁漱溟全集》(第5册)，山东：山东人民出版社，1993年，第110页。
③ 梁漱溟：《乡村建设理论》，上海：上海人民出版社，2006年，第22页。

一、中国传统社会组织构造的伦理特性

(一) 伦理本位

在梁漱溟看来，西方社会自中古以来在“团体与个人、个人与团体，一高一低、一轻一重之间，反复不已”。[①] 而这种反复的根源，恰恰是因为西方人始终是在集团中生活。与此相反，中国传统社会组织构造因缺乏集团生活而无法映现个人问题，从而使“始于家庭，而不止于家庭”的伦理关系在社会构造中的特殊地位得以凸显。人自出生起便在与人相联系中生活，并由此产生父子、兄弟、夫妇、朋友等情谊关系，也随之带来亲疏厚薄渐次应尽的义务。

进一步而言，伦理关系作为一种情谊关系，必然依循“以对方为主”的人类情感特征，“彼此互以对方为重；一个人似不为自己而存在，乃仿佛互为他人而存在者”。[②] 由此，中国社会也就成为一种伦理本位的社会。其突出表现为三个方面：第一，社会方面。家庭产生的天然关系是最基本的人生关系，人必“亲亲”。家庭关系无任何缺陷是人生最圆满的事情，反之，鳏寡孤独等家庭关系的缺憾是人生之大不幸。由家庭、宗族在相互情谊基础上约定的礼俗不仅影响家庭成员，而且渐次推及影响到师徒、邻居、朋友等。第二，经济方面。按照财产的大小、亲戚关系的远近而产生“分财”或“共财”之义。同一家族内的自家兄弟、亲戚以至朋友，应在经济上互相体恤、互相帮助，彼此承担或重或轻的义务关系。换言之，在情理的影响和约束下，一个庞大的伦理经济体实现自身的经济生产和分配的全过程。第三，政治方面。由家而国，即全国上下依靠家庭伦理教化的延伸安排政治组织。在君臣、官民之间，不存在如西方的个人、国家、法律之强制约束，只有依家庭

---

① 梁漱溟：《乡村建设理论》，上海：上海人民出版社，2006 年，第 25 页。

② 梁漱溟：《乡村建设理论》，上海：上海人民出版社，2006 年，第 25 页。

情谊推及的一系列伦理关系。按照伦理关系中各自所处的地位，承担相应的伦理义务父父、子子、君君、臣臣，伦理关系相安的同时，政治关系也达到理想与和谐。

（二）职业分途

在梁漱溟看来，从中世纪农奴与贵族的对立到近代资本家与劳工的对立，西方社会的阶级对立始终存在。而在中国，由于生产工具与生产工作始终无法真正分属两部分人，因而无法出现所谓阶级对立的社会。经济和政治上的伦理性原因，使得中国成为一个职业社会而非阶级社会。在中国，土地因可以自由买卖而具有随时转移性和分散性，较难形成垄断。加之对于遗产采用不同于西方长子继承的均分制，难以形成有利于扩大再生产的资产集中和资本的绝对性垄断。由此，“生产工具被一部分人垄断”这一阶级对立社会的产生基础无法形成。生产工作者在生产工具上各自劳动，取得相应的劳动成果，只存在一种职业上的区分。在政治上，中国社会各阶层具有均等的参与机会。“朝为田舍郎，暮登天子堂”，“将相本无种，男儿当自强”，可谓是中国社会政权开放性和参与性的生动写照。中国传统社会采用通过考试制度选拔的官吏制度，使其政权不似西方社会那样垄断于贵族手中。士、农、工、商并列为四民，其间只是职业分工的不同。并且，四种职业具有流动转换性，希冀参与政治的农、工、商均可以通过“读书考试”踏入仕途。[①]

二、近代以来西方思想传入对中国传统社会结构的冲击

梁漱溟认为，近代西方个体本位、权利思想的传入，使中国传统社

---

① 梁漱溟：《乡村建设理论》，上海：上海人民出版社，2006 年，第 25—27 页。

会以伦理关系支撑的社会结构受到强烈冲击。近代西方思想以“我”作为逻辑起点，处处要求个人权利并向外抗争，这在相当程度上动摇了中国传统社会以对方为重、强调义务的谦让思想。表现在家庭与家族关系上，家族成员之间要求自身权利，不再顾及父子、兄弟、朋友原本的情谊关联。依照中国传统伦理思想，一家财产属于共有，家庭对每一成员都承担或远或近的义务；而在西方近代思想中，家庭无须对其成员承担此义务。两者的矛盾与冲突十分显见。表现在政治上，忠君之意也在西方思想之影响下悄然而变。在伦理本位的中国传统社会，政治关系的和谐稳定依赖于统治者与人民之间的伦理关系约束。然而，近代西方思想的传入却在相当程度上消解着这种伦理关系和义务观念，将原本可约束性的政治关系打乱，由此造成连年动乱。不仅如此，西方在近代发展之后逐步走入“反近代”时期，近代与“反近代”思想的交织、混合与争论，更造成中国思想界进退维谷的境地。在伦理关系上，依中国的理、西方近代的理还是“反近代”的理，全国上下无法形成一个相安妥帖的说法。

西方思想在冲击中国社会之伦理本位的同时，也破坏其职业分立的社会状况，并逐渐形成垄断而又非阶级对立的社会。教育方面，在西方功利主义思想的影响下，士阶层不再避讳谈“利”，而是试图运用自己的知识和头脑谋求利益。因此，士希冀通过知识取得利益，商则为了获取更多利益而接受教育，意在由“士”而获“权”。由此，士与商在功利思想的影响下走向融合。易而言之，士通过教育上的垄断权，获得政治上的机会优越权和经济上的获利优先权。这种权与利的优越与优先又强化其教育上的垄断权，最终形成士与商在教育上的绝对性垄断。经济方面，传统农业生产者只会使用旧式零碎分散的生产工具，伴随西方思想而传入的新的生产技术、经营方法和理念，有利于资本的迅速集中和扩大再生产。因此，资本上的贫富差距逐渐扩大，并产生经济机会上的垄断。政治方面，教育机会的不平等最终导致考试选拔制度形同虚设，政权参与机会被少数人操纵和垄断。由此，教育、经济、政治三个方面的垄断逐渐形成又相互影响。但是，由于中国社会缺乏一种自上而下的、保障垄断的社会秩序，因而，阶级对立的社会也就无法真正形成。[①]

三、乡村伦理关系的“破坏”与“救济”

近代以降西方思想对中国“伦理本位、职业分立”的社会构造所造成的冲击，根源在于破坏了中国社会根深蒂固的伦理关系。因而，重建此种伦理关系和伦理精神，也就成为一种必然的逻辑选择。在梁漱溟看来，中国传统社会组织构造是由乡村渐发端倪并逐步萌芽生长而发展生成，乡村在中国社会结构和伦理文化的变化发展中具有典型意义。“中国原为乡村国家，以乡村为根基，以乡村为主体，发育成高度的乡村文明。”[②]乡村是中国社会的基础和主体，中国的文化、法制、礼俗、工商业等，无不“从乡村而来，又为乡村而设”。[③] 而在西方近代文明、“反近代”文明和俄国共产主义文明对中国传统社会结构的影响中，乡村亦是破坏的重中之重。由此，我们不难看出，梁氏视乡村为中国传统伦理精神形成和孕育的基本单位，以此为逻辑起点，认为建设新社会组织的关键在于认识乡村伦理关系的“破坏”，并由此从乡村伦理入手展开“救济”。

梁漱溟认为，“中国近百年史，也可以说是一部乡村破坏史”。[④] 天灾与人祸、国内与国际环境破坏着农村的政治属性、经济属性和文化

① 梁漱溟：《乡村建设理论》，上海：上海人民出版社，2006 年，第 27—29 页。
② 梁漱溟：《乡村建设理论》，上海：上海人民出版社，2006 年，第 578—580 页。
③ 梁漱溟：《乡村建设理论》，上海：上海人民出版社，2006 年，第 10 页。
④ 梁漱溟：《乡村建设理论》，上海：上海人民出版社，2006 年，第 21 页。

属性。鸦片战争以来，西方商品资本涌入中国，对传统自然经济造成严重破坏；不断地割地赔款使原本衰弱的大清帝国走向衰亡；辛亥革命建立的共和国并未给人民带来期待的民主、和平与自由，反而是连年的军阀混战使农民承受的苛捐杂税愈加严重；20世纪二三十年代，帝国主义为转嫁周期性经济危机的影响，加紧侵略中国，严重挤压中国农产品市场，更使本已衰落的中国农村经济遭受致命一击；加之连年的灾荒，农村生活凋敝，中国农业经济已近破产之边缘。在梁氏看来，试图将西方的海陆军、教育体制、法律制度、工业文明等嫁接至乡土社会的中国，不仅会造成乡村的“消化不良”，更会对原有乡村结构产生极大破坏。

那么，面对中国乡村的“破坏”，“救济”之出路何在？梁漱溟指出，日本在近代工业文明进程中农村问题同样十分严重，但其统一的政府能够在国家发展的基础上集中力量承担起救济乡村的责任。然而，在政治上，中国社会没有统一政府，乡村在当权者的尖锐对抗中处于无暇顾及的第三者地位。在经济上，没有一种来自乡村之外可资救济的力量。因此，依靠自身力量的乡村“自卫”与“自救”，是当时中国的唯一出路。乡村建设运动，正是重建遭到“破坏”的乡村传统伦理关系和伦理精神的“自救”运动。在梁氏看来，唯有从乡村精神的重建入手，开展一场轰轰烈烈的乡村自救式建设运动，才能最终形成新的社会组织构造。梁氏构想的“新社会组织构造”，可以说是对吕和叔先生与他的兄弟及邻里族党基于“大家是相关系的，人生是互依的”、“不能够彼此不过问”[①]之认识基础上组织的“乡约”的补充改造。他认为，中国古代的乡约在内容上体现在“德业相劝、过失相规、礼俗相交、患难相恤”四个方面，在其职能上，是一种集政治、经济、军事、教育和礼俗为一体

① 梁漱溟：《乡村建设理论》，上海：上海人民出版社，2006年，第156页。

的村社组织，而经过补充改造"乡约"建立的"村学乡学"这一新的社会组织构造，担负着乡村建设的具体任务。在他看来，这一乡村组织是新社会的一个苗芽、一个端倪；从苗芽而生长，由端倪而开展，就可以形成一种新的社会构造。

四、乡村建设的实践路向及其伦理意蕴

梁漱溟不仅从中国传统乡村社会的伦理关系入手，分析乡村建设的起因，同时，他关于乡村建设实践路向的设定和阐释，也有着极其丰富的伦理意蕴。

（一）激发农民进取心

梁漱溟在谈及这一问题时，援引了自己在乡农学校第一届研究部讲课时一位同学的看法："无论这个方案安排得如何巧妙周到，恐怕亦促兴不了中国的农业。先生不知道现在乡下人正在一个如何烦闷消沉的状态中，若于此点无办法解决之，一切安排再好都是没有用的！"[①]梁氏对此表示认同。在他看来，当时的中国乡村社会经济破产与精神破产并存，信仰观念、风尚习惯处于"旧已毁而新未立"的状态，致使一般乡民陷入精神上的苦闷消沉之中。由此，乡村建设不能单从经济上入手，而必须注意到"与经济相关联的一切事情"，其中，"最基本就是农民自身；因事情要靠人做，所以人的问题当先"。[②] 梁漱溟以丹麦教育为典范，认为其成功在于通过振作丹麦农民精神最终促成农业合作的成功。由此，梁氏指出，乡村建设必须首先从振兴农民精神出发，乡村组织必须"充分发挥中国古人的理性精神，从伦理情谊调整社会关系，增进社会关系，以成团体；而团体则以大家齐心向上学好求进步为

---

① 梁漱溟：《乡村建设理论》，上海：上海人民出版社，2006年，第242页。

② 梁漱溟：《乡村建设理论》，上海：上海人民出版社，2006年，第243页。

目标”。[1] 由此，通过“个人的向上”和“社会的向上”唤醒农民进取心，克服其浅薄的功利思想和个人主义。

（二）倡导合作主义信仰以促进经济合作

合作社是经济竞争压迫下分散的弱者一种联合自卫自救的方式。在中国这一农业为本且农民分散弱小的社会，农民的联合合作是经济振兴的必然选择。然而，组织合作社的前提是形成人与人之间的合作精神。“若大家仍各不相顾，各自应付各自的生计问题，结果谁也应付不了。”[2]因此，梁漱溟认为，在乡村建设中，通过乡农学校增进社会关系的伦理特性，在倡导人生向上的道德理想主义精神指引下，使“合作主义”成为农民道义层面的信仰与追求，是乡村经济合作得以成功的必经之路。梁漱溟还指出，合作主义是人类发展和社会关系日益密切的必然趋势。不过，西方经历团体主义、个人主义再到团体主义，始终是各偏一方；俄国则过分抬高团体而忽视个人。在梁氏看来，二者都不是个人与团体关系处理之“中道”，他主张提倡和发挥一种伦理互以对方为重、平衡个人与团体的合作主义。

事实上，传统的中国社会是一个具有伦理互助互保性质的社会，乡村建设倡导的合作与此种“互助互保”间既有关联又有区别。乡村建设以通过合作形成的村产乡产代替了以前的家产族产，并且，在乡村组织里通过合作增殖的财富具有更强的公有性，从而增强了社会经济的一体性。同时，合作虽然不能“均贫富”，但可以创造更多的机会，从而使贫富不齐的人们在经济上同样地向前增进。因此，合作对于缩小乡村社会的贫富差距也具有十分重要的作用。

---

① 梁漱溟：《乡村建设理论》，上海：上海人民出版社，2006 年，第 243 页。

② 梁漱溟：《乡村建设理论》，上海：上海人民出版社，2006 年，第 242 页。

（三）“熟习”推动科教融化

梁漱溟列举当时报载浙江建设厅推广新蚕种与农民发生冲突一事，认为其原因在于推广委员与农民“初不相习”，尽管有着完成推广使命的意愿和热情，却难以被农民接受。在他看来，以乡农学校作为推广机构，则可解决这一问题。因为，乡农学校的教员长期居住在乡村，平时与农民切磋商讨、打成一片，农民已对其产生相当的熟悉感和亲切感。因此，他们可以让信息准确无误地传达到农民，而不致出现因强行传递而招致农民的反感，甚至产生激烈矛盾的现象。换言之，乡农学校如同在新老社会组织中形成一个良好的通道，帮助科教新鲜养料的消化和吸收，最终促成新组织结构的形成。而这一良好通道形成的关键，在于乡农学校教员通过与农民长期的沟通和交流获得一种基于熟悉和信任而产生的认同感。

（四）“信任”促进金融流通

乡村经济的发展不仅受人力、合作、科教因素影响，顺畅的金融流通也占据着突出的重要地位。而金融的顺利流通，又以农民彼此之间的信任和乡村社会的信用度为基础。“农民有了组织，就有保证，信用就增加；而照我们那样的组织伦理情谊人生向上的组织当更易有信用。”[①]因此，通过旨在激发伦理情谊和人生向上的乡农学校形成的组织，大大增加了农民彼此信用程度和金融的安全系数。这无疑为大量外部资金的引入及在此基础上的流通活跃和产业兴发提供了良好的前提条件。

毋庸置疑，梁漱溟的乡村建设理论有其显见的局限性。从某种意义上说，梁氏的乡村建设理论可谓“成也伦理，败也伦理”。他既看到了中国乡村社会的基础作用及其中伦理文化的重要影响，却又过度倚

① 梁漱溟：《乡村建设理论》，上海：上海人民出版社，2006 年，第 244 页。

重传统伦理道德的力量而忽视其在经济社会变迁中应有的现代转换。他的乡村建设运动在当时不仅受到国民党一方“不推行党化教育”的指责，也遭到马克思主义者的批评。例如，1935年4月，千家驹撰文指出：“那么中国的出路是什么呢？曰：只有彻底消灭帝国主义者及封建残余之势力。这工作由何处着手呢？曰：自组织民众教育民众入手。不过这种民众组织不是梁漱溟先生的乡农学校，这种教育民众不是定县平教会之平民教育。”[①]但是，梁氏对乡村在中国社会经济发展中的重要地位及乡村伦理文化对乡村经济和社会发展重要作用的认识，至今仍有其不可低估的时代价值。尤其应当看到的是，梁漱溟并没有仅仅满足于对中国乡村建设的纯学理探讨，而是身体力行地把这种探讨引向社会实践并取得了一定的成绩。他在山东邹平进行了为期七年的乡村建设实验，在农业生产、教育训练、乡村自治方面都有相当成就。通过以“德业相劝、过失相规、礼俗相交、患难相恤”为基本内容的乡村建设，邹平地区匪乱不近，盗贼不兴，形成了良好的乡村秩序和社会风气。据艾恺考证，到1937年，邹平实验县已接近实现普及教育，在禁止贩毒、吸毒以及对赌博、缠足等社会陋俗的改造方面也取得了较好的效果。[②]

（原文发表于《江苏大学学报·社会科学版》2008年第5期，第二作者为吕甜甜）

---

① 罗荣渠：《从“西化”到现代化——五四以来有关中国的文化趋向和发展道路论争文选》，北京：北京大学出版社，1990年，第799页。

② 艾恺：《最后的儒家》，王宗昱、冀建中译，南京：江苏人民出版社，1996年，第259—275页。

费孝通早期乡村伦理思想述析

费孝通是我国著名社会学家、人类学家、民族学家，中国社会学和人类学奠基人之一。他一生的学术研究大致可以分为三个阶段：一是 1949 年中华人民共和国成立前；二是自 1949 年到改革开放前；三是改革开放后。20 世纪 30 年代至 40 年代，费孝通对中国乡村社会的特征及乡村生产、交换、分配、消费进行了大量的阐述，其中蕴涵了丰富的伦理思想，也充分体现了其“志在富民”的学术价值观。这些伦理思想是费孝通学术思想的重要组成部分，同时，也为探究中国乡村伦理关系和道德生活的变迁与现状提供了十分重要的理论资源和方法参照。

一、“志在富民”：费孝通乡村伦理思想的核心价值观

费孝通曾经明确指出：“我这一生有个主题，就是‘志在富民’”。[①]他在一首诗中写道：“脚踏实地，胸怀全局，志在富民，皓首不移。”可以说，“志在富民”，是费孝通一生学术研究的核心价值观，也是贯穿于其学术观点中的“一条红线”。

费孝通认为，任何科学知识和理论都应有其实践价值，理论只有

---

① 《费孝通文集》(第 13 卷)，北京：群言出版社，1999 年，第 200 页。

联系实际，其价值才能得以真正体现。他反对所谓“为研究而研究”的观点，认为“‘为研究而研究’是一辈‘寄生性’学者的护身符。‘学术尊严’！我是不懂的，我所知道的是‘真正的学术’，是‘有用的知识’。学术可以做装饰品（亦是功能）、亦可以做食粮（亦是功能），若叫我选择，我是从食粮。”①费孝通也不赞赏西方人类学界长期存在的所谓“价值中立”观，他明确指出：“个人的价值判断离不开他所属的文化和时代。我是出生于20世纪初期的中国人，正是生逢社会的剧变，国家危急之际。从我的这种价值判断出发，我之所以弃医去学人类学是可以为朋友们所理解的。我学人类学，简单地说，是想学习到一些认识中国社会的观点和方法，用我所得到的知识去推动中国社会的进步，所以是有所为而为的。如果真如 Edmund 所说中国人研究中国社会是不足取的，就是说，学了人类学也不能使我了解中国的话，我就不会投入人类学这门学科了，即使投入了，也早已改行了。”②从中，我们不难看出，费孝通“弃医从社”的动力，正是源自一种“推动社会进步”的学术价值目标。1980 年，他在接受马林诺斯基奖的大会上发表了题为《迈向人民的人类学》的演讲，明确地表明了自己“科学必须为人类服务”的价值观。在他看来，“人类为了生存和繁荣才需要科学”，这个实用的立场根本毋需隐瞒或掩盖，关键的问题只是要回答：为谁用？用来做什么？对此，他明确地指出：“为了人民的利益，为了人类中绝大多数人乃至全人类的共同安全和繁荣，为了满足他们不断增长的物质和精神生活的需要，科学才会在人类的历史上发挥它应有的作用。”③

在长期的田野调查和学术研究中，费孝通始终坚持为民、富民这一基本的价值观，时刻关注人民大众尤其是广大农民基本利益的实现

① 《费孝通文集》（第 1 卷），北京：群言出版社，1999 年，第 508 页。
② 《费孝通文集》（第 12 卷），北京：群言出版社，1999 年，第 43—44 页。
③ 《费孝通文集》（第 7 卷），北京：群言出版社，1999 年，第 418 页。

和满足。在他看来,凡是符合人民利益、符合社会发展潮流的,就是值得在学术上予以认同和支持的。他认为:“检验我们的理论是否正确,最终取决于我们是否真正能改善人民的生活。在我看,社会学和人类学的最终目标正是改善人民的生活。”[①]可以说,志在富民,是费孝通从事学术研究尤其是通过大量的田野工作进行乡村研究的出发点,也是其学术价值观的集中体现。也正是在这一学术价值观的引领下,《江村经济》改变了人类学学术发展史上仅仅重视研究未开发文化的倾向。正如马林诺夫斯基在《江村经济》的“序”中所说:“我们中间绝大多数向前看的人类学者,对我们自己的工作感到不耐烦,我们厌烦它的好古、猎奇和不切实际”,“研究人的科学必须首先离开对所谓未开化状态的研究,而应该进入对世界上为数众多的、在经济和政治上占重要地位的民族的较先进文化的研究。”[②]

费孝通不仅将富民作为学术研究的价值目标,同时也将其贯穿于自己的研究过程。费孝通从 20 世纪 30 年代开始进行“江村”调查,其后又开展了“云南三村”调查,以此为基础,系统阐述了发展乡村工业、实现乡土重建的主张。在他看来,当时关于乡村建设的一些尝试,往往只是偏重于从文字、教育、卫生等方面入手,未能直接增加农民收入,因而收效甚微。由此,他提出,“乡土工业可能是一种最有效的入手处”[③]。对于当时土地制度改革的主张,费孝通积极拥护。但在具体的改革措施上,他坚持认为,即使把所有土地重新分配给农民,平均耕作面积也不会大幅增加。因此,这种看似更加公平的分配并不能真正改善农民的实际收入。只有发展工业,吸收农业劳动力,才能真正增

① 《费孝通文集》(第 11 卷),北京:群言出版社,1999 年,第 199 页。

② 费孝通:《江村经济——中国农民的生活》,北京:商务印书馆,2001 年,第 15 页。

③ 《费孝通文集》(第 4 卷),北京:群言出版社,1999 年,第 439 页。

加农民收入。针对当时土地改革中对待地主的思路，他有着自己与众不同的见解。在当时大多数人的理解中，地主剥削了农民几千年，被农民供养了几千年，土地改革就是要对他们进行彻底的清算。费孝通却认为，不能仅仅站在道德立场上讨论这一问题。地主在没有经济出路的情况下不会放弃土地，这就必然导致土地改革采取暴力手段，这显然有悖于用和平方式解决问题的思路。因此，在费孝通看来，土地改革需要给地主找到新的出路，让他们在城市获得谋生职业或投资机会，而不再过度执着地留恋土地。由此，我们可以看出，费孝通在对中国乡村的研究中，始终坚持从乡村社会的基本利益关系和农民的生存发展问题入手，将乡村经济发展视为伦理关系调整的根基。

在对江村的研究中，费孝通通过大量的实地调研发现，副业收入在江村家庭经济收入中占有十分重要的地位，由此出发，他提出了以发展工业和副业增加农民收入的思路。可以说，正是通过细致深入的田野工作，费孝通准确发现了中国农村的基本问题即“人民的饥饿问题”。也正是基于对这一问题的准确把握，他对中国共产党所提出的“以革命方式解决土地问题”的主张表示赞同，认为只有把农民从土地上解放出来，走乡村工业化之路，从而增加农民收入，才能真正解决中国的农村问题。其后，在《禄村农田》等著作中，他同样坚持在通过实证研究分析实际情况的基础上，提出改变农村贫困境况的政策。新中国成立后，费孝通多次重访江村，并将其研究扩展到中国更多的地区。他主张，发展乡村企业，这种方式使农民能够在“离土不离乡”的情况下增加收入，是解决农村剩余劳动力的重要手段。20 世纪 80 年代初，费孝通在重返江村考察时高度评价了当时兴起和发展中的“苏南模式”，认为这一模式对当时苏南乡村经济的发展起到了巨大推进作用。可以说，费孝通在其对江村到苏南乃至整个中国乡村的研究中，都一以贯之地体现了“志在富民”的学术价值观，这一学术价值观也是成就其学术造诣与贡献的价值根基。

二、勤劳节俭：根植于“乡土性”的生产和消费伦理

在《乡土中国》一书的开篇《乡土本色》中，费孝通即提出：“从基层上看去，中国社会是乡土性的。”[①]对于中国传统农民来说，土地是生产和生活的根基，“种地”是最基本、最稳妥的生产和生活方式。“乡下人离不了泥土，因为在乡下住，种地是最普通的谋生办法。”[②]因此，在费孝通看来，农业的生产特征决定了农民仿佛是被“粘在土地上的”，形成了“世代定居”的基本生活样态。也正是在这一意义上，费孝通以“被土地束缚的中国”来形容中国传统社会，认为“我们的民族确是和泥土分不开的了。从土里长出过光荣的历史，自然也会受到土的束缚，现在很有些飞不上天的样子”。[③]

以“乡土”为本色的传统农民必然形成恋土重农的经济价值观，并将“勤劳”视为农耕活动最基本的生产伦理和农民应具备的首要美德。传统的农耕活动是一种以体力劳动为基础的生产活动，更多的劳动付出往往能够直接带来产量的增加和收入的提高，“劳”与“得”之间呈现出显见的正相关，这也进一步强化了“勤劳”作为美德的价值意义。换言之，在传统农耕社会，勤劳既是农民之“本分”，也是其生存和提高生活水平的前提。勤劳不仅被赋予了一种美德意义，同时也具有一种功利意义。

节俭则是与勤劳相伴相生的伦理品质。由于农业生产易于遭受自然灾害的威胁，因此，节俭也具有了一种经济价值。正如费孝通曾经指出的，“一个把收入全部用完毫无积蓄的人，如果遇到欠收年成就

① 费孝通：《乡土中国　生育制度》，北京：北京大学出版社，1998年，第6页。
② 费孝通：《乡土中国　生育制度》，北京：北京大学出版社，1998年，第7页。
③ 费孝通：《乡土中国　生育制度》，北京：北京大学出版社，1998年，第6页。

不得不去借债从而可能使他失去对自己土地的部分权利。一个人失去祖传的财产是违背孝道的，他将受到责备……在日常生活中炫耀富有并不会给人带来好的名声”。[①] 易而言之，在中国传统乡村社会，节俭不仅能够保存财富，还能够获得正面的道德评价。因此，安于简朴，成为传统乡村日常生活的基本道德要求，并通过家庭（族）和村庄共同体的道德评价和奖惩而获得延续。费孝通曾十分细致地描述了江村日常生活中的节俭图景：“安于简朴的生活是人们早年教育的一部分。浪费要用惩罚来防止。孩子们饮食穿衣挑肥拣瘦就会挨骂或挨打。在饭桌上孩子不应拒绝长辈夹到他碗里的食物。母亲如果允许孩子任意挑食，人们就会批评她溺爱孩子。即便是富裕的家长也不让孩子穿着好的、价格昂贵的衣服，因为这样做会使孩子娇生惯养，造成麻烦。节俭是受到鼓励的。人们认为随意扔掉未用尽的任何东西会触犯天老爷，他的代表是灶神。例如，不许浪费米粒。甚至米饭已经变质发酸时，全家人还要尽量把饭吃完。衣物可由数代人穿用，直到穿坏为止。穿坏的衣服不扔掉，用来做鞋底、换糖果或陶瓷器皿。”[②]

韦伯曾指出：“禁欲主义的节俭必然要导致资本的积累。强加在财富消费上的各种限制使资本用于生产性投资成为可能，从而也就自然而然地增加了财富。”[③]在乡村社会中，由于生产存在着遭受自然灾害的威胁，过度消费更可能带来严重的经济风险。因此，节俭通过其价值贮存和资源积累的功能而日渐具备了一种美德意义，并且，此种

① 费孝通：《江村经济——中国农民的生活》，北京：商务印书馆，2001年，第112页。

② 费孝通：《江村经济——中国农民的生活》，北京：商务印书馆，2001年，第111—112页。

③ 马克斯·韦伯：《新教伦理与资本主义精神》，于晓、陈维纲等译，北京：北京三联书店，1987年，第135页。

美德通过渗透在日常生活中的知足、节俭的道德教育而不断获得巩固和强化。

不过，费孝通也观察并指出，这种节俭思想并不适合所有的场合，尤其是不适合乡村中婚丧礼仪等场合。究其原因，他也做了进一步的分析："人们认为婚丧礼仪中的开支并不是个人的消费，而是履行社会义务。孝子必须为父母提供最好的棺材和坟墓。如前面已经提到，父母应尽力为儿女的婚礼准备最好的彩礼与嫁妆，在可能的条件下，摆设最丰盛的宴席。"[①]因此，在费孝通看来，这种特殊场合的炫耀消费并不完全是一种个人的消费，而是履行社会义务并获取荣耀的一种特殊机会。易而言之，乡村消费中存在着两种截然不同的伦理取向：以节俭为取向的日常消费和以炫耀为取向的特殊消费。事实上，直至今天，人情、面子、攀比、炫耀等因素，依然在一定程度上影响着农民的消费，尤其是婚丧嫁娶方面的观念和行为。

三、信任互助：基于血缘地缘和差序格局的交往和分配伦理

血缘关系是中国传统乡村社会最基本的关系。费孝通认为，在传统的乡村社会中，血缘是最为稳定的力量，地缘则是血缘的投影，两者不可分离。他以中国人填写籍贯为例，指出籍贯是取自父辈而不是根据自己出生或居住的地方，因而只是"血缘的空间投影"。中国传统乡村社会在血缘和地缘的基础上形成了以"差序格局"为特征的基层社会结构。费孝通以"从自己推出去的和自己发生社会关系的那一群人里所发生的一轮轮波纹的差序"这一形象的比喻，[②]揭示了中国社会以己为中心、逐渐向外推移的人际关系，也形成了对传统乡土社会结构

① 费孝通：《江村经济——中国农民的生活》，北京：商务印书馆，2001年，第112页。

② 费孝通：《乡土中国　生育制度》，北京：北京大学出版社，1998年，第27页。

和人际关系的经典概括。

中国传统乡村社会基于血缘地缘和差序格局的人际关系，使信任互助成为交往和分配中的基本道德准则，并体现出十分显见的“差序性”。血缘是乡村社会人际关系的中心，地缘在血缘关系的基础上产生，围绕血缘和地缘，建立起整个乡村社会的人际关系。在这种关系中，人们之间的相互信任产生于相互之间“知根知底”的熟悉，而并非对于契约的认同和遵循。

与此同时，乡村社会的人际关系是以“己”为中心并逐渐向外推移的“差序格局”。家庭内部成员的身份地位主要取决于辈分和资历，家庭财产的继承和分配也严格遵循血缘上的差等顺序进行。尽管不同历史时期的律文在一些具体的规定上有所差异，但共同点在于，妇女都没有继承权。1929 年，南京国民政府在其颁布的新民法中确立男女具有同等继承权，但事实上，费孝通在江村的调查中已经发现，法律上的确认并没有在乡村引起家产代际转移的实际变化。

需要注意的是，在乡村社会以血缘和地缘关系为基础的“差序格局”中，“家”并没有十分清晰和严格的界限，“自家人”与“外人”之间，“血亲”与“非血亲”之间，并非是完全基于血缘关系而不可逾越的。正如费孝通所指出的，“‘自家人’可以包罗任何要拉入自己的圈子或表示亲热的人物。自家人的范围是可以因时因地可伸缩的，大到数不清，真是天下可成一家”。[①] 易而言之，传统乡村社会“自家人”的确定并不以血缘为唯一标准，而是包含了某种明显的心理认同因素。人们可以通过血缘关系而形成对“自家人”的信任，也可以在交往中基于对他人的熟悉、认同而将非血缘关系的他人视为“自家人”而产生信任。基于此，我们可以认为，差序格局是中国传统乡村社会的基本人际关

① 费孝通：《乡土中国　生育制度》，北京：北京大学出版社，1998 年，第 26 页。

系模式，但是，这一“差序”并不能被简单地理解为从“己”到“家”再扩张到“家族”乃至村庄的“血缘差序”，而是同时也包含着体现交往和心理认同程度的“情感差序”。在这里，费孝通关于差序格局最为经典的“一圈圈推出去的波纹”这一比喻，亦可帮助我们理解中国乡村社会信任格局中同时并存的“血缘差序”和“情感差序”：在血缘和情感上都最靠近“己”这一中心的“家庭成员”，确实往往可以产生最高的信任度；相反，在血缘和情感上离“己”这一中心最远的“陌生人”，往往体现出最低的信任度。除此以外，乡村社会的人际信任则呈现出由“血缘差序”和“情感差序”共同作用的复杂态势。这种“血缘差序”和“情感差序”的共同作用，至今仍然对中国乡村社会的人际关系和交往伦理有着重要影响。

四、乡土重建：以富民为价值目标的发展伦理

费孝通既是一位著名的社会学家、人类学家，同时也是一位伟大的乡村建设的理论家和实践家。作为一个学者，他始终关注中国农村的“出路”和农民的“活路”。他在《江村经济》、《乡土中国》、《乡土重建》等著作中阐释了中国乡土社会的基本特征，并在此基础上提出了发展乡村工业、实现乡土重建的思想，体现了以富民为价值目标的发展伦理。

在《江村经济》中，费孝通描述了江村经济发展的基本状况，指出在中国恢复乡村企业、建立新型乡土工业的必要性和可能性。这一时期，中国学术界存在着关于以农立国还是以工立国的争论，费孝通没有从理论上介入争论，而是以开弦弓村为典型，实地调查中国农村的经济发展状况，从而提出解决乡村发展的根本措施。他通过对江村、禄村、易村等地的实地调查，指出中国当前最基本也是最严重的问题是广大农民的生活问题，更准确地说，人民的饥饿问题是中国农村最

大的问题。通过江村的调查，他发现，由于人多地少，仅仅依靠农业无法维持农民的基本生活要求，更无法提高农民的生活水平，只有发展手工业，才能解决农民的收入问题。他认为，这既是江村的问题，也是中国大多数农村存在的共性问题。尽管通过土地改革、减收地租、平均地权，能够在一定程度上解除农民的痛苦，但要想从根本上解决农民收入和农村发展，唯一的道路是大力发展农村企业和农村手工业。

在费孝通看来，乡土社会是一个“生于斯，长于斯”的社会，这种稳固性和静止性使其无法从内部产生变革的动力，只有外来的力量和商业的发展才能促使其发生变化。他指出：“知足、安分、克己这一套价值观念是和传统的匮乏经济相配合的，共同维持着这个技术停顿、社会静止的局面。”[①]而商业的发展，正是打破传统乡村的封闭、静止和稳固的重要力量。其原因在于，商业无法存在于亲密的血缘社会中，而只能在血缘社会之外发展。他在对江村的调研中发现，当江村被纳入到世界经济体系之中，国际蚕丝价格的下跌和资本主义生产方式的冲击，导致江村蚕丝业的外部生存环境出现了变化，从而迫使它改变以适应新的环境。换言之，在江村，这种变革的力量必然是外来的而非内部自然生长的。具体而言，这些力量包括新兴的技术学校（蚕业学校）、新的合作工厂和新的社会原则。因此，他主张乡村改革应由外来的知识分子进行制度建设，认为只要有人带领将乡土工业安置在农村，受守土心理约束的农民就会自然而然走进工厂劳动起来。由此，新兴的变革力量就会进入并作用于乡村。

在这一问题上，法国学者孟德拉斯有着与费孝通相似的论述。孟德拉斯认为，传统村庄中的农民一般情况下不会成为革新者，“一切传

① 《费孝通文集》（第4卷），北京：群言出版社，1999年，第305页。

统的影响和整个社会体系都阻止他们成为革新者”，而土地所有者则“可以充当新事物的首倡者和尝试者的角色。”[①]其原因在于，传统农业生产中的尝试必然存在着一定的风险，这种风险只有土地所有者才能够以其经济余力来承担。“在传统的社会里，革新是一种富人的奢侈品，普通农民是无法企及的”。[②] 因此，“富人”、土地所有者等“显要人物”，往往会成为乡村中的革新者。

在乡村经济发展的具体路径上，费孝通认为，尽管解决土地问题是必要而紧迫的，但问题在于，即使把所有土地重新分配给农民，人均耕作面积也不可能有大的增长。换言之，这一政策能够带来的结果仅是一种更加公平的分配，但却无法真正改善农民的经济状况。因此，费孝通强调指出，不能仅仅依靠土地改革、减收地租、平均地权来解决中国的土地问题，只有恢复农村企业，增加农民的收入，才是解决农村问题的根本措施。正是基于这一思路，他提出了以乡村工业化作为提高农民收入途径的思想。值得注意的是，费孝通并未将乡村工业化视为一种更加先进的发展目标，而只是强调将其作为提高农民收入的途径。他明确指出：“我的出发点却并不是‘为了工业着想’，而是‘为了这三万万几千万的农民着想’。为农民着想，工业如果离开了乡村，试问他们从哪条路上去提高他们的收入呢……我们的问题并不是都市工业效率高呢还是乡土工业效率高？而是我们求工业的充分现代化而让80％的农民收入减少，生活程度降低呢还是求农民多一点收入，而让工业在技术上受一点限制？我的选择是后面这半句。”[③]。

由此，我们不难看出，费孝通将以发展乡土工业为路径的乡土重

---

① 孟德拉斯：《农民的终结》，李培林译，北京：社会科学文献出版社，2005年，第37页。

② 孟德拉斯：《农民的终结》，李培林译，北京：社会科学文献出版社，2005年，第41页。

③ 《费孝通文集》(第4卷)，北京：群言出版社，1999年，第383—384页。

建，视为救济农民、农村的基本路径，其目标、动力、路径的选择体现出以富民为价值目标的乡村发展伦理思想。

总体上看，从 20 世纪 30 年代至 40 年代，费孝通在其对中国乡村社会的大量论述中，阐释了根植于传统乡土社会生产、生活方式和血缘地缘、差序格局的生产、交换、分配和消费伦理，也体现了其“志在富民”的学术价值观和以实现乡村发展、农民富裕为价值目标的发展伦理。

（原文发表于《齐鲁学刊》2017 年第 5 期）

【乡村伦理的历史传统与现代发展】

乡土经济伦理的传统特色探析

乡村是中国社会的基础。可以说，中华民族的传统伦理思想正是在漫长的小农生产和生活方式的演进中逐渐形成并积淀下来的。这种伦理思想渗透在种种社会礼仪、风俗和习惯之中，对维护传统乡村社会的秩序和调节人际关系发挥了重要作用。中国传统乡村社会以自给自足的生产方式和相对封闭的生活方式为基本特征，在此基础上产生了具有自身特色的乡村经济伦理。借用费孝通先生对中国社会所作出的“乡土性”概括，①可以将这种具有“乡土”特色的中国乡村经济伦理称为“乡土经济伦理”。对乡土经济伦理之传统特色的阐释与分析，应当遵循的基本逻辑思路是：从中国传统乡村社会生产方式和生活方式中理解传统乡村经济活动与经济关系的基本特征，从传统乡村经济活动与经济关系的基本特征中理解其伦理关系和伦理原则。基于这一思路，可以从中国传统乡村社会的生产活动、交往活动和社会管理三个方面，把握传统乡土经济伦理的主要特征。

一、勤勉重农：农耕文明的生产伦理

美国人类学家雷德弗尔德提出，赋予土地一种情感和神秘的价值

① 参见费孝通：《乡土中国　生育制度》，北京：北京大学出版社，1998 年，第 6 页。

是全世界农民所特有的态度。[①] 这是关于传统农民的一个经典描述。法国学者孟德拉斯进一步指出，对于传统农民来说，土地是“一种独特的、无与伦比的财产”，它所具有的“崇高的价值”是“整个技术的、经济的、社会的、法律的和政治的系统”所赋予的。[②] 从技术上来说，每一块土地都是独特的，要想耕种一块土地，首先必须对它有深刻的了解，包括可耕土层的结构和厚度，以及岩石、湿度、光照、地形，等等。这种知识是农业劳动者的基本技能。传统农民更相信自己通过长期劳动形成的这种知识，而不是技术专家所提供的数据。从经济上来说，“传统的农业经济使土地成为重要的资本和惟一可靠的财富”，并且，“土地的占有是社会等级制的基础和声望的标记”。可以说，在传统农民所置身的法律和经济体系中，“经营者只有拥有自己的土地才能确保自己的经营的持续，也才能确保自己的永远的生存”。因此，对农民来说，拥有土地所有权是在经济、社会和政治上完全独立的必要条件。“耕种别人土地的人，总是以这种或那种方式成为土地所有者的债务人，甚至仆人”。[③]

传统农民在土地上的世代相继，使其形成了对土地的依恋情结，并在此基础上产生了将利用土地进行耕作的活动视为“正当”或“正业”的经济价值观。对传统农民来说，“金钱不是一种可靠的价值。真正具有价值的只有土地，因此要想富起来必须种好田，而不是进行侥幸的投机，投机似乎会迅速带来收益，但却没有前途”。[④] 孟德拉斯在

---

① *Robert Red field*。*Peasant Society and Culture*, *Chicago*, *Chicago University Press*, 1956, *p*.112.

② 孟德拉斯：《农民的终结》，李培林译，北京：社会科学文献出版社，2005 年，第 55 页。

③ 孟德拉斯：《农民的终结》，李培林译，北京：社会科学文献出版社，2005 年，第 54—55 页。

④ 孟德拉斯：《农民的终结》，李培林译，北京：社会科学文献出版社，2005 年，第 133 页。

《农民的终结》中引用法国历史上下比利牛斯地区引进杂交玉米的案例，揭示了一个“根本的和全面的冲突”：冲突的一方是传统的农民理想，即耕作是为了养活自己和确保经营与家庭的延续；冲突的另一方是生产者的利益，即寻求尽可能大量地生产价格最好的产品。在传统的法国农民看来，“人们喂畜禽”的玉米比“制作面包的谷物”小麦更值钱，是“令人愤慨和违背道德准则的”。因此，这种玉米“被视为道德堕落的危险，而建议种植这种玉米的技术员会被视为引诱人的恶魔”。孟德拉斯认为这种杂交玉米“引导人们进入的那个系统所带来的必然结果”是：“传统耕作系统全面解体，被单一耕作所取代，农民失去了独立和经济保障，变为投机家：冒险和道德沦丧”。[①]

如果说，恋土重农是全世界传统农民的共同特征，那么这一特征在中国传统农耕社会和中国传统农民身上，体现得更为突出和富有代表性，甚至可以说，中国传统农业文明正是一种“农为邦本”的文明。农业自古在中国人经济生活中有着至高无上乃至近乎神圣的地位，关乎天下存亡兴衰，以致“社稷”一词后来成为国家的代名词。在中国古代传说中，被尊称为神农氏的中华民族祖先炎帝，“身自耕，妻亲织”(《淮南子·齐俗训》)，大禹则是“身执耒臿以为民先”(《韩非子·五蠹》)，这在一定程度上说明，“古先圣王之所以导其民者，先务于农”(《吕氏春秋·上农》)是一种较为普遍的现象。在中国古代思想史上，不同流派尽管在许多问题上存在观点的差异甚至对立，但是，在“重农”这一点上，他们却有着基本的共识。孟子从农业角度论及仁政：“夫仁政，必自经界始。经界不正，井地不钧，穀禄不平。”(《孟子·滕文公上》)因此他主张实行井田制以“制民之产”。墨子也指出：“凡五谷者，民之所仰也，君之所以为养也。”(《墨子·七患》)法家思想家更

① 孟德拉斯：《农民的终结》，李培林译，北京：社会科学文献出版社，2005年，第132—134页。

为明确地提出了“重本(农)抑末(商)”的主张。管子认为:“粟者,王之本事也,人主之大务。”(《管子·治国》)韩非不但把“本”解释为农,而且把它等同于粮食生产,认为只有农业劳动才是生产劳动,指出:“磐石千里,不可谓富;象人百万,不可谓强。石非不大,数非不众也,而不可谓富强者,磐不生粟,象人不可使距敌也。”(《韩非子·显学》)也就是说,在韩非看来,只有能够“生粟”的行业才是应当重视和发展的“本业”。法家的这种重本抑末论被儒家吸收和改造后成为儒家经济伦理思想的重要内容,并在以儒家思想为主导的中国传统封建社会中成为主流。在这一思想的影响下,土,作为农民谋生的根基,被中国农民依恋崇敬乃至顶礼膜拜;①农,作为一种社会尊重的行业,在中国传统社会中得到至上的道德评价。② 这种认识世代相沿,使中国传统农民执着地认为只有通过面朝黄土的农耕活动取得的财富才是正当和可靠的,而对其他离土离乡的谋生与致富手段给予道义上的否定和行为上的拒斥。

还应看到,在中国漫长的封建社会中,历代统治者通过户籍制度、均田限田、法定诸子平分田产等政策,以鼓励乃至强制的手段将农民局限于土地,使其心甘情愿地从事农业生产。③ 这些政策的实行,进一

① “土地神”是中国农民心目中最亲切的神。早在汉代,中国农民就有了祭祀土地神的风习。宋代以后,土地神成为村落社会的普遍信仰。在汉族聚居的地区,几乎找不到没有土地庙的村落。庙里的偶像,衣冠简朴,成双成对,以至家室齐全、老幼满堂。这种塑形,象征着农民执着地将家庭扎根于乡土的心态。参见程啸:《晚清乡土意识》,北京:中国人民大学出版社,1990 年,第 45 页。

② 冯友兰先生认为,在中国的传统社会里,可以把民众按行业分为士、农、工、商四等,士通常是来自地主阶级,农就是从事农业生产的农民,这两种行业受到社会的尊重,任何人出身于“耕读世家”,往往引以为傲。参见冯友兰:《中国哲学简史》,天津:天津社会科学院出版社,2005 年,第 16 页。

③ 在这些手段中,最为常用也最为有效的是户籍制度,它保证了统治者能够方便地获得赋税徭役和维持乡村的地方秩序。从秦汉时期开始,中国的乡村就推行了“乡亭里什伍”制,唐宋以后实行县政权管辖下的保甲制、乡里制和里甲制,每一基层组织都有专人管理户口,这种户口管理体制也在相当程度上限制了乡民的迁徙。参见周晓虹:《传统与变迁——江浙农民的社会心理及其近代以来的嬗变》,上海:上海三联书店,1998 年,第 46 页。

步强化了农民重本轻末、安土重迁的行为特征。甚至于当这种以土地为根基的农业生产活动无法给自己带来勉强维持的生活乃至使自己饥饿贫困时，农民依然不改初衷。美籍华人学者许烺光在谈及中国的农业经济时曾指出："几个世纪以来，中国人一直处于人口过剩，耕地奇缺，农业艰难之中，不计其数的中国人营养不良，甚至饿死。但是，这些事实不仅不能激发出开拓甚或商业上的进取精神，反而诱使那些居住在乡村的人们更加强烈地依恋于他们土生土长的地方，而无视这样一来就意味着那已经很低的生活标准会变得更低的事实。"①

中国传统乡村社会恋土重农的经济价值观，必然使"勤劳"成为生产活动中的基本道德规范。传统的农业耕作活动以农民的体力劳动为基础，因此，勤劳的四季耕耘是获得产出和增加剩余产品的最基本（甚至惟一）途径，也是农民生存和提高生活水平的基本前提。正是这种"劳"与"得"或"劳"与"食"之间的直接对应关系，使得"劳而有得"、"劳而有食"成为传统农民对生产劳动与需求满足之间关系的素朴认识。基于这种认识，农民萌发了通过"日出而作，日落而息"的终日辛劳来改善生活的愿望，在此基础上，产生对劳动的兴趣乃至热爱，并本能地对不劳而获和好逸恶劳者产生厌恶。勤劳被农民视为应当具备的基本素质。正如孟德拉斯所说："在农民看来，最高的价值是劳动"，并且，"如果他劳动得多，他就能博得自尊和别人的尊重"。②

对于中国传统农民勤勉耐劳的基本品质，历代思想家和统治者都给予了充分的道德肯定。孟子强调"不违农时，谷不可胜食也"（《孟子·梁惠王上》），荀子提出"春耕夏耘，秋收冬藏，四者不失时，故五谷

---

① 许烺光：《美国人与中国人：两种生活方式的比较》，彭凯平、刘文静等译，北京：华夏出版社，1989年，第285页。

② 孟德拉斯：《农民的终结》，李培林译，北京：社会科学文献出版社，2005年，第73—74页。

不绝，而百姓有余食也”(《荀子·王制》)，将人们一年四季的辛勤劳作视为个人和整个社会“有余食”的基本前提。墨子不仅明确指出，人与动物的差别在于“赖其力者生，不赖其力者不生”(《墨子·非乐上》)，而且更为充分地揭示了传统乡村社会的耕作行为所蕴含的道德要求。他指出：“今也农夫之所以蚤出暮入，强乎耕稼树艺，多聚菽粟而不敢怠倦者，何也？曰：彼以为强必富，不强必贫；强必饱，不强必饥，故不敢怠倦。”(《墨子·非命下》)管子将勤劳视为财富之源，认为“不务天时，则财不生；不务地利，则仓廪不盈”(《管子·牧民》)。应当看到，一方面，这些思想是通过一种“自下而上”的方式对以日常经验状态存在于中国传统乡村社会的恋土重农和勤勉耐劳伦理观的理论提炼；另一方面，它们又通过“自上而下”的方式，借助于统治者的政治权威力量不断固化和强化传统农民的道德观，使得农民勤勉耐劳的道德品质进一步升华为一种自强不息的精神力量，并成为支撑整个中华农耕文明的灵魂。

二、信任互助：熟人社会的交往伦理

中国传统乡村社会是一个“生于斯、死于斯”的社会，这使其人际关系出现了一种特色：“每个孩子都是在人家眼中看着长大的，在孩子眼里周围的人也是从小就看惯的”，因而，“这是一个‘熟悉’的社会，没有陌生人的社会”[①]。人们在这种彼此的熟悉中产生相互间的信任，因之，熟人社会的内部有着较高的信任度。“‘我们大家是熟人，打个招呼就是了，还用得着多说么？’——这类的话已经成了我们现代社会的阻碍。现代社会是个陌生人组成的社会，各人不知道各人的底细，所以得讲个明白；还要怕口说无凭，画个押，签个字。这样才发生法律。在乡土社会中法律是无从发生的。‘这不是见外了么？’乡土社会里是

① 费孝通：《乡土中国　生育制度》，北京：北京大学出版社，1998年，第9页。

从熟悉得到信任。这信任并非没有根据的，其实最可靠也没有了，因为这是规矩。”[①]也就是说，乡土社会的信用是一种人格信任，它不是来自法律或契约的规定，而是“发生于对一种行为的规矩熟悉到不加思索时的可靠性”。[②]

对于中国社会的信任问题，西方学者曾作过不少的分析，其中最有影响的是韦伯和福山(Francis Fukuyama)的论述。韦伯在关于儒教与清教的比较研究中指出，中国人的信任是建立在血亲关系之上的，因而仅局限于家族和亲属的范围之内，是一种难以普遍化的特殊信任(particularistic trust)；西方人(尤其是新教徒)的信任则是建立在共同信仰的基础之上，是一种能够超越血缘氏族纽带束缚的普遍信任(universalistic trust)。在韦伯看来，中国人的特殊信任无法转化为普遍信任，因而对于那些血缘家族之外的“外人”，中国人是普遍地不信任。[③]福山则更为明确地指出，在中国、意大利和法国这样的国家，一切社会组织都是建立在以血缘关系维系的家族基础之上，对家族之外的其他人缺乏信任，因而，这样的社会是一种缺乏普遍信任的低信任度的社会[④]。

从韦伯和福山的论述中可以看到，他们认为中国社会的信任是建立在血缘关系基础上的，无法扩展到血缘关系之外的群体之中。这一判断的理论前提是，中国社会是一个“血亲关系本位”的社会。不可否认，血缘关系确实是中国传统乡村社会人际关系的中心，人们也正是围绕这一中心建立起与他人的社会联系。但是，我们更应看到，中国传统乡村社会的人际关系同时也是一种以“己”为中心、逐渐向外推移的“差序格局”。在这种格局中，“家”并不是一个界限分明的团体，

① 费孝通：《乡土中国　生育制度》，北京：北京大学出版社，1998年，第10页。
② 费孝通：《乡土中国　生育制度》，北京：北京大学出版社，1998年，第10页。
③ 参见马克斯·韦伯：《儒教与道教》，王容芬译，北京：商务印书馆，1995年版。
④ 参见弗兰西斯·福山：《信任——社会道德与繁荣的创造》，李宛容译，内蒙古：远方出版社，1998年。

“‘自家人’可以包罗任何要拉入自己的圈子，表示亲热的人物。自家人的范围是因时因地可伸缩的，大到数不清，真是天下可成一家”。[①]也就是说，在中国乡村社会，“血亲”与“非血亲”、“自家人”与“外人”之间并没有不可逾越的明确界限。人们既可以在血缘关系的基础上产生对“自家人”的信任，也可以在地缘关系或其他由血缘关系泛化后所形成的各种拟亲关系的基础上，[②]在长期的密切交往过程中，对“非血亲”或“外人”产生熟悉和信任。

中国传统乡土社会的信任是在熟悉的基础上建立的，因之，这种信任也仅仅限于“熟人”的圈子。同时，信任的程度与熟悉的程度有着密切的关联，呈现出十分显见的“差序”特征，即：在血缘和地缘上越靠近“己”这个中心，就越熟悉，因而也就越容易产生信任并形成合作关系；相反，当在血缘与地缘上与“己”这个中心渐行渐远时，信任度也随之降低，及至进入“陌生人的世界”，信任基本无法建立。换言之，在乡村社会的人际交往中发挥作用的，是“特殊主义”而非“普遍主义”原则。笔者在江苏省江阴市周庄镇华宏村的问卷调查中，[③]“华宏村村民信任度差异”(见下表)显示的分析数据十分有力地证明，时至今日，中国乡村社会的人们在信任度上依然维持着亲疏有序的关系格局：对亲人的信任度高于对朋友的信任度，对朋友的信任度高于对同事、领

① 费孝通：《乡土中国　生育制度》，北京：北京大学出版社，1998 年，第 26 页。

② 虽然人与人之间的血缘关系是先天赋予和无法改变的，但在后天生活中，人们仍能够通过多种方式(认干亲、拜把子、套近乎、做人情等)，将这种先天注定的血缘关系进一步泛化、扩展和延伸到与没有血缘联系的其他人的交往关系。参见李伟民、梁玉成：《特殊信任与普遍信任：中国人信任的结构特征》，载《社会学研究》2002 年第 3 期。

③ 华宏村问卷调查使用了多阶段系统抽样方法。在保证各个抽样地点选取的样本量有足够代表性和统计意义的前提下，充分考虑了不同调查区域的实际情况和调查组织实施的可操作性，按照配额抽样的方式，根据户籍人口和流动人口这一特征指标，来具体分配样本量。共抽取 208 个样本点，其中本村人口样本 150 个，外来务工人员样本 58 个。在调查过程中，由于样本智力问题、长期外居、挂户无人等问题，实际访问样本 153 个，收回有效问卷 150 份。

导等熟人的信任度，对熟人的信任度又高于对陌生人的信任度。

华宏村村民信任度差异

	完全信任		比较信任		一般		比较不信任		完全不信任		说不清	
	频数	百分比	频数	百分比	频数	百分比	频数	百分比	频数	百分比	频数	百分比
家庭成员	107	71.3	35	23.3	8	5.3	0	0	0	0	0	0
亲戚	52	34.7	67	44.7	30	20.0	0	0	0	0	1	0.7
朋友	34	22.7	67	44.7	44	29.3	2	1.3	0	0	3	2.0
邻居	27	18.0	58	38.7	63	42.0	0	0	0	0	2	1.3
同事	22	14.7	57	38.0	64	42.7	3	2.0	1	0.7	3	2.0
单位领导	28	18.7	61	40.7	42	28.0	9	6.0	3	2.0	7	4.7
村干部	30	20.0	53	35.3	50	33.3	6	4.0	4	2.7	7	4.7
陌生人	5	3.3	4	2.7	25	16.7	35	23.3	69	46.0	12	8.0

正是这种建立在熟悉基础上并成为“规矩”的信任，使互助成为中国传统乡村社会人与人经济交往中的基本道德准则。通过相互协助从而解决困难或问题，是传统乡村社会日常生产和生活中经常发生的现象。马林诺夫斯基曾以互惠原则解释地方的交换体系，认为一切权利和义务都要“被安排在互惠服务的对称锁链之中”。[①] 斯科特也指出，互惠是人际交往中的核心道德准则。在东南亚的乡村经济中，这种互惠原则在大量的活动中都发挥着作用。[②] 马林诺夫斯基还以新几

① 马林诺夫斯基：《原始社会的犯罪与习俗》，原江译，云南：云南人民出版社，2002年，第29页。

② 例如，爪哇的互助合作形式“gotong-rojong”是有组织互惠的著名事例。互助活动通过邻里会餐的仪式得到加强，这是农家生活的关键事件。在泰国乡村，互惠被看做是支持家庭内部和家庭之间的社会行为的基本道德原则。在菲律宾，个人联盟这种模式的阐释主要是参考以惭愧之情和义务感作为动力的互惠。参见詹姆斯·C.斯科特：《农民的道义经济学：东南亚的反叛与生存》，程立显、刘建等译，南京：译林出版社，2001年，第216页。

内亚东部的南马辛区域(Southern Masim)特有的“库拉”交换制度为例,①探讨了这一制度所包含的经济、感情与社会责任因素。马林诺夫斯基的阐述为理解传统乡村社会中的互助现象和互助关系提供了基本的思路。事实上,在中国传统乡村社会中,人们的互助行为得以产生,也正是基于经济利益、人际情感和道德责任这三个基本动因。

中国传统乡村社会的互助关系主要出现在家事、急救、建房、投资等领域,互助的资源可以分为四类,即借贷、礼品、劳力、“门路”和信息。借贷行为大多用于救急、建房、娶妻、投资等方面;礼品一般给予操办红白喜事的人或用于“还人情”;劳力一般在农忙、工程、救急、家事等项目中付出。王铭铭通过对闽南塘东村与美法村的个案研究发现,尽管两村的村民生活在完全不同的地方,但是他们对资源的获得和付出均采用一种“辩证”的态度。一方面,对他人(家户)提供资源被认为是为未来获得资源的前提条件;另一方面,获得他人(家户)的资源被视为创下了未来对他人(家户)付出资源的责任。资源的提供不仅是责任的付现,还是个人保持其“社会性”和控制未来的方法。同样,获得资源不仅是社会成员“自然”享有的权利,还是可能导致“欠债”的行为。这种“辩证”的理念往往被村民以“帮”、“报答”和“人情”来表达。“帮”是一种给予他人(家户)帮助的行为,“报答”则是指他人对自己的付出和帮助的回报行为。一般而言,“帮”被认为会适时获得“报答”,同样,受益、受助于他人也会导致自己对他人负有“报答”的责任。“帮”与“报答”的逻辑被“人情”这一概念所涵盖,②而这种“人情”,

---

① “库拉”是项圈(necklaces)与臂镯(armshels)相交换的仪式,是新几内亚马辛地区的众多岛屿上的不同语言、不同族群的人们相互联系的社会-经济体系。参见马林诺夫斯基:《西太平洋的航海者》,梁永佳、李绍明译,北京:华夏出版社,2002年。

② 台湾学者黄光国认为,“人情”在中国文化中,有三种不同的涵义:第一,“人情”是指个人遇到各种不同生活情境时,可能产生的情绪反应。用心理学的术语来说,一个通晓人情的人,就是具有“同理心”(empathy)的人。如果一个人能够了解(转下页)

正是乡村社会得到普遍遵从的“为人的哲学”。它一方面赋予人们“帮他人”的道德义务，另一方面赋予个人要求获得“回报”的权利。当村民谴责他人“没人情”时，意即此人在与他人的交往中没有遵循他应当遵循的伦理道德准则。这个伦理道德准则含有一定的经济逻辑，“帮助”和“人情”是自然地可以被需求、供给、消费、拥有、退还、交换、积累的。因此，“帮”和“人情”不仅指“为人之道”中的“利他”层面，还包含同一道理中的“利己”层面，它们背后的制约性条件就是“报”。也就是说，乡村社会的互助观念是一种社会规范，它不仅具有伦理道德的逻辑，而且还具有交换的理念。但是，与一般的商品交换不同，以人情观念为基础的互助资源的交换，并不是一种“一手交钱、一手交货”的现货交易，它不要求立刻兑现，因而在回报的时间上呈现滞后性。①

中国传统乡村社会的互助关系是建立在信任基础上的，而信任度的高低又与双方的熟悉程度有着密切关联。因此，互助关系的建立与互助行为的发生，常常取决于行为主体双方的亲疏程度。王铭铭通过在塘东村和美法村的调查，论证了“社会关系圈子”(circles of social

(接上页)别人在生活上遭遇到各种不同情境时可能产生的情绪反应，进而喜其所喜，哀其所哀；甚至投其所好，避其所恶，这个人便是“通情达理”的人。反过来说，如果他对别人的喜、怒、哀、乐无动于衷，见人有喜，已不欣喜于色；他人有难，又不拔刀相助，这个人便是“不通人情”的人。第二，“人情”是指人与人进行社会交易时，可以用来馈赠对方的一种资源(resource)。在中国社会里，别人有喜事，我赠送礼物；别人有急难，我给予实质的济助，这时候，我便是“做人情”给对方。对方接受了我的礼物和济助，便欠了我的“人情”。此处所谓“人情”，指的是一种可以用来交易的“资源”。第三，“人情”是指中国社会中人与人应该如何相处的社会规范。“人情”的社会规范主要包含两大类社会行为：其一是，在平常时候，个人应当用馈赠礼物、互相问候、拜会访问等方式与其关系网内的其他人保持联系和良好的人际关系。其次是，当关系网内的某一个人遭遇到贫病困厄或生活上重大的难题时，其他人当有“不忍人之心”，同情他，体谅他，并尽力帮助他，“做人情给他”。对方受了别人恩惠，欠了别人人情，也应当时时想办法回报。这样的社会规范，构成了所谓“人情法则”。参见黄光国：《中国人的权力游戏》，台湾：台北巨流图书公司，1988 年，第 19—21 页。

① 王铭铭：《村落视野中的文化与权力——闽台三村五论》，上海：上海三联书店，1997 年，第 172—175 页。

relations)在互助中的角色。在塘东村，“堂亲”(主要指五代以内的族亲)在互助总量中占第一位；“亲戚”(由通婚关系引起的关系网)占第二位；“朋友”占第三位。在美法村，“亲戚”在互助总量中占第一位；“堂亲”占第二位；“朋友”占第三位。总体上看，“堂亲”和“亲戚”的互助，占总量的80%。一位塘东村青年说，他的姑母虽穷，但一旦他需要钱，她也会“挤出”口袋里的钱。①

除了个人之间的互助行为，传统乡村社会还出现了民间的经济和生活上的互助组织，后世主要称为合会。王宗培在《中国之合会》中对“合会”一词作如下解释：“自其方法言之，合会为我国民间之旧式经济合作制度，救济会员相互间金融之组织也。”②“合会”的源起是民间的互助习俗以及以丧葬互助为目的的丧葬邑社，后来发展成为以民间储蓄、财产生殖为目的的合会与义助会。早在唐代，民间就出现了以营葬活动为主，兼及其他经济互助活动的私社。宋代的“新安之社”更是一种典型意义上的经济互助会社。赵不悔等编纂的《新安志》中，曾记载宋代安徽新安互助之社：“愚民嗜储积，至不欲多男，恐子益多，而赀分始少。苏公谪为令，与民相从为社，民甚乐之。其后里中社辄以酒肉馈长吏，下及佐史，至今五六十年，费益广，更以为病。”(《新安志》卷一《风俗》)从中可知，新安之社是由同乡的农民自愿结集而成的、从事经济和生活互助活动的民间金融组织。在我国乡村社会，这种民间的经济互助组织对帮助农民抵御自然灾害、应付婚葬大事、维持生活稳定和互通有无发挥了重要作用。

三、村规民约：礼治社会的管理伦理

传统的乡村社会是变迁缓慢的社会。“不但人口流动很小，而且

---

① 王铭铭：《村落视野中的文化与权力——闽台三村五论》，上海：上海三联书店，1997年，第175—182页。

② 王宗培：《中国之合会》，北京：中国合作学社，1935年，第1页。

人们所取给资源的土地也很少变动。在这种不分秦汉、代代如是的环境里，个人不但可以信任自己的经验，而且同样可以信任若祖若父的经验。一个在乡土社会里种田的老农所遇着的只是四季的转换，而不是时代变更。一年一度，周而复始。前人所用来解决生活问题的方案，尽可抄袭来作自己生活的指南。愈是经过前代生活中证明有效的，也愈值得保守。”[①]也就是说，在乡土社会通过代代相传累积的经验，可以十分有效地应付生产和生活中出现的各种问题，人们也因此对传统渐生敬畏。孟德拉斯认为，传统农民不会怀疑“传统”，而是将“传统”视为理所当然的“生活和工作必须遵循的正常方式”。[②] 这是因为，如果农民试图打破传统的束缚成为革新者，他必须具备各种主观和客观条件。从主观上说，他“要对从父亲那儿继承下来的并被周围的人所接受的传统提出质疑，要了解城市里的学者或者邻近地区有创造性的农业劳动者取得的进步成果，要感受到变化的需求，以便打破低层次的但却是保险的平衡，还要具有能够冒实验的风险的经济能力和知识能力”。[③] 即便这些主观条件都具备了，外界的评价和约束仍然会制约他的革新举动。“他周围的人和整个社会系统也必然会反对他，使他感到自己的举动是不适宜的”，甚至是会引起公愤的，“难道他自以为比他的父辈更灵巧，比他周围的人更聪明，比显贵更有知识？否则他怎么敢做显贵们没有想到要做的事呢？他的行动可以说是对其他人的一种侮辱，其他人必然会报以嘲笑和敌意，并运用各种社会约束的武器来令其遵守互识社会中的传统规范。所有人都预言他将遭到失败，为的是使他这个冒失的人能够摆脱病态的幻想，使一切都

---

① 费孝通：《乡土中国　生育制度》，北京：北京大学出版社，1998年，第50—51页。

② 孟德拉斯：《农民的终结》，李培林译，北京：社会科学文献出版社，2005年，第37页。

③ 孟德拉斯：《农民的终结》，李培林译，北京：社会科学文献出版社，2005年，第39页。

能够按照秩序进行，使大家都对传统的无可争议的价值感到放心，因为这价值比一切进步都重要”。①

在安土重迁的乡土社会，传统成为一种“不必知之，只要照办”的保障系统。在古代社会历史情境中，“传统”意味着风俗、习惯和礼仪的融贯与规约系统，具有康芒斯所说的“隐形的制度”之特征。② 当人们“对行为和目的之间的关系不加推究，只按着规定的方法做，而且对于规定的方法带着不这样做就会有不幸的信念时，这套行为也就成了我们普通所谓‘仪式’了”。③ 礼的本意就是按着仪式去做，它并不是靠外在的强制力量来推行，而是一种“合式的路子，是经教化过程而成为主动性的服膺于传统的习惯”。④ 乡土社会可以用礼来维持和保障秩序，是一种礼治社会。

早在20世纪初，韦伯就提出了传统中国的“有限官僚制”问题，认为：“正式的皇家行政，事实上只限于市区和市辖区的行政。在这些地方，皇家行政不会碰到外面那样强大的宗族血亲联合体，——如果能同工商行会和睦相处——会大有作为的。一出城墙，皇家行政的威力就一落千丈，无所作为了。因为，除了本身就足够厉害的宗族势力外，它还得面对乡村本身有组织的自治。”⑤美国著名家族史专家古德在论及中国的宗族制度时也指出：“在帝国统治下，行政机构的管理还没有渗透到乡村一级，而宗族特有的势力却维护着乡村的安宁和秩序。”⑥还有学者进一步指出，传统的中国社会存在着两种秩序和力量，即“官制”秩序或国家力量与乡土秩序或民间力量。前者以皇权为中心，自

① 孟德拉斯：《农民的终结》，李培林译，北京：社会科学文献出版社，2005年，第40页。

② 参见康芒斯：《制度经济学》(下册)，于树生译，北京：商务印书馆，1962年。

③ 费孝通：《乡土中国　生育制度》，北京：北京大学出版社，1998年，第51页。

④ 费孝通：《乡土中国　生育制度》，北京：北京大学出版社，1998年，第52页。

⑤ 马克思·韦伯：《儒教与道教》，王容芬译，北京：商务印书馆，第145页。

⑥ W.古德：《家庭》，魏章玲译，北京：社会科学文献出版社，1986年，第166页。

上而下形成等级分明的梯形结构(trapezoid-structure);后者以家族(宗族)为中心,聚族而居形成大大小小的自然村落,每个家族(宗族)和村落是一个天然的“自治体”,它们结成一种“蜂窝状结构”(honeycomb-structure)。[①] 目前国内学界也形成了一种关于中国传统乡村的认识范式,温铁军认为,这一范式可以最简单地概括为“国权不下县”。秦晖将其进一步延伸为:国权不下县,县下惟宗族,宗族皆自治,自治靠伦理,伦理造乡绅。[②] 尽管目前学术界对这一认识范式仍存争议,但是一个基本的共识是,中国传统乡村社会最基层的自治管理程度确实要远远高于城市,而实现这种自治管理依靠的“伦理”,往往表现为各种以成文或不成文形式存在的村规民约。所谓村规民约,是指在村民长期的生产和生活中生成的,对村落共同体内部全体成员产生约束力的风俗、习惯、惯例、规约等行为规范的总和。

王铭铭认为,中国历史上最早的村规民约是由范仲淹制定的。[③]《宋史·范仲淹传》记载,北宋仁宗天圣八年(1030),范仲淹“为环庆路经略安抚、缘边招讨使”,为当地羌人立条约:“若仇已和断,辄私报之及伤人者,罚羊百、马二,已杀者斩。负债争讼,听告官为理,辄质缚平人者,罚羊五十、马一。贼马入界,追集不赴随本族,每户罚羊二,质其首领。贼大入,老幼入保本砦,官为给食;即不入砦,本家罚羊二;全族不至,质其首领。”安广禄先生认为,北宋嘉佑进士、著名学者吕大钧(字和叔)为了教化乡民,于公元 11 世纪中叶在其家乡蓝田制定的《乡约》、《乡仪》,史称《吕氏乡约》(亦称《蓝田乡约》),是我国历史上第一

---

① Shue, Viviene: *The Reach of the State: Sketches of the Chinese Body Politic*, Stanford, Calif, Stanford University Pres, 1988.

② 秦晖:《农民中国:历史反思与现实选择》,郑州:河南人民出版社,2003 年,第 220 页。

③ 王铭铭、王斯福:《乡土社会的秩序、公正与权威》,北京:中国政法大学出版社,1997 年,第 484 页。

个成文的村规民约。《吕氏乡约》用通俗的语言规定了处理乡党邻里之间关系的基本准则,规定了乡民修身、立业、齐家、交游应遵循的行为规范以及过往迎送、婚丧嫁娶等种种活动的礼仪俗规。同时,《乡约》还规定了乡约组织的组成和乡约的执行程序和赏罚措施。《吕氏乡约》在当时起到了一定的积极作用,不仅使蓝田民风淳朴,而且使"关中风俗为之一变"。北宋著名教育家张载赞扬说:"秦俗化之,和叔有力。"同时,《吕氏乡约》对后世也产生了重要影响。南宋著名理学家朱熹对这部乡约进行了完善,使之成为南宋以后中国封建教育的正统教材。明代学者王守仁在南昌为官讲学时,曾仿《吕氏乡约》颁布了《南赣乡约》。到清朝中期,村规民约从注重禁赌、教化民风进一步扩大到对农业生产和货物买卖管理方面,对地方农商经济的发展起到了一定程度的保障和促进作用。20 世纪二三十年代,梁漱溟也曾仿照《吕氏乡约》在山东邹平等 17 县制定并推行"乡农教育"。①

村规民约的制定和执行,主要依靠家族、宗族或村中声望较高的长老、族长或士绅。一般来说,由村中长老、士绅召集全村年长男子共同商议后形成"草案",再将其公之于众,由全体村民提出建议或意见,达成一致后形成文字。一些地方还要举行专门的仪式,对村规民约予以公布、张贴。例如,清乾隆十九年(1754)闰四月,徽州某县十八都四图吴德嗣等人共同订立的《轮充均役合同》,就是一份关于轮派甲长差役事务的乡规民约。其中明确指出:"十八都四图立议约合同人吴德嗣、戴才志、范吉振及众姓等、本图保甲长,今值事务繁重,难以承充。众等齐集各姓公同酌议:置有产业,及图内居住,公同轮充均役,料理、照管,鉴察争竞、斗殴,及毋藉匪类,不许容留居住。稽查安辑,宁静地方。此系公务,对神阄定月日,轮者充当。凡遇一应在公及图内事,本人

① 参见安广禄:《我国最早的乡规民约》,《今日农村》,1998 年第 4 期。

承值，毋得推委。”[①]在执行上，一些地区专门设立组织和监督人员，以保障村规民约的有效执行。必要时，一些乡村和组织还会主动“邀请”国家介入。[②] 大多数村规民约都规定了非常明确的奖励和惩戒措施，以使村民能够更加自觉地履行村规民约所赋予的义务和责任。

乡土社会是礼治的社会。“所谓礼治就是对传统规则的服膺。生活各方面，人和人的关系，都有着一定的规则。行为者对于这些规则从小就熟习，不问理由而认为是当然的。长期的教育已把外在的规则化成了内在的习惯。维持礼俗的力量不在身外的权力，而是在身内的良心。”[③]也就是说，乡村社会的村民们不是依靠国家法律的强制力量，而是主要依靠涵盖社会生活各个方面的村规民约来解决各种冲突和问题，维护家族及村落内部的秩序。正是在这一意义上，费孝通先生概括了中国传统乡土社会的“无讼”特征：“打官司也成了一种可羞之事，表示教化不够”。[④] 林语堂先生也曾指出，在乡村社会，“人们总是避开法庭，95%的乡村纠纷是由那里的长者们来解决的。牵涉到一项诉讼中去，本身就不光彩。体面的人们都以自己一生从未进过衙门或法庭而自豪。”[⑤]形式多样、涵盖面广的村规民约，是“礼治社会”自治管理的伦理精神和道德规范的体现，它对维护我国传统乡村社会的和谐与稳定起到了十分重要的作用。

（原文发表于《孔子研究》2008 年第 2 期）

---

① 乾隆十九年闰四月徽州某县十八都四图吴德嗣等轮充均役合同。原件藏南京大学历史系资料室，编号 056。

② 明清时期数量颇丰的徽州府县应民间要求颁发的各类告示，就是乡村社会组织和人群不能独立解决问题、主动邀请国家权力介入的一种重要表现。参见卞利：《明清徽州乡(村)规民约论纲》，载《中国农史》2004 年第 4 期。

③ 费孝通：《乡土中国·生育制度》，北京：北京大学出版社，1998 年，第 55 页。

④ 费孝通：《乡土中国·生育制度》，北京：北京大学出版社，1998 年，第 56 页。

⑤ 林语堂：《中国人》，郝志东、沈益洪译，上海：学林出版社，1994 年，第 208 页。

嬗变·冲突·和谐

——中国农村改革30年来的伦理变迁与反思

一

恩格斯曾经指出:"人们自觉或不自觉地、归根到底总是从他们阶级地位所依据的实际关系中——从他们进行生产和交换的经济关系中,获得自己的伦理观念。"[①]也就是说,道德受一定社会的经济发展水平和经济制度的制约,其产生、内容及作用范围由社会经济关系和作为经济关系表现的利益及利益关系决定。因此,只有从经济关系特别是利益关系的变动中,才能找到把握道德变化发展规律的正确路径。马克思在《路易·波拿巴的雾月18日》一文中对小农及其伦理特征的经典分析正是这一逻辑思路的具体体现。他以"一袋马铃薯中的一个个马铃薯"比喻小农缺乏社会交往与市场交换的生产方式和生活方式,并由此阐释小农保守、落后的思想意识和道德观念。可以说,我国改革开放30年来的农村改革及其所引发的伦理嬗变,为马克思主义唯物史观视野中经济发展与伦理道德之关系理论提供了鲜活而生动的当代例证。

① 《马克思恩格斯选集》第2卷,北京:人民出版社1995年版,第434页。

被视为中国改革发轫的农村家庭联产承包责任制的实行，从根本上改变了计划经济体制下农村低效的生产方式和平均主义的分配方式，极大地调动了农民的积极性，促进了中国乡村经济的巨大发展。在这一过程中，农民安土重迁、惧怕变革等保守意识逐渐削弱，自主自立、求富争先、开拓创新等新观念日渐增强。乡镇工业的异军突起，“农民工”这一新型劳动大军的迅猛发展，使中国在20世纪80年代以来的近30年中把超过2亿的传统农民转变为职业工人。伴随着这种角色转换所带来的生产、交换（交往）、分配、消费方式的变化，大量农民产生了与市场经济相契合而难以在农耕活动中生成的效率意识、时间意识、信用意识、契约意识、责任意识和权利意识等现代伦理观念，也由此改变了乡村社会的伦理关系和道德生活样式。可以说，具备现代伦理观念的“新农民”，是市场经济背景下中国农村改革和发展的必然产物，也是社会主义新农村建设的真正主体。

二

改革开放以来，各种思想和价值观念良莠并存，相互激荡，也使道德领域出现了种种矛盾和冲突。农村改革30年来，乡村伦理的传统理念与现代意识间的矛盾和冲突始终存在，并可归结为以下四个方面：

第一，“生存伦理”——“理性意识”。

农民的行为选择究竟是首先考虑“安全第一”的生存伦理规则，还是“利润最大化”的利益追求？这一问题国内外学界争论已久，其中最具影响的是“斯科特—波普金争论”。斯科特认为，“安全第一”是农民最基本的生存伦理原则，农民追求的不是收入最大化，而是较低的风险分配与较高的生存保障。与此相反，波普金认为农民与商人一样，都会在权衡长短期利益及风险因素之后，为追求最大生产利益而做出理性的选择。

关于农民“生存伦理”与“理性意识”的理论纷争仍在继续，然而，我们不难发现，两种有着显见分歧的观点却能够在我国农村改革进程中的不同时期或不同地区得到相应的实践支持。一方面，改革开放以来，农村多元化的生产经营、乡镇企业的兴起、农民进城务工人数的增加，以及“离土不离乡”和“离土又离乡”等不同区域乡村发展模式的出现，都在以种种农民力图致富的创造性的行为选择，印证其“经济理性”意识的存在和增强；另一方面，工业化和城市化浪潮中失地农民的增加及其引发的矛盾，表明大批经历市场大潮洗礼的农民依然执着地将土地视为最基本的生存条件，这又在一定程度上支持了“安全第一”的生存伦理原则。这表明，我国农村改革进程中“生存伦理”与“理性意识”的紧张始终存在，也因之提醒我们建立和完善社会保障制度在农村改革中的极端重要性。

第二，“平均主义”——“先富光荣”。

“不患寡而患不均”，历来被用以证明中国传统伦理文化的平均主义特质，农民的平均主义理想，也被视为反抗阶级剥削和压迫的强大动力。新中国成立后的土地改革尽管没有采取绝对平均的做法，但总体上使乡村社会人们的经济条件更趋平均化，因而在一定程度上强化了农民固有的平均主义意识。而其后的合作化特别是人民公社运动，几乎消除了农民生产和生活方式上的差别，产生了“人人都一样”的乡村生活样式。这种社会生活的“同质化”，导致传统小农平均主义思想进一步强化乃至固化。

从某种意义上说，中国农村改革的进程在以不断扩大的“差异”打破平均的经济条件和几近同一的生产生活方式的同时，也以勤劳致富、先富光荣的行为选择和道德评价，逐渐改变传统农民求同求稳、小富即安的保守观念。但是，如果我们因此将这一观念的变化理解为

"先富光荣"对"平均主义"的绝对消解和替代，又将失之简单。诚然，农村改革30年来，"让一部分地区、一部分人先富起来"的政策导向和制度变革所带来的"劳"与"得"之间的良好对应关系，在不断扩大区域和个体富裕程度差别的同时，也在日益提高农民对此种"差异性"的认同程度，并由此进一步强化其内在的致富冲动。然而，与此同时，我们又不难发现，无论是在经济发达的东部沿海地区，还是在欠发达的中西部地区，农民在住房、婚丧嫁娶等方面始终有着远远高于城市居民的"求同意识"。这意味着，在农村改革的进程中，现代市场理念与传统平均主义意识处于一种交织与混合的状态，并由此形成致富冲动与求同意识间的内在紧张与回应。

第三，"特殊信任"——"普遍信任"。

韦伯曾以"特殊信任"和"普遍信任"区分中国人和西方人的信任，认为前者建立在血亲关系之上，因而仅局限于家族和亲属的范围之内，后者则建立在共同信仰的基础上，因而能够超越血缘氏族纽带的束缚。尽管韦伯关于"特殊信任"与"普遍信任"的建立基础受到质疑，但是，这对范畴对我们理解不同时期中国乡村社会的信任基础仍具理论资源意义。中国传统乡村社会是"一个没有陌生人的社会"（费孝通语），在这种社会中，人们彼此间的信任源自相互的熟悉而非法律或契约的规定。因此，这种在熟悉基础上建立的信任局限于"熟人圈"的范围内，且信任的程度与熟悉的程度密切关联，呈现出十分显见的"差序"特征：在血缘地缘上越靠近"己"这个中心，就越熟悉并容易产生信任及合作；反之，在血缘地缘上与"己"这个中心渐行渐远时，信任度会随之降低，及至进入"陌生人的世界"，信任基本无法建立。换言之，传统乡村社会的信任更多是一种"特殊信任"而非"普遍信任"。

新中国成立以后，农副产品的统购统销政策和强有力的户籍制度阻碍了农民与外界的交往和流动，使其经济和社会交往仍然被基本限制在作为“熟人社会”的村落共同体内部。因此，以血缘和地缘为中心的“熟人信任”，仍是这一时期乡村社会人际关系的伦理基础。然而，以工业化、市场化、城市化为内容的农村改革，日益冲破了乡村社会长期以来商品交易和人际交往的“熟人”限域。农副产品经营的放开，大量农民的外出务工，使越来越多的农民进入了一个“陌生人的社会”，也使通行于“陌生人社会”的契约精神和规则意识逐渐渗入乡村社会。由此，乡村社会的信任呈现出基于“熟悉”的“特殊信任”与基于“契约”的“普遍信任”并存的格局。理论上说，两种信任分别在“熟人”与“陌生人”的限域内发挥其作用，但是，转型时期乡村“熟人社会”与“陌生人社会”并不清晰的界限，以及实际交易交往中“熟人失信”、“契约失灵”等现象的出现，也常常导致两种信任间的冲突，并由此产生农民道德判断和道德评价上的困惑与矛盾。

第四，“礼治秩序”——“法治秩序”。

乡村社会“礼治秩序”与“法治秩序”间的冲突并非肇始于改革开放。早在20世纪40年代，费孝通先生就曾谈到，如果把法律限于以国家权力所维持的规则，乡土社会可以说是一个“无法”却有秩序的“礼治”社会。在这样的社会中，风俗、习惯、礼仪及各种成文与不成文的村规民约形成一种保障秩序的规约系统，具有康芒斯所谓“隐形的制度”之特征。在他看来，当时司法制度在乡村的推行未能有效建立法治秩序，却又破坏了原有的礼治秩序。究其原因，恰恰在于作为“隐形制度”的“礼”与作为“显形制度”的“法”之间的矛盾与冲突。

改革开放以来，伴随着乡村经济社会发展尤其是农民法律意识、自我意识、权利意识的增强，“礼治秩序”与“法治秩序”的冲突愈加凸显。1992年的《秋菊打官司》成为国内学术研究长期关注的一个经典个案。影片最后秋菊在村长被抓后的一脸茫然，正显现出秋菊(们)所寻求的基于“隐形制度”的“说法”(让村长道歉)与正式法律制度运行的结果(村长被抓)之间的冲突,以及此种冲突给秋菊(们)带来的困惑与无所适从。时至今日,乡村管理中"人情"与"法理"的博弈与平衡,仍然是基层村官们无法回避的共性问题。至于说,如何解决这种冲突与困惑,费孝通先生当年所提出的"在社会结构和思想观念上还得先有一番改革",尽管时隔半个多世纪,其借鉴价值仍可谓弥久良多。

三

如果我们将农村改革放置于中国改革开放的大背景中,则不难发现,30 年来乡村伦理的嬗变及冲突,是社会转型期中国伦理文化面临的"现代性"问题在乡村场域中的体现。并且,由于中华民族的传统伦理思想在漫长的小农生产和生活方式的演进中逐渐生成,在乡村社会具有更加深远的影响,因之,伦理传统与现代观念之间的冲突与矛盾在乡村社会也更加凸显。今天,构建和谐社会和建设社会主义新农村之宏旨,无疑需要我们着力探寻乡村伦理文化的"和谐"之道,从而为和谐新农村建设提供有力的精神支撑。

进一步而言,和谐乡村伦理文化何以可能?如何在乡村伦理的"传统"与"现代"之间的种种紧张与冲突中寻找到两者的平衡?这里的关键在于,如何实现中国乡村伦理的"历史之根"与"现代之源"的成功嫁接。一味固守生成于小农生产与生活方式的伦理传统,试图将走向现代化的乡村社会变成与现代市场意识和价值观念相隔离的"世外桃源",只会重蹈 20 世纪 20—30 年代梁漱溟等发起的"乡村改造"运动之覆辙;而无视乡村伦理传统的影响,希冀以全方位的"伦理现代化"使现代性的道德话语和道德规范在乡村社会获得强势甚或宰制的地位,其后果也早在美国学者麦金太尔的断言之中:18 世纪启蒙运动以降论证道德合理性的种种谋划必定失败,而其根源正在于传统的中断或忘却使"我们所拥有的就只是一个概念构架的诸片断,并且很多已缺乏那些它们从中获取其意义的语境”。[①] 这不仅于和谐乡村伦理文化无益，甚至会导致已有冲突的进一步激化，其负面影响显然不仅仅停留于伦理文化与道德建设之层面，更会延伸至乡村经济发展、社会和谐、政治稳定等诸多方面。

（原文发表于《光明日报·理论周刊》，2009 年 4 月 7 日）

① 《追寻美德》，南京：译林出版社 2003 年版，第 2 页。

从乡土伦理到新乡土伦理

——中国乡村伦理的传统特色与现代转型

一、乡土中国与乡土伦理

费孝通先生在其经典著作《乡土中国》中，开篇即明确提出："从基层上看去，中国社会是乡土性的。"①迄今为止，这一"乡土性"论断仍然是看待中国传统乡村乃至整个中国传统社会的一种主流视角和基本立场。中国传统乡村社会以自给自足的生产方式和相对封闭的生活方式为基本特征，在此基础上产生了具有自身特色的乡村伦理关系和道德生活样式。借用费孝通先生对中国社会所做出的"乡土性"概括，笔者将这种具有"乡土"特色的中国乡村伦理称为"乡土伦理"，易而言之，乡土伦理的基本形态和特征是基于"乡土中国"之乡土特性的。

传统的农业生产对土地有极大的依附性，靠农业谋生的人被"捆绑"在土地上，②形成了终老是乡、世代定居的生活常态。因此，血缘和

① 费孝通：《乡土中国·生育制度》，北京：北京大学出版社，1998 年，第 6 页。

② "1945 年，费孝通在美国出版了由《禄村农田》、《易村手工业》和《玉村土地与商业》改写而成的 Earthbound China：*A study of Rural Economy in Yunnan*（Chicago：Chicago University press，1945），其英文著作名极为传神地表达了中国传统农民与土地的关系乃至整个中国传统社会的"乡土性"。

地缘成为中国传统乡村社会人际关系的基础，在此基础上形成的社会结构和人际关系是一种以己为中心、以血缘的亲疏和地缘的近远为次序向外延伸的“差序格局”，同时，乡土社会的稳定性使人与人自小相识相熟，并由这种相互的了解和熟悉而产生彼此的信任。在变迁缓慢的乡土社会：“礼”是“社会公认合式的行为规范”，“如果失礼，不但不好，而且不对、不合、不成”。[①] 换言之，这种“礼”不同于法律，也不同于普通意义上的道德，而是更甚于道德“礼治”成为传统乡土社会秩序维护和社会治理的基本方式。

应当说，费孝通先生对中国传统乡村社会的概括是极为形象和精辟的。他所做出的“乡土本色”、“血缘和地缘”、“差序格局”、“礼治秩序”等理论概括，可以成为分析乡土伦理传统特色的逻辑起点。其一，有着“乡土本色”的中国传统农民，在恋土重农的价值观支配下，必然将“勤劳”视为基本的道德规范。其原因在于，在传统农业耕作活动中，勤劳意味着农业剩余的增加和生活水平的提高。这种“劳”与“得”之间的道接对应关系，使勤劳被视为农民应具备的基本素质。由此，勤勉重农成为与乡土社会农耕文明相对应的生产伦理。其二，在一个建立在“血缘和地缘”基础上的“熟人社会”中，交换活动往往是基于双方的信任而不是依靠契约的约束。也正是这种信任，使互助成为人与人经济交往中的基本道德准则。这种互助往往以“人情”的形式出现在日常交往活动当中，成为乡村社会普通遵从的“为人的哲学”。由此，信任互助成为与乡村熟人社会相对应的交往伦理。其三，乡土社会是“礼治”的社会，其伦理文化基础是一种基于礼治秩序的“家庭伦理式的社会伦理芯礼治是对传统规则的服从，而这些传统规则往往表现为成文或不成文的村规民约。在变迁缓慢的乡村社会，行为者自小

---

① 费孝通：《乡土中国　生育制度》，北京：北京大学出版社，1998年，第52页。

对这些村规民约就相当熟悉，外在的规则逐渐被内化为自身的行为习惯。因此，这种村规民约是村民们在长期生活实践中进行的制度创设，而非依靠国家权力进行外在强制的结果。由此，以村规民约为核心的“隐形的制度”（康芒斯语）成为与传统乡村社会礼治秩序相对应的管理伦理。

二、乡土社会的变迁与乡土伦理的现代转型

中国传统社会在其两千年的历史中：几乎与世界其他大文化完全隔绝而近乎一种平衡、稳固及“不变的状态”。[①] 传统乡土社会可谓是这种“不变状态”的根基和最为典型的显现。正因为如此，无论是勤勉重农的生产理念还是信任互助的人际交往，抑或是村规民约的制度设置，传统乡土伦理都显示出封闭、稳固和平衡的基本特征。然而，1840年的鸦片战争打破了中国传统社会的封闭与稳定。科学、技术、文化的侵入及其所产生的工业化、都市化进程，使中国社会走进了从“传统”到“现代”的“转型期”，以农业的工业技术化、农村的城镇化和农民的市民化为内容的乡村现代化进程，不可避免地改变了中国传统乡土社会的生产和生活方式以及由此决定的乡村经济关系和利益关系。

可以说，今天的中国乡村社会较之传统乡土社会已发生了质的变化，出现了一系列新的特征。其一，作为传统乡土社会主导关系的血缘与地缘关系受到强烈冲击。工业与其他产业的迅猛发展使农民的流动性大大加强，大量农民走出家庭、离开土地，冲破血缘和地缘关系的限制从事市场化、职业化的生产劳动。其二，农民的分层导致差序格局被突破。农民基于平等身份进入市场进行商品交易，促使农民打

① 金耀基：《从传统到现代》，广州：广州文化出版社，1989年，第49页。

破传统的人伦等级秩序，按市场经济的标准划分社会阶层。随着财富的积累和身份的改变，农民用新的社会分层逐步改变传统的差序格局，出现了所谓“农民的终结”（孟德拉斯语）及与此相伴随的新农民阶层结构与规模的转变。其三，人际交往不再局限于自然聚居村落所产生的熟人社会，社会关系开始向村落间及更广范围发展。尤其是近年来农村城市化、城乡一体化进程的不断加快，加之“大村庄制”、“村庄合并”的政策驱动，乡村社会从传统的熟人社会日渐转变为介于“熟人社会”与“陌生人社会”之间的“半熟人社会”。

与之相对应，乡村伦理关系和道德生活出现了一系列新的变化。首先农业的市场化运行和农业现代化的相对滞后，使传统农业生产中“劳”与“得”的良好对应关系遭到破坏，农村工业化、城市化的进程更促使大量农民主动或被动地离“乡”离“土”。这使得勤劳只能成为致富的必要而非充分条件，重农甚至可能成为“先富起来”的理念制约。由此，敢于冒险、开拓创新、求富争先的现代经济理性意识，在相当程度上改变了传统乡土伦理勤勉重农的价值取向。其次，乡村社会从“熟人社会”到“半熟人社会”的转变，在扩大人际交往范围和改变交往方式的同时，也使越来越多的农民进入了一个“陌生人的社会”。由此，基于熟悉而产生的信任因“熟人圈”的萎缩而被局限于相对狭窄的场域之中，相反，通行于“陌生人社会”的契约、规则获得了农民越来越高的观念认同并在其交易的观念认同、交往行动中得以遵从。可以说，乡村人际关系的理性化程度逐渐提高，农民信用意识、契约意识、责任意识萌生并日渐增强，这为传统乡土社会信任互助的交往伦理注入了新的内容。最后，转型期乡村社会市场化、信息化程度的提高和公共生活空间的扩大，在相当程度上削弱了传统乡村社会基于血地二缘的家庭（家族）式和长老式道德权威力量，也使得经验传承性的家庭（或家族）道德传递和传统的村规民约越来越不足以料理愈加复杂的利益关系和社会矛盾。与此同时，以“送法下乡”为基本路径的中国乡村法制现代化进程，已然成为整个中国法制现代化进程中不可或缺的组成部分。在这一进程中，农民的法律意识、自我意识、权利意识逐步强化，对法律条文的认同感和践行度逐渐提升，传统村规民约的道德感召力和约束力则日渐式微。

三、新乡土伦理何以可能？

鉴于“乡土中国”在市场经济和全球化的背景下发生了巨大的变化，有学者提出了“新乡土中国”这一概念。[①] 事实上，我们不难从纵向的时间维度上理解“新乡土中国”之“新”，在于较之中国传统乡村社会生产、生活方式的封闭性和稳定性，今天的中国乡村已然呈现开放性和市场性特征。同时，我们也不难从横向的空间维度上发现，较之城市的市场化和现代化程度，中国乡村社会仍然在生产、交换(交往)、分配、消费等方面保留着大量并未在现代市场经济浪潮冲刷中完全丧失的“乡土本色”，这也正是“新乡土中国”仍有“乡土”之谓的原因所在。简言之，“新乡土中国”是一个“现代性的乡土社会”。如果说，乡土伦理的传统形态和特征基于其乡土特性，那么，伴随着“乡土中国”向“新乡土中国”的转变，与之相对应的既蕴涵现代价值又不失乡土本色的“新乡土伦理”如何生成？笔者以为，实现乡土伦理的现代转型，建构具有中国特色的新乡土伦理，其关键点有二：一是寻求乡土伦理之“历史之根”与“现代之源”的成功嫁接；二是实现乡土伦理之“地方性知识”与“普适性意义”的有效整合。

毋庸置疑，以工业化、市场化和城市化为主要特征的现代化进程，已不可逆转地成为人类社会发展的基本方向，走向现代化的中国乡村

① 参见贺雪峰：《新乡土中国》，桂林：广西师范大学出版社，2003年。

社会不再是与外界隔绝的“世外桃源”，已经与现代市场意识和价值观念有了“亲密接触”的中国农民也不再是“不知有汉，无论魏晋”的“桃花源”中人。由此，传统乡土伦理蕴涵的封闭性和稳定性被打破，市场化进程为新乡土伦理注人了开放、平等、变革等鲜活的时代价值血液，从而为其提供了实现转型的“现代之源”，但是，这并不意味着我们可以将此种现代转型视为对乡土伦理传统的绝对消解。应当看到，新乡土伦理终究脱胎于传统乡土伦理，从而使后者成为其“历史之根”，试图与乡土伦理的传统彻底“决裂”，只会使新乡土伦理丧失其根基而成为空洞无物的概念构架或悬置无用的道德说教。正如美国学者麦金太尔曾经指出的，18 世纪启蒙运动以降论证道德合理性的种种谋划必定失败，而其根源正在于传统的中断或忘却使“我们所拥有的就只是一个概念构架的诸片断，并且很多已缺乏那些它们从中获取其意义的语境。①概言之，寻求乡土伦理“历史之根”与“现代之源”的成功嫁接，是新乡土伦理成功建构的理论前提和实践路径。

中国是一个农业大国，乡村发展极不平衡，区域性和地方性特点丰富多样，不同地区的地域伦理文化传统亦有很大差异。从一定意义上说，作为新乡土伦理“现代之源”的现代市场意识和价值观念，已日渐成为市场化乃至全球化进程中具有普适性意义的“现代性的伦理话语”，而作为新乡土伦理“历史之根”的乡土伦理传统，却因区域伦理文化的丰富多样而以种种极具差异性的“地方性道德知识”作为其基本内涵。由此，新乡土伦理建构中“传统”与“现代”的紧张与调适又转化为“地方性知识”与“普适性意义”的冲突与整合。诚然，某一区域独特的自然条件及与此相对应的生产、生活方式，必然使其地域伦理文化显现出自身的地域特殊性。传统乡土社会的封闭和稳定甚至将这种

① 麦金太尔：《追寻美德》，南京：译林出版社，2003 年，第 2 页。

地域伦理文化异质性的空间距离缩小到了紧邻的不同村落。由此，乡土伦理在一定意义上成为碎片化的“地方性知识”的“合集”——虽有共同之处，但更多依然是相互的隔绝甚至排斥。问题在于，面对现代化进程中新乡土社会日渐开放的基本态势，一味强调“地方性知识”的地域特殊性并固守区域伦理传统而拒斥对外来先进伦理文化的合理汲取，只会使自己因偏执保守而丧失应有的活力。与此相反，无视乡土伦理文化的地域传统，试图将所谓“现代性的伦理话语”变成“放之中国乡村而皆准”的“普世价值”，则无异于为自己打造一张伦理的“普洛克路斯忒斯之床”。[①] 其后果只能是：无数“地方性知识”因其“不合”而被一一终结，“普适性意义”却终究成为一张无以安放的“空床”。从一定意义上说，转型期新乡土社会的伦理“空场”及其所引发的乡村社会诸多道德困惑与矛盾，正是此种“地方性知识”与“普适性意义”的冲突所致。易而言之，新乡土伦理应当实现“地方性知识”与“普适性价值”的有效整合，在承继地域伦理传统和吸收外来伦理文化两者间的紧张中寻求平衡，并在此基础上实现自身的不断优化。

由此，我们不难发现，建构新乡土伦理的关键是在“历史之根”与“现代之源”、“地方性知识”与“普适性意义”的冲突中找到二者的平衡点。如果说，乡土伦理是在封闭和稳固中实现自身的平衡，并以此成为传统乡土社会的伦理根基，那么，新乡土伦理则应顺应开放和变革的时代背景实现一种“动态平衡”。换言之，新乡土伦理绝不是某些一成不变的伦理范式或道德规范，而是在不断借鉴和融合现代理念和其他“地方性道德知识”中先进成分的基础上实现自身伦理文化的

① 普洛克路斯忒斯(Procrustes)是古希腊神话中的一个强盗。据公元前一世纪古希腊历史学家狄奥多(Diodoros，约公元前80—前29年)所编的《历史丛书》记述：普洛克路斯忒斯打造了两张铁床，一长一短，他强迫过客躺在铁床上，身矮者睡长床，强拉其躯体使与床齐；身高者睡短床，他用利斧将其伸出的腿脚截短。

提升与优化。唯此，新乡土伦理方能既显其“新”之内涵，又不失其“乡土”之本色，也才能真正成为中国乡村发展强大而持久的精神动力。

（原文发表于《光明日报·理论版》，2011年1月18日）

经济正义与环境正义

——转型期我国城乡关系的伦理之维

一、问题的提出

改革开放以来，以农业的工业技术化、农村的城镇化和农民的市民化为主要内容的乡村现代化进程，从根本上改变了计划经济体制下农村低效的生产方式和平均主义的分配方式，极大地调动了农民的积极性，促进了中国乡村经济的巨大发展，改变了中国传统乡土社会的生产和生活方式以及由此决定的经济关系和利益关系。由此，转型期的中国乡村社会出现了一系列新的特征。[①]

值得注意的是，尽管改革开放以来我国乡村社会有了长足的进步，但是，长期以来存在的城乡发展不平衡的问题并未从根本上解决，城乡差别不仅没有消失，相反却有加剧之势。2010 年，全国城镇居民人均可支配收入 19109 元，农村居民人均纯收入 5919 元，城乡收入比

---

① 目前国内学术界比较一致的观点是将中国社会的转型分为三个阶段，即：1840—1949 年的启动和缓慢发展时期、1949—1978 年的中速发展时期及 1978 年以后的快速发展时期。在这三个阶段中，学者们普遍认为，1978 年改革开放以后中国乡村社会发生了巨大变化，转型特征显现得最为充分。

高达3.22∶1。[①] 从平均增长速度看,虽然1979—2010年全国城镇居民人均可支配收入和农村居民人均纯收入的增长速度持平,但1991—2010年,全国城镇居民人均可支配收入增长速度高于农村居民人均纯收入2.4%,2001—2010年,全国城镇居民人均可支配收入增长速度高于农村居民人均纯收入2.7%,呈现出进一步拉大之势。[②]

应当看到,城市与乡村的差异和非均衡是我国城乡关系的基本表现形态。新中国成立前,城市与乡村的基本关系是统治与被统治的不平等关系,突出表现为城市与乡村的二元分离及城市统治阶级和乡村劳动群众之间的对立关系。新中国成立以后,以工农联盟为基础的社会主义公有制的建立,使城乡关系获得了平等互助的制度基础。但是,乡村落后于城市的历史原因,使得两者在生产水平、经济收入、文化水平和生活条件等方面存在着根本性的差别。计划经济体制下“工业先导,城市偏重”型的发展战略、“以农哺工”的资金积累以及工农产品“剪刀差”的价值转移形式,造成对乡村基础设施投入长期严重不足。人民公社时期实行的“工分制”,使农民难以通过增加劳动数量获得更多收入,同时,强有力的户籍制度使农民被束缚在土地上,几乎丧失了获得其他身份和收入的可能性。由此,城乡差别未能从根本上得以消除。

改革开放以来,农村家庭联产承包责任制的实行,乡镇工业的异军突起,城市经济体制改革的推进,为乡村经济发展和农民增收提供了良好的制度供给。2004年以来,中央更是连续每年发布以解决“三农”问题为主旨的一号文件,为新农村建设提供了良好的政策支持。

---

① 如果考虑农民收入中第二年购买生产资料的支出和城市居民在医疗、养老、教育等方面享受的社会福利,城乡居民的实际收入差距将远远高于这一比例。

② 数据来源:《中国统计年鉴》(2011),中华人民共和国国家统计局官方网站 http://www.stats.gov.cn/tjsj/nd-sj/2011/indexch.htm.

然而，城乡差距并未缩小，相反却有扩大之势。可以说，工业、城市、市民和农业、农村、农民在社会政策和制度上的不平等待遇，仍是当前我国城乡关系出现矛盾的症结所在。同时，城乡关系又出现了一系列新的矛盾和问题，突出表现在：城乡二元经济结构仍然存在，城乡环境也呈现出“城市环境好转，农村环境恶化”的二元趋势。

一方面，改革开放以来，我国长期存在的城乡“二元经济”结构并未从根本上解决。社会保障制度的改革在基本覆盖城市居民的同时，仍然将绝大多数农民排除在保障制度之外；城市公共产品基本上由国家提供，农村公共产品却主要依靠农民自筹资金、投入劳动力或村级经济解决；大量进入城市的农民工承担着远远高于农村的生活成本，依然无法享有与城市居民平等的身份待遇，他们为城市发展付出的劳动未能得到应有的回报。与此同时，转型期乡村工业化和城市化进程中大量农村土地被征用，但是，失地农民获得的补偿和安置费用偏低，相当一部分“土地红利”通过政府财政支出方式最终仍投入城市公共产品的供给。可以说，“工业反哺农业，城市反哺农村”的政策未能得以体现，经济公平成为当前城乡关系中依然存在的突出问题。

另一方面，伴随着国家环境保护相关法规制度的完善和公众环境意识的提升，我国城市环境在整体上趋于好转，与此同时，转型期乡村市场化、城市化、工业化进程的快速推进，却使得我国广大农村的环境趋于恶化，农民成为环境污染的主要受害群体。农业的市场化运作导致农药化肥污染和禽畜养殖污染加剧，乡村城市化进程的加快导致生活垃圾污染增加，而乡村工业化的推进更带来大量工业“三废”污染的大规模发生。大量城市工业废水排入河流，城市生活垃圾和废弃物以农村作为堆放地。并且，由于相当一部分农村仍以流经的河流湖泊为生活水源，难以获得与城市相同的清洁水源，在垃圾处理程序上也远比城市简单，导致农村空气与水源的恶化。在城市产业结构调整的进程中，大批污染严重的工业项目和落后的生产工艺、生产设施向农村转移，加之农村环境监管力度不够，导致“污染转移”的同时出现“污染加剧”。从一定意义上说，近年来我国城市环境的改善建立在农村环境恶化的基础上，由此，环境公平成为当前城乡关系中不可忽视和回避的重要问题。

二、经济正义的三种理论范式及其对城乡统筹发展的资源意义

正义是人类永恒的追求，这一追求必然体现在人类的经济活动中。因此，在中外思想史上，关于经济正义的思考可谓源远流长。不过，经济正义真正成为一个理论焦点问题并凸显为当代社会公正问题中最为重要的研究领域，仍然源于经济活动在当今社会中的主导和支配地位。而其直接原因，则是当今社会在经济领域中出现的以贫富差距扩大、失业、不平等待遇为表征的经济公正缺失现象。考察西方经济正义思想的历史源流，不难发现，马克思主义经典作家建立在唯物史观基础上的经济正义思想，功利主义以“最大多数人的最大幸福”为目标和尺度的经济正义观，以及罗尔斯以“作为公平的正义”为基本理念和原则的正义体系，是对当代社会经济生活影响最为深远的三大经济正义理论范式，也为考察当前我国城乡二元经济结构及当前城乡统筹发展中的经济公正问题提供了极有价值的理论资源。

正如美国学者 L. C. 麦克唐纳所指出的：“马克思的道德力量事实上是由于他的全部著作都是一种正义的呼声。”[①]马克思将其道德观建立在唯物史观的基础上，强调从经济关系特别是从利益关系的变动中，寻找道德的变化发展及其内在规律。同样，他也是基于唯物史观的基本立场，从对现实的人和以经济关系为主的现实生产关系的剖析

① 程立显：《伦理学与社会公正》，北京：北京大学出版社，2002 年，第 45 页。

中探寻正义的价值目标、评判标准和实现途径。他在对现实资本主义经济关系的批判中形成自己的正义思想，在他看来，资本主义的剥削制度使资产阶级主张的权利平等只是一种形式正义而非实质正义。

回溯新中国成立以来我国城乡关系发展的历程，不难发现，马克思主义基于唯物史观基础上的经济正义观，为我们提供了从经济正义的视角考察不同时期城乡关系问题的基本原则。新中国成立初期，百废待兴的国内经济状况和相对孤立的国际环境要求我们通过“以农哺工”的资金积累方式和工农产品“剪刀差”的价值转移形式在最短时间内建立起相对独立完整的工业体系。尽管这一战略选择在一定程度上牺牲了农民的利益，但是，从当时我国特定的生产力水平和经济关系、生产关系上看，仍不失其合乎经济正义的价值目标和实践效果。然而，这一战略选择在其后长期的计划经济体制中造成国家对农村投入长期不足，并通过严格的户籍制度使农民无法获得与城市居民相同的身份待遇，由此导致城乡差距进一步拉大，农民的平等地位流于形式。改革开放以来，尤其是新世纪以来，以经济正义为核心理念的城乡统筹发展观成为科学发展观的重要内容。从根本上说，城乡统筹要求给予城乡居民公平的国民待遇，消除由户籍关系所决定的农民和城市居民的权益差异，通过体制改革和政策调整削弱并逐步清除城乡之间的樊篱。从过程上看，城乡统筹是一个动态的发展过程，而不应被视为城市和农村、市民和农民的完全同质化、均等化。相反，社会转型期我国不同地区、不同阶段，城乡统筹仍然会呈现出一定形式和一定程度的差异。

作为功利主义的集大成者，穆勒在其系列经济哲学著作中提出了以个人权利为基础、功利优先为原则的经济正义观。在穆勒看来，要想解决经济生活中诸如税收的标准等各种问题，“最好的解决方式是功利主义的方式”。[1] 他在代表作《功利主义》一书中论证了正义与功利之间的关系，指出“功利是正义的基础，正义是一切首先最主要、最神圣、最具有约束力的部分”，“‘权利’是正义感念的本质，权利存于个人之中，权利这个概念暗示并证明了正义具有更具约束性的义务”。[2] 以此基础，穆勒构建了以权利为基础的经济正义观。他提出，市场经济通过自由竞争使每个人得到应得的利益，并使得作为个人利益总和的“公益”得以实现。由此，穆勒为市场经济做出了合乎“公道”的伦理辩护。

从功利主义的经济正义观出发，乡村市场化进程应当通过自由竞争使每个经济主体得到其应得的利益，并以此为基础实现社会利益。然而，问题在于，长期以来我国城乡二元经济结构的存在，不仅未能使农民在传统计划经济体制下获得应得的利益，而且在当前城市化、市场化进程中依然于土地流转等方面得不到应有的利益回报。应当看到，土地始终是占我国人口大多数的农民最基本的生产资料和生活资料，目前我国大部分农民的收入仍然是土地生产性收入。即便是大量进入城市的农民工，由于其就业的不稳定性，土地依然是其最重要的生活保障。近年来，工业化和城市化浪潮中失地农民的增加及其引发的种种矛盾，在一定程度上验证了大批经历市场大潮洗礼的农民依然将土地视为最基本的生存条件，这也支持了斯科特所提出的“安全第一”的农民生存伦理原则。[3] 因此，如何保障农民通过土地流转获得应有的经济利益，是当前土地制度公平性的基本要求。但是，从目前的土地流转制度来看，农户的分散性及农民对土地潜在价值认识的有限

---

① 约翰·斯图亚特·穆勒：《功利主义》，刘富胜译，北京：光明日报出版社，2007年，第84页。

② J.C.斯科特：《农民的道义经济学：东南亚的反叛与生存》，程立显、刘建等译，南京：译林出版社，2001年，第84—85页。

③ J.C.斯科特：《农民的道义经济学：东南亚的反叛与生存》，程立显、刘建等译，南京：译林出版社，2001年。

性，使其在与规模经营者、生产企业或基层政府的谈判中都处于弱势地位，往往在信息不对称的情况下遭受利益的损失。如何给予乡村城市化和市场化进程中的农民应得的利益回报，是当前农村土地制度改革不可或缺的经济正义要求。

作为新自由主义的代表人物，罗尔斯将“平等”视为正义的核心概念，并提出了“差别原则”为理论特色的正义原则。在他看来，处于原初状态中的人们选择两个正义原则：一是“每个人对与所有人所拥有的最广泛平等的基本自由体系相容的类似自由体系都应有一种平等的权利（平等自由原则）”；二是“社会的经济和不平等应这样安排，使它们：(1)在与正义的储存原则一致的情况下，适合于最少受惠者的最大利益（差别原则），(2)依系于在机会公平平等的条件下职务和地位向所有人开放（机会的公正平等原则）”。[①] 可以说，差别原则在承认社会财富与权力不平等的基础上寻求缩小平等，体现了一种向“最少受惠者”倾斜的经济正义的基本理念和制度安排。

罗尔斯以“差别原则”为理论特色的正义原则，为当前我国城乡统筹发展中的制度建设提供了基本的价值理念。无需讳言，改革开放以来，伴随着我国经济的高速增长，城市先发优势愈发明显，城乡之间的差距进一步扩大，以至于出现了所谓“城市像欧洲，农村像非洲”的发展态势。而就广大农民而言，无论是仍然在农村从事农业生产还是进入城市的“农民工”，在教育、医疗、养老等方面享有的权益仍然与城市居民相距甚远。面对当前城乡发展失衡、贫富差距扩大、社会矛盾凸显的状况，罗尔斯所强调的向“最少受惠者”倾斜的分配正义理论，无疑能够为解决上述问题提供有益的启迪。换言之，针对长期以来多种因素所形成的城市与乡村、市民与农民之间的差距，政府应当在农村

---

① 约翰·罗尔斯：《正义论》，何怀宏等译，北京：中国社会科学出版社，1988年，第7—8页。

公共产品的供给、土地制度改革及社会保障制度建设等方面给予足够的倾斜政策，从而以“利益补差”的方式补偿由于历史因素、先天因素及社会因素所造成的不平等，使已成为“弱势群体”的农民获得共享社会经济发展成果的机会。

三、城乡环境正义中的程序正义、地理正义和社会正义

环境正义又称环境公正，有两层含义：“一是指所有人都应拥有平等地享受清洁环境而不遭受不利环境伤害的权利；二是指环境享用的权利与环境保护的责任、义务相统一。”①

环境正义概念的最初形成肇始于1982年北卡罗来纳州瓦伦县(Warren County)的抗议事件。② 这一事件直接引发了以实证研究和科学论据论证环境不正义存在的环境正义运动。1987年由美国联合基督教会所组成的族群正义调查委员会(United Church of Christ Commission for Racial Justice，简称UCC)发表的“有毒废弃物与种族”的研究报告指出：美国境内有毒废弃物处理设施的场址分布显示出强烈的种族歧视倾向，更为严重的是整个美国都有同样的问题。七年之后，UCC的追踪报告再次指出：环境不正义问题非但未获解决，反而日趋严重。布拉德的《倾倒在南方各州》，③也体现出这种实证研究范式和将环境不正义与种族化相联系的理论特征。尽管此后对环境正义问题的关注不断拓展，研究也逐渐深入，但是，种族、地域、城乡不平等问题，始终是环境正义最重要的关注内容。

应当看到，在我国现代化发展进程中，环境正义也日益成为理论

① 朱贻庭主编：《伦理学大辞典》，上海：上海辞书出版社，2011年，第157页。

② 当时，瓦伦县居民与周边居民联合起来，反对多氯联苯(PCB)的废料储存设施在当地兴建，认为这一处理设施的选址、兴建与当地种族构成有关。

③ Robert D. Bullard: *Dumping in Dixie: Race, Class and Environmental Quality*. Boulder Co: Westview Press, 1994.

与实践的关注焦点。其中,“城市环境好转,农村环境恶化”的城乡环境二元趋势,是这一问题的突出表现。布拉德曾将环境正义分为程序正义、地理正义和社会正义三种。程序意义上的环境正义强调各种法规、制度和评估标准的普遍适用,强调每个国家、地区和个人在与自身环境相关的事务上拥有知情权和参与权,体现为环境利益上的分配正义;地理意义上的环境正义强调在环境问题上付出与获得的对称,即容纳废物的社区应从产生废物的社区得到补偿,这是环境利益的补偿正义;社会意义上的环境正义强调在整个社会中保障个人或群体应得之权益的重要性,即不同种族、民族、群体承受的环境风险比例相当,体现为一种实质正义。[①] 由此出发,我国当前城乡环境二元趋势所体现出的环境不正义问题,也可以从上述三个方面加以考察。

第一,城乡环保制度安排和环境资源分配中的程序正义。

目前,我国已有的环境保护法规和制度是一种以城市为中心的法律体系,农村环境保护缺乏有效的制度支持。例如,2000 年 9 月 1 日起施行的《中华人民共和国大气污染防治法》中有 20 多处提及“城市”或“重点城市”,对城市大气污染防治的规定包括工业废气的排放、城市市区民用炉灶能源的使用和城市扬尘污染的控制等,对重点城市的大气污染防治规定更加严格。然而,该法律却只字未提农村大气污染防治的制度安排问题。在 2004 年 12 月修订的《中华人民共和国固体废物污染环境防治法》中,仅几项条款对农村环境保护做出规定,农村生活垃圾污染防治的具体办法则授权地方性法规加以规定。2008 年 2 月修订、6 月施行的《中华人民共和国水污染防治法》,虽涉及农村环境保护并对“农业和农村水污染防治”作了规定,但只给出大体原则,缺乏对农村水环境保护的具体规定。土地是农村和农业的根本,但目

① 曾建平:《环境正义:发展中国家环境问题研究》,济南:山东人民出版社,2007 年,第 8 页。

前我国土壤污染防治的法律基本上仍是一片空白，虽有零星规定，但缺乏系统和可操作的法律制度。[1]

与此同时，长期以来我国城市优先的发展战略，使城市在环境资源的享有和利用上获得优先权。目前，我国绝大部分污染防治投资都投入城市，农村几乎得不到污染治理和环境管理的建设资金，环保设施严重匮乏。城市居民享有的环境资源优势明显大于农村，农民对环境资源的利用权、环境状况的知情权和环境侵害的请求权未能得到有效体现，已成为城乡经济社会发展中的环境弱势群体。

因此，政府通过建立和完善公平的法律制度体系，实现城乡环境资源分配和环境保护的无歧视，是城乡环境正义的基本要求。

第二，城乡环境补偿机制中的地理正义。

应当看到，建国以来尤其是改革开放以来以城市为中心的发展战略，使农村在环境资源方面付出了极大代价。可以说，城市在从农村获得低廉的资源和劳动力的同时，将大量的污染物和垃圾转嫁给农村。人们通常会依照两种最常见的原则来处置废弃物：一是“方便原则”，即废弃物制造者(个人、企业、工厂、农牧场甚至政府机构)将废弃物任意地排放、丢弃，生态后果由地区甚至全球的不特定对象来承担，这是一种典型的“眼不见为净”的做法；二是“最小抵抗路径”原则，即废弃物的制造者将废弃物丢弃在“最小抵抗”的特定地点及特定人群的生活领域。一般而言，这些特定地点是偏远地区，包括地理意义上和文化意义上的偏远地区；特定人群指弱势族群与贫穷小区。[2] 城市向农村转嫁环境污染也正是通过上述两种方式进行的。

---

① 钱水苗：《环境公平应成为农村环境保护法的基本理念》，《当代法学》，2009 年第 1 期，第 77—80 页。

② 纪骏杰：《我们没有共同的未来：西方主流“环保”关怀的政治经济学》，《台湾社会研究》，1998 年第 31 期。

然而，城市在将大量污染转嫁农村的同时，却没有给予环境利益遭到损害且相对贫困的农民应有的补偿，“谁受益谁补偿”的原则未能得到真正落实。对此，国家环保总局副局长潘岳曾指出，“农村在为城市装满‘米袋子’、‘菜篮子’的同时，出现了地力衰竭、生态退化和农业资源污染”。[①] 从一定意义上说，城市的经济发展和环境好转是以损害农民生存利益、经济利益和环境利益为代价的。因此，政府应当综合利用经济手段和行政手段，通过税收政策和财政转移支付，建立有效的农村生态补偿机制，以实现城乡环境利益的补偿正义。

第三，城乡居民承受环境风险的实质正义。

如果说，程序正义和地理正义通过有效的制度供给和利益调整应对城乡环境二元趋势，那么，如何在城乡统筹发展的背景中保障农民应得的发展权益和环境权益，使城乡居民以合理的比例承担环境风险，则是城乡环境实质正义的基本诉求。事实上，无论在理论还是实践层面，几乎没有人会否定应当对当前城乡环境中的不正义问题进行矫正，也没有人反对对承受此种不正义的农村和农民加以补偿。但问题在于，这种矫正和补偿的逻辑前提是：在污染和废弃物无法完全避免的情况下，究竟应当如何确定环境风险的承担对象和比例？由此，城乡环境正义需要面对和解决以下两个基本问题：

其一，关于城乡环境正义中的“邻避现象”问题。近年来，随着我国城市，尤其是东部沿海发达地区城市居民环保意识的不断增强，许多污染型企业开始向农村地区迁移，污染风险也随之转移到农村。不断见之于媒体报道的“癌症村”、“结石村”，也成为污染转移的后果之一。同样，尽管广大市民都清楚地知晓垃圾焚烧厂、中转站、变电站、通讯发射台等基础设施对城市正常运转的必要性，但其潜在的污染风险仍使其遭

① 潘岳：《可持续发展缓解社会不公绿色 GDP 应成经济指标》，《新京报》，2004 年 10 月 28 日。

到市民的竭力抵制，并通过各种民主机制的表达方式最终被大量迁至城乡结合部或农村地区。这正是国际环保领域中的“邻避现象”(Not In My Back Yard，不要在我家后院，简称 NIMBY)。这里，借助民主机制表达的邻避主义在抵制自身环境权利可能遭受的不正义的同时却带来了另一种不正义，从而形成了一种环境正义的吊诡。

UCC 前会长贾维斯(Benjamin Chavis)曾提出，“我们并非要将焚化炉或有毒废弃物垃圾场赶出我们的小区，然后把它们放到白人小区里——我们要说的是，这些设施不应该放在任何人的小区里。”[①]邻避问题的研究者也大多认为，探讨“邻避现象”的最终目标在于达成“不要在任何人的后院”(Not In Anybody's Back Yard，简称 NIABY)[②]。但事实上，由于无法实现无污染和零风险，传统环境正义理论的这一目标只能是一种理想主义的正义诉求。就我国城乡关系而言，至少在相当长的一段时期内，我们恐怕无法希冀通过完全消除污染风险向农村的转移以实现城乡环境正义。

其二，关于城乡环境正义与其他社会正义的权衡。环境正义运动及其研究时常受到经济学家以及政府和工业界人士的担忧和质疑。美国前副总统戈尔曾不无忧虑地提出：“面对被焚化炉或掩埋场计划所动员的众多反对兴建这类不受欢迎设施的民众，我总是为之语塞。在这样的争议里，似乎没有人考虑到经济与失业；对他们而言，唯一重要的事就是保卫自家的后院。”[③]换言之，当大家首要的考量都是自家后院时，工业与经济很容易因此陷入停滞。随之而来的失业与收入锐

① Carroll Pursell. *A Hammer in Their Hands*: *A Documentary History of Technology and the African American experience*。Cambridge, Mass: MIT Press, 2005,360.

② 黄之栋、黄瑞祺：《环境正义论争：一种科学史的视角——环境正义面面观之一》，《鄱阳湖学刊》2010 年第 4 期。

③ Albert Gore. *Earth in The Balance*: *Ecology and the Human Spirit*. Boston: Houghton Mifflin, 1992,355.

减最先冲击的必然是蓝领与低收入家庭。其结果是,推动环境正义运动带来了不公平的社会冲击,并且,这种冲击的不正义性并不亚于环境不正义的不正义性。简言之,经济学家认为过度伸张环境正义会导致人民坐拥青山绿水却饿肚子的怪现象,一味地高喊环境正义并不一定能促使普遍正义的实现。①

尽管经济学家对环境正义的质疑带有一定的学科偏颇,但是,这仍然有助于我们以多学科的视角反思城乡环境正义的实现。事实上,在现阶段我国城乡关系问题上,环境正义与其他社会正义之间确实存在着一定的冲突和紧张。我们无法否认,清新的空气、干净的水源对于农村生态环境和农民身体健康的无以替代且无法衡量的价值。但是,我们同样难以回答,对于广大农民而言,长期的贫困与落后所造成的饥饿、营养不良及养老、医疗和教育危机,和污染增加所带来的健康风险,究竟哪种更为严重和迫切?而面对不可完全消除的废弃物和污染风险设施,究竟是放置于人口密度较低的农村还是人口密度较高的城市?对于这一问题,仅仅基于环境正义的单一视角,恐怕也难以给出恰当的回答。

由是观之,经济正义和环境正义是转型期我国城乡关系中不容忽视的两个基本问题。② 尽管目前在理论和实践层面还存在着一些论争和困难,但是,对于这两个问题的反思,体现了经济伦理和环境伦理研究面向实践的基本路向,无疑也将对当前城乡统筹发展中"三农"问题的解决提供有益的理论资源。

(原文发表于《伦理学研究》2012 年第 6 期)

---

① 黄之栋、黄瑞祺:《光说不正义是不够的:环境正义的政治经济分析——环境正义面面观之三》,《鄱阳湖学刊》2010 年第 6 期。

② 毛勒堂:《资本逻辑与经济正义》,《湖南师范大学社会科学学报》2010 年第 5 期。

从"理性小农"到"新农民"——农民行为选择的伦理冲突与"理性新农民"的生成

农民的行为选择是基于"利润最大化"的利益追求，还是更多强调"安全第一"的生存伦理规则？或者说，究竟应当将农民视为"理性小农"还是非理性主义者？围绕这一问题国内外学界争论已久。对农民经济行为的"理性"论断最早可以追溯到亚当？斯密的自由主义传统。19世纪末，一些学者从"古典主义"传统出发，将资本主义经济行为中追求最大利益的"经济人"推广到包括农民在内的一切经济行为主体。正是在此基础上产生了二战前R.菲尔斯、S.塔克斯等人为代表的"新古典学派"的所谓"便士资本家"论，[①]以及战后T.舒尔茨、S.波普金等人的"理性小农"论。与之相反，俄国新民粹主义农民学家A.佛图那托夫、A.切林采夫、R.马卡罗夫和A.恰亚诺夫等人，把农民描绘为经济浪漫主义者而不是经济理性主义者，认为农民经济行为的目的不是追求"效益"而是为了生活。斯科特的"道德经济"论与"安全第一"的生存伦理规则，明显受到上述理论影响。总体上看，尽管这一思想脉络中的学者对农民文化的历史地位的评价有很大差别，但都一致认为农民是浪漫主义或温情主义者而非理性主义者。[②]

---

① 所谓"便士资本家"，意指农民价值观和思维方式与资本家并无实质区别，只不过其"资本"少得只有几便士。

② 秦晖、金雁：《田园诗与狂想曲—关中模式与前近代社会的再认识》，（转下页）

国内学界在中国农民经济行为是否理性问题上亦存纷争。[②] 改革开放以来，伴随着乡村工业化、城市化和市场化的改革进程，我们既不难发现农民致富冲动的强化和经济理性意识的成长，又能看到传统农业生产方式和生活方式中生成和强化的“土地情结”依然存在。那么，究竟如何看待这一问题？乡村市场化进程所带来的农民理性意识的不断增强，是否最终能够实现“理性小农”向“新农民”的转变？

一、致富冲动与理性选择

伴随着改革开放进程中农村生产经营方式的多元化、乡镇企业的兴起和发展、农民进城务工人数的不断增加，以及不同区域出现的“离土不离乡”、“离土又离乡”等乡村发展模式，农民“经济理性”意识的存在通过各种创造性的行为选择不断呈现。在华宏、圣牛、扁担赵和朗利等四村的问卷调查和访谈资料中，我们也可以获得大量鲜活的数据和实例验证。[③]

（接上页）北京：语文出版社，2010 年，第 298—299 页。

② 国内关于这一问题的争论，较有代表性的观点可参见黄宗智：《长江三角洲小农家庭与乡村发展》，北京：中华书局，2000 年；黄宗智：《中国农村的过密化与现代化：规范认识及出路》，上海：上海社会科学院出版社，1992 年；马若孟：《中国农民经济》，南京：江苏人民出版社，1999 年；林毅夫：《小农与经济理性》，《农村经济与社会》1988 年第 3 期；秦晖：《市场信号与“农民理性”》，《改革》1996 年第 6 期；释然：《文化与乡村社会变迁》，《读书》1996 年第 10 期。

③ 2007 年以来，笔者在完成国家社会科学基金项目“乡村经济伦理的苏南图像”和“社会转型期的中国乡村伦理问题研究”的过程中，带领团队对江苏省江阴市华宏村和吴江市圣牛村、河南省漯河市扁担赵村、贵州省凯里市朗利村进行了田野调查。华宏村本村户籍人口 8000 余人，外来务工人员 7000 多人，实际居住人口超过 15000 人。在 20 世纪 80 年代以来的乡村工业化进程中，华宏村已经逐渐转化为一个新型工业化乡村社区。圣牛村现有户籍人口 2122 人，外来人口超过 2000 人。从事羊毛衫行业的人数占 60%、纺织行业的人数占 20%、养殖业的人数占 10%。扁担赵村全村户籍人口 1531 人，主要从事农业，其中 1/3 人口外出务工。朗利村为苗族聚居村落， （转下页）

在四个村庄的问卷调查中，我们均设置了“如果有可能赚钱的机会，您会如何做”和“您认为务农和做买卖，哪个更重要”两个问题，表1和表2给出了受访样本对这两个问题回答的频率分析。

表1：四个村庄的村民对赚钱机会的态度

	选项	华宏村		圣牛村		扁担赵村		朗利村	
		频率	百分比	频率	百分比	频率	百分比	频率	百分比
有效	只要能赚到钱，其他的暂不考虑	1	0.7	3	2.8	18	12.9	9	7.1
	想尽一切办法赚钱，但会遵纪守法	99	66.0	76	70.4	84	60.4	96	75.6
	赚钱往往有风险，还是安稳点好	44	29.3	25	23.1	28	20.1	6	4.7
	其他	4	2.7	2	1.9	1	0.7	8	6.3
	不知道/说不清	2	1.3	2	1.9	6	4.3	5	3.9
	总计	150	100	108	100	137	98.6	124	97.6
缺失	系统	0	0	0	0	2	1.4	3	2.4
	总计	150	100	108	100	139	100	127	100

(接上页)共8个自然寨，677户，总人口3470人，98%为苗族，主要从事农业。四个村庄分别地处东部、中部和西部地区，具备一定的典型意义。华宏村调查时间为2007年1月，圣牛村调查时间为2008年7月，朗利村和扁担赵村调查时间为2012年8月。四个村庄的田野调查均采用问卷调查与深度访谈相结合的方式。问卷调查使用多阶段系统抽样方法。华宏村共抽取208个样本，实际访问样本153个，收回有效问卷150份。圣牛村共抽取并实际访问108个样本，收回有效问卷108份。朗利村共抽取195个样本，实际访问143个样本，收回有效问卷127份。扁担赵村共抽取191个样本，实际访问147个样本，收回有效问卷139份。问卷结果采用SPSS12.0—SPSS17.0统计分析软件进行数据处理和汇总分析。此外，笔者在四个村庄分别进行了21、11、8、9例个案访谈，访谈时间从0.5—3小时不等。受访对象大部分由村委会根据笔者提出的兼顾年龄、职业、性别、收入等原则安排和联络，少部分由笔者直接联系。

表 2：四个村庄的村民对务农与经商的选择

	选　项	华宏村		圣牛村		扁担赵村		朗利村	
		频率	百分比	频率	百分比	频率	百分比	频率	百分比
有效	务农，因为务农才是农民本业	17	11.3	25	23.1	71	51.1	50	39.4
	务农，只有务农才能生活得好	10	6.7	4	3.7	19	13.7	36	28.3
	务农，做买卖风险太大	8	5.3	3	2.8	5	3.6	6	4.7
	做买卖，只有做买卖才能生活得好	67	44.7	40	37.0	27	19.4	20	15.7
	做买卖，赚钱最重要	37	24.7	27	25.0	8	5.8	8	6.3
	不知道/说不清	11	7.3	8	7.4	7	5.0	4	3.1
	其他	0	0	1	0.9	0	0	0	0
	总计	150	100.0	108	100.0	137	98.6	124	97.6
缺失	系统	0	0	0	0	2	1.4	3	2.4
	总计	150	100	108	100	139	100	127	100

从上述数据可以看出，受访样本中在面对可能的赚钱机会时选择“想尽一切办法赚钱，但会遵纪守法”的百分比分别达到 66%、70.4%，60.4%和 75.6%。这表明，中国农村改革从根本上突破了计划经济体制，改变了效率低下的生产方式和平均主义的分配方式，由此，农民的致富冲动被极大地调动起来。并且，这种致富冲动在受到市场经济大潮冲击时间更久、力度更大的苏南地区，更为显见地带来了农民经济理性意识的增强和重农轻商观念的削弱。在对务农与经商的行为趋向选择中，地处苏南的华宏、圣牛两村选择“做买卖，只有做买卖才能生活得好”和“做买卖，赚钱最重要”两个选项的累积百分比分别高达 69.4%和 62%，远远高于扁担赵和朗利两村 25.2%和 22%的百分比。

在四个村庄的访谈中，我们同样可以看到农村改革进程中农民致富冲动的强化和经济理性意识的成长。在华宏村，一位液压机厂的销售经理在访谈中提及，身边“越是挣钱多的人越有投资意识”，并且，在是否借钱给他人时更多考虑的是对方的偿还能力。而一位来自河南的外来务工人员，也谈到了与自己家乡人相比较，当地人（尤其是50岁以上的人）显示了强烈的“挣钱"意识。在圣牛村，一位养蟹个体户在访谈中提及，现在要想发展得好，“脑子活络”、“敢于冒险”是重要的前提条件。而在扁担赵村一位在广东打工的村民也对自己没有抓住在广州买房赚钱的机会表示后悔。

由上可见，以舒尔茨、波普金为代表的“理性小农”论强调的农民所具有的经济计量和理性逻辑，在当下中国农民对获取更多财富的期待和行为选择上得到了较为充分的显现。尽管对于不同地区的农民而言，这种致富冲动和理性意识存在着程度上的差异，但至少有一点是可以肯定的：伴随着中国农村工业化、市场化的改革进程，农民整体的求富冲动和市场理性意识有了明显的提高，而此种经济理性意识的提升，又在一定程度上推进了乡村市场化和现代化的进程。

二、土地情结与生存伦理

法国社会学家孟德拉斯（Henri Mendras）曾经指出：“所有的农业文明都赋予土地一种崇高的价值，从不把土地视为一种类似其他物品的财产。”[①]土地是中国农民的谋生根基，“种地”则是他们最基本和最稳妥的经济活动和生存方式。费孝通曾经转述一个村民的话语：“地就在那里摆着。你可以天天见到它。强盗不能把它抢走。窃贼不能

① 孟德拉斯：《农民的终结》，李培林译，北京：社会科学文献出版社，2005年，第51页。

把它偷走。人死了地还在。”[①]他认为，这正是传统“乡土社会”中土地给予农民的安全感。

伴随着传统乡土社会的转型，农民的土地价值观发生了明显的转变。有学者通过调研发现，这种变化主要表现在：农民土地财富价值观由凸显到下降，进而到难以提升；农民土地权利价值在经营土地的灵活性和流转土地的自由度上有很大的突破；农民土地声望价值观念从持续到空虚，再到缺失，表现出土地在人们心目中声望的下降，传统的农业劳作越来越不受人们重视；农民土地情感价值观念随着农村人口的代际变迁而逐渐消亡，除了60岁以上的老农和农村妇女对土地有着强烈的依恋外，中青年男性农民则越来越视土地为一种包袱。[②]

在肯定改革进程中农民经济理性意识提高的同时，我们也不难发现，无论是田野调查的资料，还是近年来城市化、工业化大潮中失地农民的涌现及其所引发的矛盾，都从另一个方面表明，走向市场化的农民并未彻底抛弃传统农业生产和生活方式中生成和强化的“土地情结”，他们仍执着地视土地为最基本的生存条件。这在一定程度上支持了恰亚诺夫关于农民的“非理性”判断和斯科特“安全第一”的生存伦理原则。在四个村庄的访谈资料中，我们也可捕捉到相当一部分农民身上依旧存在的“土地情结”，以及不同年龄和收人群体对这一问题的不同判断。在华宏村，一位年长的老人明确表示，年轻人不想种地而更希望在工厂打工，而老年人总认为土地才是自己生存的最终保障。在大量年轻劳动力外出务工的扁担赵村和朗利村，相当一部分受访者向我们表示了“打工挣点钱，以后还是要回来”的意愿，甚至直接

① 费孝通：《江村经济——中国农民的生活》，北京：商务印书馆，2001年，第160页。

② 参见张伟建：《转型期农民的土地价值观念——对武汉市F村的个案研究》，载黄家海等主编《民生时代的中国乡村社会》，北京：社会科学文献出版社，2012年，第74—75页。

地表达出"根还是在这里"的意识。在扁担赵村，一位业余经商的乡中学教师认为，当地年轻人与老年人对农村传统的"盖房"问题有着截然不同的考虑：年长的人有较为强烈的"根"的意识，因此总是要在农村盖房子；而年轻人更倾向于在城市买房。

事实上，斯科特在对东南亚农村的研究中明确指出，应对不同时期和不同地区人们的具体生存状况和生存策略进行考察，从而找出其历史和地域传统及相应的伦理特质。斯科特的上述思路和方法对于我们在地域发展极不平衡的背景中研究中国农村改革及其过程中农民"理性意识"与"生存伦理"的冲突，有着十分重要的资源意义。总体上看，伴随着农村市场化、工业化进程的加快，农民的经济理性意识大大增强，但这并不意味着此种理性意识已在今天的中国乡村社会占据绝对的宰制性地位。相反，农村改革进程中"生存伦理"与"理性意识"的紧张依然存在。尤其值得注意的是，迄今为止，土地仍是中国大多数农民最基本的生产资料和生活资料，土地生产性收人也是大部分农民的主要收入来源。对于大量进入城市的农民工而言，土地依然是其不稳定的就业状况下重要的生活保障。从这一意义上说，建立合理的农村土地流转制度，保障农民通过土地流转获得公平的经济利益回报，同时进一步完善农村社会保障制度，保障农村弱势群体最基本的生产和生活条件，始终是中国农村改革不可或缺的伦理要求。

三、何为"小农"？何种"理性"？

前文述及，以舒尔茨、波普金为代表的"理性小农"论认为，自然经济条件下的小农与资本家一样具有经济的计量和理性的逻辑。在他们看来，"理性小农"之"小"仅仅表现在资本数量及由此决定的生产规模之小、技术水平之落后和劳动生产率之低下。尽管在这一问题上仍有论争，但在全球化和市场化的背景中，人们似乎更容易倾向于"理性小农”论的观点。伴随着中国农村改革进程的不断深人，人们也更倾向于认为乡村的市场化与农民的现代理性意识之间存在着一种必然的关联性；并且，在此种关联性的作用下，传统“乡土中国”背景中的“理性小农”将在市场化进程中自然地成长为具备现代经济理性意识的社会主义“新农民”。

应当看到，无论在理论还是实践层面上，乡村市场化进程中农民经济理性意识的提高已是不争的事实。但是，“理性小农”是否可以自然地成长为“新农民”？对于这一问题的认识，需要我们首先厘清“理性小农”所涉及的两个基本问题：何为“小农”？何种“理性”？

第一，何为“小农”？

在马克思主义唯物史观的视野中，道德作为社会的意识形态和上层建筑，是由“人们的社会存在”决定的。道德的产生、发展及其内容和作用范围，终究要受到一定社会经济发展水平和经济制度的制约，尤其是受制于一定社会的经济关系和利益关系。马克思在《路易·波拿巴的雾月十八日》一文中对“小农”及其伦理特征的分析体现了这一逻辑思路。在马克思的分析当中，“小农”是小块土地的所有者或者经营者，他们的生产方式和生活方式具有极其明显的保守性、分散性和落后性。换言之，马克思是将“小农”相对于资本主义农业生产方式而言的。在他看来，“小农人数众多，他们的生活条件相同，但是彼此间并没有发生多种多样的关系。他们的生产方式不是使他们互相交往，而是使他们互相隔离。这种隔离状态由于法国的交通不便和农民的贫困而更为加强了。他们进行生产的地盘，即小块土地，不容许在耕作时进行分工，应用科学，因而也就没有多种多样的发展，没有各种不同的才能，没有丰富的社会关系。每一个农户差不多都是自给自足的，都是直接生产自己的大部分消费品，因而他们取得生活资料多半是靠与自然交换，而不是靠与社会交往。一小块土地，一个农民和一个家庭;旁边是另一小块土地,另一个农民和另一个家庭。一批这样的单位就形成一个村子;一批这样的村子就形成一个省。这样,法国国民的广大群众,便是由一些同名数简单相加而形成的,就像一袋马铃薯是由袋中的一个个马铃薯汇集而成的那样”。[①] 从这段论述中,我们不难看出,在马克思对小农的理解中,小农之“小”,不仅仅在于其耕种土地面积之“小”,更在于其缺少市场交换的生产方式之“小”和缺乏人际交往的生活世界之“小”。并且,正是这种分散的生产方式、狭窄的生活世界造就了小农的思想意识和道德观念。易而言之,小农的伦理道德意识中必然带有保守、散漫、自私、狭隘等先天缺陷,只有以商品化的社会化生产之“大”来取代传统和封闭的小农生产方式和生活方式之“小”,才能成为改造小农意识的基本路径。

由此,我们不难看出,在“理性小农”论者看来,“小农”之“小”主要表现在资本数量和生产规模之“小”,即仅仅表现为生产方式之“小”。这一点,同样也被马克思视为“小农”在生产方式上的基本特征。然而,马克思并未将其对“小农”的理解停留在这一层面上,而是沿着“生产方式—生产关系—道德意识”这一逻辑思路去理解“小农”之“小”,从而完成了对“小农”的完整认识,即:耕种“小”块土地的生产方式;缺少市场交换和人际交往的生产关系;自私、狭隘、保守、散漫的道德意识。

第二,何种“理性”?

舒尔茨认为,农民是理性的“经济人”,他们在包括种植数量与种类、耕种方法和时间安排、工具和设备选择等所有行为上都会计算成本和收益后作出理性选择。波普金也认为,农民会进行长短期利益及风险的权衡后作出合理选择。我们从中可以看出,以舒尔茨、波普金

---

① 马克思、恩格斯:《马克思恩格斯文集》(第2卷),北京:人民出版社,2009年,第566页。

为代表的“理性小农”论者所说的“理性”，意指自由意志主体具备功利算计并作出价值判断的能力。在他们看来，农民与资本家只存在资本规模和生产方式的区别，并不存在这种“理性算计”能力上的差异。

然而，这种“理性算计”是否可以与“理性”画上等号呢？借助马克思关于“小农”的分析思路，我们可以对这一问题作出回答。首先，“小农”的传统生产方式决定了其理性算计只是一种基于习惯和本能的测算和计量。自给自足的小农生产所面对的小面积土地、简单的生产工具和耕种方式、低产量的产品等，都无法使传统“小农”形成逻辑运算和抽象概括的能力。其次，市场交换和人际交往的缺乏阻碍理性算计的精确化和定量化。传统农民往往只是依靠经验、习惯和本能进行算计，他们对于“投人”、“产出”的计算只不过是一种基于父辈或自身生产模式的经验化预测，由此形成的行为选择也只不过是一种本能的倾向。换言之，“小农”的理性算计并非建立在对客观世界及其规律的科学认识和在此基础上所作的精确计算和理性选择。最后，“小农”缺乏与他人联系与交往的社会关系和利益关系，使其理性意识仅仅停留于对自身利益的狭隘算计层面。正如熊彼特曾经指出的：“前资本主义时代人的贪婪，事实上并不亚于资本主义时代的人。农奴或骑士领主各以其全部兽性的精力维护他们自己的利益。”[①]从这一意义上说，“小农”道德意识中的狭隘、自私、散漫，根源在于其封闭与孤立的生产和交往方式。

四、从“理性小农”走向“理性新农民”

这里，我们再回到前述问题：伴随着中国乡村市场化进程的加快，根植于“乡土中国”背景中的“理性小农”是否能够成长为“新乡土

① J.熊彼特：《资本主义、社会主义和民主主义》，练枫译，北京：商务印书馆，1979年，第154页。

中国"背景中的"新农民"? 易而言之,市场化所带来的农民理性意识的不断增强,是否最终能够实现"理性小农"向"理性新农民"的转换? 对于这一问题,我们仍需要从两个层面上加以分析。

第一,商品化、市场化的发展,为乡村社会转型中农民理性意识的真正产生和发展提供了逻辑前提,也为"理性新农民"的生成提供了必要的条件。马克思始终坚持以唯物史观的基本立场对人类社会不同历史时期的伦理道德问题进行阐释和分析。一方面,他对资本主义制度进行了深刻的道德批判;另一方面,他始终认为,改造小农意识的根本途径,是以商品化的社会化大生产方式从根本上取代传统封闭的小农生产、生活方式。

应当看到,传统的自给自足式的农业生产方式无法使农民真正形成逻辑运算和抽象概括能力。"实物经济中难以形成形式化的价值,阻碍了概念的通约与抽象,社会交往的贫乏阻碍着思维的定量化与精确化,支配农民行为的往往不是逻辑而是习惯与本能。因此,只有在商品经济洗礼后,经济行为的计量特征和铁一般的逻辑面前,作为自由主体的农民才能得到理性思维与理性行为的初步训练。"[①]三十多年来,中国农村市场经济发展所带来的农民理性意识的成长是极为显见的。家庭联产承包责任制的实行从根本上改变了农村生产方式和分配方式,也削弱了农民在长期的传统农业生产生活方式中形成的安土重迁、惧怕变革等保守意识,与此同时,先富光荣、求富创新等新型理念日渐增强。此外,伴随着乡镇工业兴起和"农民工"的迅猛发展,数以亿计的传统农民实现了向职业工人的身份转变。在这种角色转换的过程中,农民产生了与现代市场经济和新型职业身份相契合的时间意识、效率意识、契约意识、信用意识、权利意识和责任意识等现代伦

---

① 秦晖、金雁:《田园诗与狂想曲——关中模式与前近代社会的再认识》,北京:语文出版社,2010 年,第 300 页。

理理念。由此,农民的理性意识也从狭隘的功利算计不断演变为建立在科学认知和主体意识之上的理性思维方式和行为选择。从这一意义上说,孟德拉斯所谓"农民的终结"是"小农的终结"而不是"乡村的终结"或"农业的终结"。[①] 而作为市场经济发展和农村改革的产物,具备现代理性意识和伦理观念的"新农民",又将真正成为社会主义新农村建设的主体。

第二,加强农村道德建设,是塑造具备文明素质和职业道德的"新农民"的必由之路。应当看到,马克思主义经典作家既肯定经济发展对伦理道德的决定作用,同时也强调道德的相对独立性及其对经济发展的反作用。回顾中国农村改革历程,伦理道德已成为中国乡村改革发展中不可或缺的精神动力。伴随着致富争先、开拓进取等新型理念日渐被广大农民所认同,更多的农民认识到,要想将致富冲动转化为率先富裕的现实,必须具备一定的知识技术水平并善于把握市场规律。而乡镇企业的发展、"民工潮"的涌动、农业产业化进程的加快以及民营经济的发展,都验证了市场经济大潮中成长的新一代农民理性意识和创新能力的不断增强。

然而,我们也应认识到,无论基于理论逻辑或是历史事实,伦理文化对经济发展都有着双重作用。传统的中国农民作为小生产者和小私有者,其生产和生活中的社会交往单调而稀少,这必然决定了他们在道德特征上体现出自私狭隘性。同时,分散的生产和生活方式,也造就了他们比较散漫、缺乏组织纪律性的特点。[②] 可以说,这种小农意识及其支配下的道德观念和道德习惯至今仍有深远的影响。在农村改革进程中,传统理念与现代意识之间的冲突和矛盾始终存在,乡村

① 孟德拉斯:《农民的终结》,李培林译,北京:社会科学文献出版社,2005 年,"中文版再版译者前言"第 2 页。

② 陈琪:《改造和提升小农伦理》,《伦理学研究》2006 年第 2 期。

道德领域也呈现出各种具体的矛盾和冲突。尤其是，农村市场化、工业化和城市化的进程也必然使价值多元化对乡村社会产生影响，导致享乐主义、拜金主义、极端个人主义的滋长，以及见利忘义、诚信缺失等道德失范现象的发生，给农村道德建设带来了挑战。

值得注意的是，近年来，加强公民道德建设已成为理论界和实践工作部门关注的热点问题。但是，对这一问题的理论研究和实践操作，在区域上更多面向的是城市，在人群上更多面向的是政府官员和青少年群体，对农村道德建设和农民道德素质提升的关注明显不足。应当看到，新农村建设需要获得伦理道德上的支撑和动力。如果忽视伦理道德的作用，新农村建设必然在认识上陷入“修新路、盖新楼、建新村”的误区，甚至在实践上产生急功近利、盲目建设、重复单一的模式化。从一定意义上说，新农村的关键是“新农民”。无论是农业经济发展水平的提高，还是农民生活水平的不断提升，或是农村社会的秩序稳定，都需要进一步提高农民的思想道德素质，使其思想和道德状况更好地与农村经济社会发展相适应，与城乡一体化的发展要求相适应。这就需要大力加强农村道德建设，形成新型的乡村伦理关系和道德规范体系，实现其对农民的价值导向功能，从而为农村经济社会发展提供道德支撑。

（原文发表于《哲学动态》2015年第8期）

资本的扩张与村落的“终结”

——中国乡村城市化进程中的资本逻辑及其伦理反思

改革开放以来，伴随着市场经济的发展及其所引发的以农业的工业技术化、农村的城镇化、农民的流动性和市民化为基本内容的乡村社会变迁，中国乡村社会出现了一系列新的现象和问题。一方面，资本以其强大的扩张力“进入”乡村，从根本上改变了计划经济体制下中国农村低效的生产方式，促进了乡村经济的巨大发展；另一方面，资本的扩张进一步加速了乡村城市化进程，导致“城市过密”和“农村过疏”甚至“村落终结”的现象。对于上述问题，众多学科近年来给予了大量学术关注，本文试图从伦理视角考察资本逻辑作用下村庄伦理共同体的变化，并探讨村落“重生”的可能路径。

一、“扩张”与“终结”：资本逻辑对当代中国乡村发展的双重作用

马克思在《资本论》中揭示了“物→商品→货币→资本”的演变，他指出，简单商品生产表现为“为买而卖”的“W—G—W”，是以货币为媒介的交换，资本运动则表现为完全不同的“为卖而买”的“G—W—G”，其目的是获得货币的增殖即 ΔG。因此，“资本及其自行增殖，表现为

生产的起点和终点，表现为生产的动机和目的”。[1] 作为资本的货币的自行增殖具有一种循环往复永无止境的趋势，这便是资本运动的内在逻辑。

马克思进一步指出，资本逻辑的本质是资本通过雇佣劳动实现资本的积累和扩张，它支配着资本主义的生产方式并带来双重性的后果。一方面，资本不断地通过其支配的物质力量进行扩张，从而使追求利益最大化的资本逻辑主导着资本主义社会生活的一切方面，并以其强大的力量推动社会生产力的发展。资本逻辑“迫使一切民族——如果它们不想灭亡的话——采用资产阶级的生产方式；它迫使它们在自己那里推行所谓的文明，即变成资产者。一句话，它按照自己的面貌为自己创造出一个世界”。[2] 从这一意义上说，资本逻辑推动了市场经济的发展和经济全球化，创造了巨大的物质财富和社会繁荣。另一方面，资本在无限扩张中改变了人们的生产、生活方式及由此决定的经济关系和利益关系，资本逻辑成为现代社会生活中具有宰制性地位和力量的绝对逻辑，“它是一切事物的普遍的混淆和替换，从而是颠倒的世界，是一切自然的品质和人的品质的混淆和替换”。[3] 资本逻辑带来了资本的无限扩张和经济、社会、生态领域的重重危机，也导致人伦关系乃至整个社会关系的“资本化”。由此，资本逻辑的双重作用形成了“资本扩张悖论”，也引发了“利用资本还是限制资本”的理论和实践论争。

改革开放以来，中国乡村社会在市场经济浪潮的冲刷下发生了巨

---

① 马克思、恩格斯：《马克思恩格斯文集》(第7卷)，北京：人民出版社，2009年，第278页。

② 马克思、恩格斯：《马克思恩格斯文集》(第2卷)，北京：人民出版社，2009年，第35—36页。

③ 马克思、恩格斯：《马克思恩格斯文集》(第1卷)，北京：人民出版社，2009年，第247页。

大变化，资本逻辑对中国乡村的发展也体现出双重作用。一方面，资本以其强大的扩张力“进入”乡村，追求自我增殖最大化的资本逻辑也成为推动中国乡村经济社会发展的强大力量。[①] 伴随着资本的“进入”和市场经济的发展，农民经济理性意识显著提升：与传统小农生产方式相对应的安土重迁、惧怕变革等保守意识逐渐削弱，求富冲动和市场理性意识有了明显提高。而此种经济理性意识的提升，又进一步推进了乡村市场化和现代化的进程。另一方面，资本逻辑不断实现对传统乡村生产与生活空间的“资本化”扩张，并由此加速了村落终结的进程。“从1985年到2001年，在这不到20年的时间，中国村落的个数由于城镇化和村庄兼并等原因，从940617个锐减到709257个。仅2001年一年，中国那些延续了数千年的村落，就比2000年减少了25458个，平均每天减少约70个。”[②]而据《中国统计年鉴(2016)》的统计数字显示，全国的村民委员会数目，从2005年的629079个减少到2015年的580856个，[③]平均每年减少近5000个村民委员会，平均每天大约有14个行政村庄消失。从一定意义上说，村落“终结”并不是一个中国特有的问题。正如马克思、恩格斯早就指出的：“资产阶级使农村屈服于城市的统治。它创立了巨大的城市，使城市人口比农村人口大大增加起来，因而使很大一部分居民脱离了农村生活的愚昧状态。”[④]资本主义大工业的发展“建立了现代的大工业城市——它们的出现如雨后春笋——来代替自然形成的城市。凡是它渗入的地方，它

---

① 需要指出，由于中国乡村发展的不平衡，资本逻辑对中国乡村社会的作用呈现出极为明显的地方性差异，大致呈现出东、中、西部地区梯度递减的基本态势。

② 李培林：《村落的终结：羊城村的故事》，北京：商务印书馆，2009年，第1页。

③ 中国统计年鉴2016[EB/OL].(2016-10-12)[2017-02-26]. http://www.stats.gov.cn/tjsj/ndsj/2016/indexch。htm。

④ 马克思、恩格斯：《马克思恩格斯文集》(第2卷)，北京：人民出版社，2009年，第36页。

就破坏手工业和工业的一切旧阶段。它使城市最终战胜了乡村"。[①]由此,资本的扩张必然以城市为中心并产生对农村的全面挤压,市场化进程导致城市的急剧膨胀和扩张,并带来"城市过密"和"农村过疏"的现象,这已然成为一个世界性问题。

如果说村落终结是一个普遍化问题,那么,当下中国乡村社会的村落终结则在具体表现形态上体现出"中国特色"。大体而言,"村落终结"主要呈现出以下形态:城市边缘地带的村庄被迅速扩张的城市所吸纳;远离城市的偏僻村落在过疏化、老龄化背景下而走向终结;在政府社会规划工程主导下,通过村落合并等形式而走向终结。[②] 然而,这是否真的代表了当代中国乡村发展进程中的"村落终结"呢?如果回答是肯定的,吊诡的是此种看似符合资本逻辑并与中国乡村现代化进程相一致的"村落终结"为何引发的却是学术界、媒体和社会公众的担忧和质疑?如果回答是否定的,那么,我们又应当如何理解当下中国的"村落终结"?

二、何种"终结":资本逻辑作用下村庄伦理边界的动摇和共同体的式微

尽管"村落终结"问题自 21 世纪初期开始受到众多学科的关注,并在近年来成为媒体和公众探讨的热点。[③] 但事实上,关于"村落终结"的内涵、实质和评价,至今并未形成一致的看法。而其中一个长期

---

① 马克思、恩格斯:《马克思恩格斯文集》(第 1 卷),北京:人民出版社,2009 年,第 556 页。

② 参见田毅鹏、韩丹:《城市化与"村落终结"》,《吉林大学社会科学学报》2011 年第 2 期。

③ 李培林教授是国内"村落终结"问题研究的代表。他在《中国社会科学》2002 年第 1 期发表《巨变:村落的终结》一文。这一标题借用了其翻译的法国学者孟德拉斯的著作《农民的终结》。此后,李培林教授在 2004 年出版了《村落的终结——羊城村的故事》一书,该书和 2005 年《农民的终结》中文版的出版,引发了国内外学者对"村落终结"问题的广泛关注和热烈探讨。

探讨和争议的问题是:“村落终结”究竟是何种“终结”? 大多数学者认为,村落终结并不意味着村庄的彻底消失,而是体现为村落数量的减少以及村落边界和组织形态的转变。笔者认为,考察村落终结问题的一个重要视角,是城市化进程中资本逻辑对村庄伦理边界产生的巨大冲击以及由此所导致的乡村伦理共同体的式微。

村落是中国传统乡村社会的基本单位。依附土地、自给自足、相对封闭、缺乏流动的传统乡村生产方式和生活方式,必然产生以血缘和地缘为基础的村庄共同体。传统村庄有着某种可见的自然边界,但更为重要的是在形成基础、结构特征和指向意义上都显现出显著的伦理共同体特征,由此,传统村庄也存在着某种无形的伦理边界。

亚里士多德曾明确指出,城邦并不意指人们居住相近而结成的同盟,而是“为着某种善而建立”的共同体。[①] 滕尼斯也在《共同体与社会》一书中强调指出,共同体的形成固然需要有共同的生活地域,但更重要的是需要体现共同体意志的“默认一致”,即某种共同的、有约束力的思想信念,此种思想信念“是把人作为一个整体的成员团结在一起的特殊的社会力量和同情”。[②] 中国传统村庄是一种典型的“熟人社区”,村庄成员在相对固定和狭小的地域中进行生产和交往,并产生相互之间基于熟悉的信任以及对整个村庄的认同感。换言之,村庄成员既有其“生于斯、长于斯”的共同生活地域,更因长期的共同生产和交往活动而产生共同的偏好和记忆。由此,他们会自然地将有着共同偏好和记忆的村庄成员指认为“同村的我们”并给予信任和认同,而将没有这些共同偏好和记忆的人视为“外村的他们”并给予一定的排斥。

---

① 亚里士多德:《政治学》,颜一等译,北京:中国人民大学出版社,2003 年,第 1 页。

② 斐迪南·滕尼斯:《共同体与社会:纯粹社会学的基本概念》,林荣远译,北京:北京大学出版社,2010 年,第 58 页。

可见，村庄共同体不仅有其地理边界，更具有建立在其成员生产、生活、交往等方面高度同质性基础上的认同而形成的伦理边界。这种特殊的伦理边界进一步强化了村庄共同体的自我封闭和内部融合，也赋予传统村庄一种温情脉脉的道德意蕴。

然而，伴随着资本大规模“进入”乡村，资本逻辑以其扩张性、同质化和意识形态化特征不断强化对乡村生产、生活、交往和文化的影响，传统村庄的伦理边界被模糊化，村庄伦理共同体也走向式微。

首先，资本逻辑强大的扩张性必然带来城市对乡村的“挤压”，并推动城市和乡村的空间重构。马克思曾经指出，资本追求利润最大化的本性使其不断地通过地理扩张的方式建构新的空间，“资本越发展……资本同时也就越是力求在空间上更加扩大市场，力求用时间去更多地消灭空间”。[①] 20 世纪 60 年代以来，以列斐伏尔、哈维和苏贾为代表的新马克思主义城市学者关注和诠释了马克思主义经典理论中的空间问题，在他们看来，正是在资本逻辑的控制下，城市不断地扩大自己的生存空间。哈维认为，资本逻辑已成为“永不停息地减少（如果不是消灭）空间障碍的动力，以及与之相伴随的永不停息地加速资本周转的冲动”。[②] 在资本逻辑的强大控制力下，城市必然以其对乡村的“挤压”实现新的空间增长。在转型期的中国乡村社会，这种城市的扩张和对乡村的“挤压”因长期以来的中国城乡二元结构和乡村“土地红利”、“劳动力红利”的存在而获得更为强大的资本逻辑支持。于是，我们看到，东部沿海地区的一些村庄快速转变为“没有一亩农田、没有一个以务农为生的农民”的新型“工业化乡村社区”，中西部地区大量

---

① 马克思、恩格斯：《马克思恩格斯文集》(第 8 卷)，北京：人民出版社，2009 年，第 169 页。

② 大卫·哈维：《新帝国主义》，初立忠等译，北京：中国社会科学出版社，2009 年，第 81 页。

农村年轻劳动力“离土离乡”而从事市场化和职业化的生产经营活动，出现了显见的村庄衰落和“空心化”问题。加之近年来国家层面推动村庄合并的政策驱动，传统村庄的行政边界产生了变化，村庄居民的流动性、异质性大大提高，相互间的熟悉和信任度下降。由此，村庄成员的归属感和认同感日渐弱化，建立在同质性和相互认同基础上的村庄伦理边界日益模糊，并在一定程度上动摇了村庄共同体的伦理基础。

其次，资本逻辑的同质性特征不断消解村庄的地方性特色，导致乡村城镇化进程的单一性和雷同化。如同马克思、恩格斯所指出的，资本逻辑“按照自己的面貌为自己创造出一个世界”，[①]在这一世界中，资本成为一种“普照的光”。[②] 换言之，资本逻辑是一种漠视差异性、特殊性和个性、否定和压制“他者”的同一性逻辑，它能够成为夷平一切差别、剪灭各种内容和质的强大力量，并从而成为一种普遍化的、世界性的控制逻辑。[③] 新马克思主义城市学者在论及城市空间问题时也指出，在资本逻辑的作用下，城市变为一种“可计算”的商品，从而必然导致城市形态的“同质化”。而此种同质化问题，同样存在于乡村市场化、城市化的进程中。近年来，城市发展中的“千城一面”和新农村建设中的“千村一面”问题，已然引起学术界和社会公众的广泛质疑，而其根源在相当程度上受制于资本逻辑的同质性。由此，传统村庄丰富的地方性特色及在此基础上形成的村庄道德生活和伦理认同被消解，村庄隐形伦理边界受到强烈冲击。

---

① 马克思、恩格斯：《马克思恩格斯文集》(第 2 卷)，北京：人民出版社，2009 年，第 36 页。

② 马克思、恩格斯：《马克思恩格斯文集》(第 1 卷)，北京：人民出版社，2009 年，第 31 页。

③ 白刚：《资本逻辑与现代性——马克思哲学视野中的现代性批判》，《学海》，2013 年第 2 期。

最后，资本逻辑的意识形态化特征不断削弱农民对村庄的精神依赖并强化其对城市文化的认同和向往，传统村庄作为“精神家园”的伦理意义日渐削弱。在资本逻辑的控制下，利润最大化不仅成为商业活动的最高目标和唯一原则，甚至不断侵入人们的日常生活、社会交往乃至精神世界，从而成为现代社会具有宰制性地位的意识形态。在此种意识形态的主宰下，城市以其与资本逻辑相契合的市场化生产和生活方式取代传统乡村而成为现代人向往的“精神家园”。尤其值得注意的是，在外出务工农民中，完成初中或高中学习后直接务工而没有任何务农经历的80、90后“新生代农民工”比例不断增加。他们缺乏对传统农业生产的直接体验，难以产生对土地的依恋感和对村庄的归属感；相反对现代化、市场化的城市职业活动和日常生活方式有强烈的价值认同和情感期待。对于他们而言，村庄已是一个随时可以离去的“陌生的家乡”，城市却成为期待栖居并融入的物质和精神家园。

由是观之，村落终结并不单纯体现为村落数量的减少，更重要的是资本逻辑作用下传统村庄伦理共同体的衰落及其作为乡村伦理文化根基与载体功能的式微。换言之，村落终结并不仅仅是一种地理意义上的村落减少或消失，更在于村落所体现的特殊的生产方式、生活方式、伦理共识、文化心理和行为模式的“终结”。

三、村落的“重生”：资本逻辑的伦理规约与村庄伦理共同体的重建

从一定意义上说，乡村工业化、市场化和城镇化已成为转型期中国乡村社会不可逆转的发展趋势，基于此，我们需要反思并力图解决的问题在于：如果说城市化进程中资本逻辑对村落数量及其伦理文化功能的影响无法改变，那么，如何通过对资本逻辑有效的伦理规约，既发挥其在乡村经济社会发展中的动力作用，又为其框定必要的伦理

边界，从而实现村落的“重生”？

首先，以资本逻辑的空间正义转向实现城乡均衡发展的“新城市化”。马克思、恩格斯一方面强调城市对于容纳资本主义生产的空间意义，另一方面又批判了资本主义生产方式所导致的城市与乡村的空间分裂和对立。他们指出：“城市已经表明了人口、生产工具、资本、享受和需求的集中这个事实；而在乡村则是完全相反的情况：隔绝和分散……城乡之间的对立是个人屈从于分工、屈从于他被迫从事的某种活动的最鲜明的反映，这种屈从把一部分人变为受局限的城市动物，把另一部分人变为受局限的乡村动物，并且每天都重新产生二者利益之间的对立。”①换言之，资本主义工业文明对传统农业文明的巨大冲击使城市“中心化”和农村“边缘化”。而马克思、恩格斯所指认的未来社会“真正的共同体”的建立，也正是以“消灭城乡之间的对立”为“首要条件之一”。②

正是基于马克思、恩格斯对资本主义生产方式的空间批判，20世纪70年代以来，西方马克思主义城市学派提出了空间正义理论，这一理论对于思考我国转型期的城乡正义问题有着重要的理论资源意义。长期以来，城市与乡村的差异性和非均衡性已成为我国城乡关系的基本形态。改革开放以来，乡村城市化进程中资本逻辑的作用又进一步加剧了城市对乡村的“空间挤压”，形成城乡空间资源的非正义问题。具体体现在三个方面：一是资本逻辑引导大批污染严重的工业项目和落后的生产工艺、生产设施实现向乡村的空间转移，致使城市环境的改善建立在乡村环境恶化的基础上；二是资本逻辑引导下的“GDP中心主义”，导致政府推动的农村居住形态调整演变为地方政府与农

① 马克思、恩格斯：《马克思恩格斯文集》(第1卷)，北京：人民出版社，2009年，第556页。

② 马克思、恩格斯：《马克思恩格斯文集》(第1卷)，北京：人民出版社，2009年，第557页。

民之间的利益博弈；三是资本逻辑作用下“离土”比“守土”更高的利益回报，不断驱使农民在失地、失业、失居中失去基本的空间权利。上述问题的解决，需要我们以空间正义形成对资本逻辑的伦理规约，并由此实现城乡均衡发展的“新城市化”。“符合空间正义的城市化是一种不同于传统城市化的新城市化。新城市化是一种能够使城市化的增益惠及所有人的城市化，它不是部分人，更不是只是当代人、城里人、富人、房地产开发商的权利得到扩张的城市化，而是整个人类，是所有人，特别是后代人、农村人、穷人都能公平地享有城市文明的权利，并且这种权利能够在城市化过程中持续得到扩张的城市化。”①“新城市化”力图打破城市的“中心化”和乡村的“边缘化”，强调资本逻辑引导的城市扩张必须以不损害乡村发展和剥夺农民权利为边界，否则，这种扩张必须给予被剥夺者以相应的补偿。

其次，以资本逻辑的生态转向实现资本的生态化和生态的资本化，建设美丽宜居的“绿色”村庄。马克思曾经指出：“只有资本才创造出资产阶级社会，并创造出社会成员对自然界和社会联系本身的普遍占有。由此产生了资本的伟大的文明作用；它创造了这样一个社会阶段，与这个社会阶段相比，一切以前的社会阶段都只表现为人类的地方性发展和对自然的崇拜……资本按照自己的这种趋势，既要克服把自然神化的现象，克服流传下来的、在一定界限内闭关自守地满足于现有需要和重复旧生活方式的状况，又要克服民族界限和民族偏见。资本破坏这一切并使之不断革命化，摧毁一切阻碍发展生产力、扩大需要、使生产多样化、利用和交换自然力量和精神力量的限制。”②这一

① 钱振明：《走向空间正义：让城市化的增益惠及所有人》，《江海学刊》，2007年第2期。

② 马克思、恩格斯：《马克思恩格斯文集》（第8卷），北京：人民出版社，2009年，第90—91页。

论述深刻揭示出资本追求最大增殖必然导致对自然资源的无度使用，由此，资本逻辑也成为生态危机的深层根源。20世纪下半叶兴起的生态社会主义思潮，试图把生态学同马克思主义结合在一起，以马克思主义理论解释当代生态危机。其代表人物佩珀提出了“资本主义内在地‘对环境不友好’”的论断。[①] 在生态社会主义者看来，资本与生态是对立的，资本逻辑必然造成对生态环境的破坏。

伴随着乡村工业化、市场化、城市化进程的加快，资本与生态之间的冲突在乡村社会也愈加凸显。在资本大举“进入”乡村的过程中，污染的增加和转移导致乡村环境破坏问题也日趋严重，“金山银山”和“绿水青山”似乎成了乡村社会发展中不可得兼的一对矛盾，也似乎由此进一步验证了资本与生态间的对立。应当看到，资本逻辑在以大工业资本为主导地位的时代确实显现出其反生态性，然而，在以后工业文明为主导的新全球化时代，生态领域不再是阻挡资本逻辑深度进入的天然屏障，相反，资本逻辑可以成为推动生态建设的强大动力，生态产业也能够成为资本创新逻辑的必然产物。[②] 由此，我们亦可以找到村落“重生”的一条生态路径：一方面，通过资本的生态化使资本以合乎生态的方式“进入”乡村；另一方面，通过生态的资本化使乡村良好的生态环境成为促进价值增值、财富增长的一种“资本性”资源。具体而言，资本的生态化要求政府通过公正有效的制度设置，改变城市在生态资源享有和利用上的优先权，实现乡村资源分配和生态保护的无歧视。同时，通过税收政策和财政转移支付建立有效的农村生态补偿机制，以实现资本逻辑主导下城乡环境利益的补偿正义。而生态的资

---

① 戴维·佩珀：《生态社会主义：从深生态学到社会正义》，刘颖译，济南：山东大学出版社，2005年，第134页。

② 任平，《生态的资本逻辑与资本的生态逻辑——“红绿对话”中的资本创新逻辑批判》，《马克思主义与现实》，2015年第5期。

本化则体现在，以大力发展乡村生态经济的方式实现资本逻辑的生态转向，通过发展乡村生态种植业、旅游业，用优美的乡村自然风光和生态的乡村生活方式吸引资本的投入并产生良好的回报，形成乡村绿色产业，从而真正实现“绿水青山就是金山银山”。

最后，以地方性道德知识的传承和建构限制资本逻辑的同质化和意识形态化，重建作为村庄成员精神家园的伦理共同体。地方性知识是美国著名学者克利福德·格尔茨(Clifford Geertz)提出的概念，他在《地方知识：比较视角下的事实与法律》中明确指出，“它的地方性不仅在于空间、时间、阶级及其他许多方面，更在于它的腔调，即对所发生的事实赋予一种地方通俗的定性，并将之联结到当地关于‘可以不可以’的通俗观念”。[①] 这一概念提出以后，引发了诸多学科的高度关注和热烈探讨。无论是格尔茨关于地方性知识的定义还是其后大量关于这一概念的探讨，都指出了“地方性知识”中不可忽视的重要组成部分：基于特定伦理共同体的道德生活经验和道德生成传承的“地方性道德知识”。“在道德实在论的意义上说，任何一种道德知识或者道德观念首先都必定是地方性的、本土的甚或是部落式的。人们对道德观念或道德知识的接受习得方式也是谱系式的。”[②]具体而言，这种“地方性道德知识”在传统村落往往表现为村庄共同体独特的语言、风俗、习惯、偏好等极具地域色彩的标识性文化事象以及具有地方性特色的公共道德平台。也正是这种“地方性道德知识”所具有的独特的地缘性特征，为村庄共同体构筑了隐形的伦理边界。

然而，在乡村城市化的进程中，资本逻辑内涵的同质化和意识形态化特征不断消解村庄的地方性文化特色。在村庄成员的心中，村庄

---

① 克利福德·格尔茨：《地方知识——阐释人类学论文集》，杨德睿译，北京：商务印书馆，2014 年，第 254 页。

② 万俊人：《道德谱系与知识镜像》，《读书》，2004 年第 4 期。

逐渐只有单纯的户籍意义而不再具有文化根源意义，不再是“我们”的村庄。由此，我们需要反思的问题在于：如果说，资本“进入”乡村的趋势无法逆转，那么，我们以何种方式限制资本逻辑的同质化和意识形态化？事实上，恩格斯早就指出：“人们自觉地或不自觉地，归根到底总是从他们阶级地位所依据的实际关系中——从他们进行生产和交换的经济关系中，获得自己的伦理观念。”[①]这也提醒我们，关注、理解、尊重和利用作为村庄独特文化资源的“地方性道德知识”，对于资本逻辑作用下村庄伦理共同体重建的资源意义。需要注意的是，在乡村市场化、城市化的进程中，这种“地方性道德知识”不是某种封闭的道德生活经验和规范体系，其传承和建构也绝非是向村庄道德与文化传统的简单复归。相反，在现代市场经济浪潮的冲刷下，任何一种“地方性道德知识”必然会出现其现代转换。易而言之，某种“地方性道德知识”只有以更加开放的文化心态在“承继传统”与“吸收外来”的平衡中实现自我优化，才能为村庄伦理共同体的重建提供坚实的伦理基础。

从一定意义上说，村落数量的减少已成为中国乡村城市化进程中无法改变的基本态势。然而，迄今为止，村庄依然是中国政治、经济、文化和道德生活的根基，是大多数农民的生活所在，更是大多数国民剪不断的“乡愁”所系。因此，通过有效的伦理规约实现资本逻辑的空间正义和生态转向，并通过“地方性道德知识”的传承和现代转换重建新型的村庄伦理共同体，既为实现村落“重生”提供了可能的路径，也是中国特色的社会主义新农村建设乃至全面建成小康社会不可忽略的重要问题。

（原文发表于《道德与文明》2017年第5期）

① 马克思、恩格斯：《马克思恩格斯文集》（第9卷），北京：人民出版社，2009年，第9页。

谁之乡村？何种发展？
——以农民为本的乡村发展伦理探究

一、问题的提出

自20世纪80年代以来，作为一门交叉学科的发展伦理学在西方兴起后迅速勃兴，并聚焦于发展目标和模式的伦理原则与道德评价等问题。21世纪以来，国内关于发展伦理的研究方兴未艾，在研究内容、价值基点、方法范式等方面均取得了一定的进展。然而，发展伦理的研究成果相对集中于对发展伦理学研究范式的理论探讨，涉及现实问题的成果则主要集中在城市发展、全球发展以及贫困、正义、生态等领域，较少关注当前中国乡村的发展及存在的问题。

应当看到，乡村是中国社会的基础，农业、农村、农民问题始终是关系国计民生的根本性问题。尽管十一届三中全会以来的农村改革进程极大地改变了中国乡村社会的生产方式和生活方式，但是，乡村依然是中国政治、经济、文化和道德生活的根基。今天，全面建成小康社会的关键仍然在于农村小康的实现，因此，乡村发展伦理既是当代中国乡村研究和伦理学研究中必须面对的重要理论问题，也是乡村经济社会全面发展中的重大现实问题。

自20世纪初开始，对中国乡村社会和乡村经济发展的研究始终是国内学术界的热点问题，也是国外“中国问题研究”关注的焦点。尽管20世纪的中国乡村研究更多是从社会学或经济学角度进行的，但在研究中也开始认识到中国乡村社会独特的伦理文化及其对经济和社会发展的重大影响。葛学溥、卜凯等国外学者基于对不同村庄的田野调查，展示并分析了中国乡村村民真实的生产和生活状态，为探讨乡村伦理的变化提供了基础。以卢作孚等为代表的国内实业家、以毛泽东等早期马克思主义者为代表的政治家和以梁漱溟为代表的知识分子则更多地聚焦于改变乡村状况、重建乡村道德生活等方面的思考和实践。他们或进行乡村建设试验，在发展经济的基础上进行乡村文化建设；或强调通过农民运动，打破旧的伦理规范，为乡村伦理重建提供可能；或主张从乡村文化出发，对乡村乃至全国进行新的构造建设，从而形成新的乡村伦理规范。新中国成立后，尤其是改革开放以来，学者们对乡村经济、社会、家庭、治理等方面的伦理关系和道德问题进行了许多阐释和分析，取得了日益丰硕的研究成果，也为乡村发展提供了有价值的道德理论资源。

然而，一个值得注意的问题是，在对乡村发展的诸多探究中，学者们常常忽视了一个重要的维度——作为乡村根基与主体的农民。近年来，各类“返乡日记”大量出现，但其中关于“乡愁”问题的探讨，与其说是对乡村发展中出现问题的客观分析，毋宁说是主人公抒发自身迷惘的主观情怀。易而言之，在大量的乡村研究成果中，乡村是作者视野中的乡村，而不是农民生活于其中的乡村；乡村发展是作者希冀的发展，而不是农民期待的发展。由此，当我们试图探讨中国乡村发展伦理问题时，必须首先厘清两个基本问题，即乡村究竟是谁之乡村？乡村发展究竟是何种发展？

一般而言，“乡村”泛指城市以外的地区，并没有将其与“农村”加以严格区分，使用中常可互相指代。伴随着中国农村经济的发展和农村产业结构、劳动力就业结构的多样化，更多的学者倾向于使用“乡村”这一概念。但是，应当看到，乡村的主体始终是农民，这一点并不会由于大量非农产业和进城务工人员的出现而改变。因此，乡村是身处其中的农民之乡村，而不是居于乡村之外的“他者”之乡村。构成中国乡村社会的每一个村庄，是由在共同生产、生活中形成特定伦理关系和共同价值取向的村庄成员所形成的共同体。换言之，这是村庄成员视野中“我们”的村庄，而不是研究者视野中“他们”的村庄。张佩国曾针对乡村史研究中存在的忽略农民主体性而导致的“见物不见人”这一问题提出质疑。在他看来，如果“只能使读者看到枯燥乏味的资料和冷眼旁观的分析，而看不到农民的情感世界和观念变化”，那么，这种“再现”必定是“蹩脚的、不完全的甚至不正确的”。基于这一立场，研究者应当“走近”农民的生活，在角色意识上实现从“旁观”到“贴近”的转变。①

依循上述思路，乡村发展既不是以种种数字和模式所呈现出的数据和理论上的发展，也不是城乡二元结构中服从或服务于城市的发展，更不是符合居于乡村之外的“他者”之意愿和目标的发展。相反，乡村发展始终应当是体现居于其中的农民主体性的发展。由此，当我们探讨乡村发展问题时，应当首先确立以农民为本的发展伦理，并在价值目标、伦理根基和道德评价三个层面给予体现。

二、农民的“美好生活”乡村发展的价值目标

发展伦理学的先驱和代表人物古莱曾经指出，发展是一个含糊的词语，“在发展的名义下包罗了形形色色令人迷惑的、有时候相互矛盾的政策方针”，发展“既是经济问题又是政治问题，既是社会问题又是

① 参见张佩国：《近代江南乡村地权的历史人类学研究》，上海：上海人民出版社，2002 年，第 67—70 页。

文化问题，既是资源与环境管理问题又是文明问题”，因此，发展的核心问题是“界定美好生活、公正社会以及人类群体与大自然关系的问题”。[①] 基于对发展的这一理解，古莱认为，“虽然在某些方面，发展本身是追求目的，但在更深层方面，发展从属于美好生活”。[②] 换言之，发展的目标在于实现“美好生活”。此种美好生活尽管在发达与不发达社会中存在不同的标准，但也有着以“最大限度的生存、尊重与自由”所体现的共同目标。

具体而言，“最大限度的生存”以保存生命、减少死亡为基本原则，表现为满足人们对食物、居所、医疗及其他生存的基本要求。将人均寿命作为发展的重要指标，正是这一原则的体现。“尊重”作为美好生活的重要因素，表现为个人和社会寻求尊重、认同、尊严、尊敬、荣誉和承认的诉求。发展是获得尊重的基本途径，故而成为各个社会的合法目标。“自由”是发达社会与不发达社会的普遍目标，意味着不同社会及其成员获得更多的选择和受到更少的限制。发展是使人们解脱无知、苦难、奴役的途径之一，也是减少人们选择时所受限制的前提。因此，古莱提出了发展对所有人群至少应有三方面的伦理价值：“(1)为各社会成员提供更多、更好的生存物品：(2)以某种方式产生或改善物质生活条件以达到所想望的尊重需要：(3)使人们摆脱压制性奴役(大自然、愚昧无知、受制于他人、体制、信仰)而取得自由。其目的使个人摆脱这些奴役的束缚，以及/或者提高人们所设想的自我实现的机会。”[③]

---

① 德尼·古莱：《发展伦理学》，高铦等译，北京：社会科学文献出版社，2003年，第2—3页。

② 德尼·古莱：《发展伦理学》，高铦等译，北京：社会科学文献出版社，2003年，第2—3页。

③ 德尼·古莱：《发展伦理学》，高铦等译，北京：社会科学文献出版社，2003年，第56—57页。

尽管关于发展目标的确定有着众多理论层面的分析和实践层面的探讨，但是，古莱所提出的“最大限度的生存、尊重与自由”，仍可为乡村发展提供确定价值目标的重要理论资源。在乡村发展的层面，这一目标表现为农民的“美好生活”，并通过农民生存、尊重与自由的实现得到具体的体现。

第一，“安全第一”的生存伦理，是乡村发展的底线伦理要求。农民的行为选择更多遵循“安全第一”的生存伦理还是“利润最大化”的利益追求，是国内外理论界聚讼已久的问题。俄国学者恰亚诺夫认为，小农的经济行为是非理性的，农民在两个方面有别于资本家：他依靠自身劳动力而不是雇佣劳动力，难以核算其工资：他的产品主要满足家庭自身的消费而不是在市场上追求最大利润，无法衡量其利润。正因为如此，农民的行为无法用成本和收益进行衡量，“小农经济”形成了自身独特的逻辑和原则。① 美国学者斯科特基于东南亚地区的实证研究，提出“安全第一”是农民最基本的生存伦理原则，认为农民的经济行为奉行的是“安全第一”的原则，他们追求的不是收入最大化，而是较低的风险分配与较高的生存保障。正因为如此，农民总是选择收益虽低但风险更小的生产技术，而放弃那些虽然具有较高收益的期望值但收益不确定的新技术。② 古莱在对“美好生活”之“生存”这一基本要素的阐述中，也认为“保守的”农民抵制化肥、新种子、现代耕种技术等新的发明创造的原因在于，“维持生命实在太重要了，他们不敢‘冒这个险’”。③

尽管一些学者反对上述观点，认为农民与商人一样会在权衡长短

① 参见恰亚诺夫：《农民经济组织》，萧正洪译，北京：中央编译出版社，1996 年。

② 参见 J. C. 斯科特：《农民的道义经济学：东南亚的反叛与生存》，程立显、刘建等译，北京：译林出版社，2001。

③ 德尼·古莱：《发展伦理学》，高铦等译，北京：社会科学文献出版社，2003 年，第 50 页。

期利益及风险因素之后，为追求最大生产利益而作出合理的选择。但是，正如斯科特在论及“安全第一”准则的约束力时所提出的，“越是接近生存边缘线——只要处于生存线之上——的家庭，对风险的耐受性越小，‘安全第一’的准则的合理性和约束力就越大”。[1] 伴随着改革开放以来中国乡村工业化、城镇化和市场化进程的加快，农民的经济理性意识不断增强。但是，土地至今仍然是中国大多数农民最基本的生产、生活资料，是其主要收入来源和最重要的生活保障。因此，建立公平合理的农村土地流转制度，完善农村社会保障制度，从而使农民获得其生存的基本条件，始终是乡村发展的底线伦理目标。

第二，农民社会尊重度的不断提升，是中国当前乡村发展的现实伦理目标。城乡差距和城乡发展不平衡，是长期以来中国城乡关系的基本态势。中华人民共和国成立前，城市与乡村的二元分离，城市统治阶级和乡村劳动群众之间的对立关系，使城市与乡村呈现出统治与被统治的关系。尽管新中国成立后，社会主义公有制的建立使城乡关系获得了平等的制度保障，但是，在生产水平、经济收入、文化水平和生活条件等方面，乡村仍然远远落后于城市。计划经济体制下“工业先导，城市偏重”、“以农哺工”及工农产品“剪刀差”等政策导向，加上户籍制度对农民生产、生活方式的束缚，导致城乡差别依然存在。肇始于农村的改革进程，为中国乡村经济发展和农民收入提高提供了良好的制度和政策支持，但城乡发展不平衡问题并未得到根本解决。

正如古莱在对“美好生活”的第二个普遍因素“尊重”的阐述中所提及的，“具有深刻自尊感的贫穷‘不发达’社会在接触经济与技术发达的社会时都蒙受不快，因为物质繁荣现在已被广泛承认为人类可敬的试金石。由于‘发达’国家中社会地位与物质成功紧密相连，当今受

---

① 参见 J. C. 斯科特：《农民的道义经济学：东南亚的反叛与生存》，程立显、刘建等译，第 27 页。

尊重越来越归于那些掌握物质财富和技术力量的人们——一句话，归于那些有‘发展’的人们”。[①] 这种以物质繁荣判断发展并将此种发展与“尊重”相关联的伦理评价体系，产生了对不同发达程度的国家和地区及其国民尊重度的差异。而在中国城乡发展不平衡的背景下，也逐渐生成了若干长期存在的价值理念：在经济发展模式上，工业经济优于农业经济；在生活方式上，城市生活优于农村生活；在社会尊重度上，城市市民优于乡村农民。表现在现实生活中，农民试图通过参军、升学、进城务工等方式离开农村，其最为重要的目的是摆脱受歧视的“农民”身份并为获得城市市民身份提供可能。因此，乡村发展的目标不仅在于通过各种形式缩小城乡差距，实现农民物质生活和精神生活的富足，更需要在此基础上不断提升整个社会对乡村和农民的认同与尊重。

第三，农民选择的多样性和自由度，是乡村发展的理想价值诉求。在传统乡村社会中，农民以土地为基本的生产和生活资料，形成自给自足的生产方式和生活方式。正如法国学者孟德拉斯所指出的，“所有的农业文明都赋予土地一种崇高的价值，从不把土地视为一种类似其他物品的财产”[②]，“对农业劳动者来说，土地这个词同时意味着他耕种的田地、几代人以来养活着他全家的经营作物以及他所从事的职业”。[③] 对于中国传统农民而言，土地是其生存的根基，是一种具有最大缓冲性和抗击力的自然资源，因此，“种地”是农民最基本、最稳妥的生产和生活方式。以耕种土地为生的农民仿佛是“粘在土地上的”，由

---

① 德尼·古莱：《发展伦理学》，高铦等译，北京：社会科学文献出版社，2003 年，第 51 页。

② 孟德拉斯：《农民的终结》，李培林译，北京：社会科学文献出版社，2005 年，第 51 页。

③ 德尼·古莱：《发展伦理学》，高铦等译，北京：社会科学文献出版社，2003 年，第 53 页。

此形成的“乡土中国”被费孝通形容为“被土地束缚的中国”。[①] 自新中国成立到1978年的30年间，经历了土地改革、合作化、人民公社运动的农民在经济上的差别几近消失，在劳动、生活和思想等方面趋向“同质化”，也几乎完全消解了农民向城市流动或选择其他生产、生活方式的可能性。

古莱在论及作为“美好生活”之要素的“自由”时提出，所有社会都重视的“自由”这一因素尽管有无数的含义，但“至少它意味着各个社会及其成员更多的选择，追求美好事物时受到较少的限制”。[②] 然而，就中国乡村发展而言，无论传统意义上的“乡土中国”，还是计划经济体制下趋于“同质化”的人民公社，抑或工业化、城镇化和市场化进程中的“新乡土中国”，在某种程度上都未能给农民的“美好生活”提供更加丰富、多样和自由的选择。换言之，无论是“被土地束缚”的农民，还是完全失去流动性的人民公社社员，抑或今天能够“离土离乡”的“农民工”，都并未获得自由选择其生产方式和生活方式的物质、精神和文化基础。[③] 因此，通过城乡发展的均衡、乡村发展模式的多样化和更加完善的社会保障体系，不断提升农民选择的多样性和自由度，是当前乃至今后一个时期中国乡村发展的价值目标。

---

① 1945年，费孝通出版了由《禄村农田》、《易村手工业》和《玉村土地与商业》改写而成的 Earthbound China：*A Study ofRural Economy in Yunnan*（Chicago University Press，1945），1988年，该书以《云南三村》为名出版中文版本。

② 孟德拉斯：《农民的终结》，李培林译，北京：社会科学文献出版社，2005年，第53页。

③ 2007年以来，笔者在完成国家社会科学基金青年项目“乡村经济伦理的苏南图像”、重点项目“转型期中国乡村伦理问题研究”和重大项目“中国乡村伦理研究”的过程中，带领团队对江苏省江阴市华宏村和吴江市圣牛村、河南省漯河市扁担赵村、贵州省凯里市朗利村、湖南省郴州市西岭村、湖北省罗田县赵家湾村、甘肃省岷县镳镳村等进行了田野调查。在调研中，无论是进城务工还是留守务农的访谈对象，相当一部分都表现出迫于生存压力而为之的无奈。

三、农民的主体性：乡村发展的伦理根基

在任何国家的乡村发展中，农民都是乡村的主体。在这一问题上，我们可以从民国“乡村建设运动”及一些典型的国外乡村建设模式中获得有益的理论和实践资源。民国“乡村建设运动”是中国历史上一次重要的农村运动，尽管学界对其评价存有分歧，但不可否认的是，以梁漱溟和晏阳初为代表的知识分子，看到了乡村在中国社会发展中的重要地位，并身体力行地开展乡村建设实践，在一定范围、一定时期内促进了中国乡村的经济发展和文化进步。在思想方面，“乡村建设运动”强调以民为本，从振兴农民精神出发，激发农民进取心，使其克服浅薄的功利思想和个人主义，以“个人的向上”带动“社会的向上”；在实践方面，“乡村建设运动”通过乡农学校大大增强农民之间的相互信任，给乡民创造更多的机会，对于缩小乡村社会贫富差距起到了十分重要的作用。始于 20 世纪 50 年代中叶的法国“农村改革”，通过突出强调农民教育推动了农村生产力水平的长足进步和农民思想观念的显著提高，从而形成了全新的乡村形态。20 世纪 70 年代的韩国“新村运动”，自始就强调“勤劳、自助、合作”的口号，将“农村启蒙”作为该运动的重要任务，力图改变村民原本的消极状态，提升村民伦理道德素质。通过这场运动，韩国在 30 年的时间里走完了资本主义发达国家上百年的农业现代化和农村城市化之路。从上述乡村建设的实践中我们不难看出，农民是乡村的主体，没有农民的参与、投入及由此带来的观念转变，乡村发展便失去了根基。

党的十九大报告指出，“加强农村基层基础工作，健全自治、法治、德治相结合的乡村治理体系”。这是关于中国乡村治理体系的理论创新，也为中国农村基层治理提供了实践指引。近年来，乡村治理问题成为学术界的关注热点，学者们针对传统乡村礼治的变化、法治与德

治的结合等问题进行了大量阐述。但是，其中相当一部分论述仍将关注的焦点放在通过政府“自上而下”的宣传、发动和引领实现治理目标，相对忽视了探讨通过“自下而上”的农民自发性实践活动实现乡村治理目标的现实可能性。然而，我们不应忘记，乡村建设的主体是农民，农民主体性是建立健全自治、法治、德治相结合的乡村治理体系的前提，是乡村发展的伦理根基。

韦伯曾经提出传统中国的“有限官僚制”，认为其重要表现在于，皇家行政的作用只限于市区和市辖区的行政，而在乡村则无所作为，因为“除了本身就足够厉害的宗族势力外，它还得面对乡村本身有组织的自治”。① 秦晖认为，中国传统乡村的治理模式表现出“国权不下县，县下惟宗族，宗族皆自治，自治靠伦理，伦理造乡绅”的基本格局，② 尽管国内学界对这一论断存有争议，但也形成了一个基本共识，即中国传统乡村的基层自治程度大大高于城市，这种自治的实现主要依靠各种形式的村规民约对村庄共同体成员形成的道德约束力。

近代中国社会的转型也带来了乡村社会治理模式的变化。民国时期，大规模的“政权下乡”试图突破长期以来“皇权不下县”的局面，“法律下乡”的进程由此得以推进。不过，总体上看，由于未能改造乡村社会的基础，民国时期的“政权下乡”和“法律下乡”都未能取得明显成效。③ 新中国成立后，计划经济体制下的乡村社会在生产、生活和思想等方面趋于“同质化”，尽管在一定程度上增强了村落群体意识，但同时也大幅度削弱了传统宗族力量和村规民约对村庄自治的作用。

① 马克斯·韦伯：《儒教与道教》，王容芬译，北京：商务印书馆，1995 年，第 145 页。

② 秦晖：《农民中国：历史反思与现实选择》，郑州：河南人民出版社，2003 年，第 220 页。

③ 参见徐勇：《现代国家乡土社会与制度建构》，北京：中国物资出版社，2009 年，第 255 页。

改革开放以后，法治"进入"乡村但仍然停留于浅层，传统的乡村伦理共同体走向式微，乡土社会的自治力量和礼治秩序的约束力都出现弱化趋势。与此同时，伴随着乡村工业化、城镇化和市场化进程的加快，部分沿海地区的村庄转变为新型的"工业化乡村社区"，中西部地区则出现了因大量年轻劳动力"离土离乡"而产生的村庄"空心化"问题。由此，村庄居民的流动性和异质性大大提高，基于共同的生产活动和日常交往而产生的熟悉感和信任度不断下降，对村庄的归属感和认同感日渐弱化，作为村庄成员的主体意识愈加薄弱。[①]

正如前文所述，乡村发展始终应当满足居于其中的农民对"美好生活"的诉求，而实现此种发展也需要充分体现农民的主体性。简言之，乡村发展既是为了农民，乡村发展也要依靠农民。具体而言，在乡村发展目标、模式、路径的设定上，要充分体现农民的主体性，充分调动其积极性、主动性和创造性，而不能仅仅将其视为被动的"受众"。例如，近年来为加强农村文化建设而推广的"农家书屋"、[②]"送戏（电影）下乡"等形式，投入不小却收效甚微。其原因恰恰在于内容单调、形式雷同，不能吸引农民主动参与。与此相反，"乡村春晚"、"乡村广场舞"等农民自办自创的新型乡村文化形式，充分激发了基层农民作为乡村伦理文化建设主体的文化热情和内生活力，具有极高的参与度和自我认同感，产生了显见的成效。

---

① 在对 8 个村庄的田野调查中，笔者注意到，相当一部分访谈对象对于涉及村庄总体发展状况、村庄发展的公共事务等问题缺乏关注，甚至认为这只是村干部的事，与己无关。

② 2007 年 3 月，新闻出版总署会同中央精神文明建设指导委员会办公室、国家发展改革委员会、科技部、民政部、财政部、农业部、国家人口计划生育委员会联合发出了《关于印发〈农家书屋工程实施意见〉的通知》，开始在全国范围内实施"农家书屋"工程。每一个农家书屋原则上可供借阅的实用图书不少于 1000 册，报刊不少于 30 种，电子音像制品不少于 100 种（张）。但是，在实地调研中，我们发现，大多数农民对"农家书屋"兴趣不大，村委会的阅览室常年闲置，不少下发的图书成捆堆放，尚未拆封。

四、农民的全面发展：乡村发展的道德评价

发展伦理不仅涉及何为发展、如何发展等问题，也涉及对发展的道德评价问题。我们首先需要破除“发展天然合理”这一哲学信念，确定衡量和评价“发展善”与“发展恶”的标准。对此，学界的观点主要集中在生产力发展、社会进步和人的全面发展这三个标准上。从根本上说，三个标准是统一的，也具有一定的普遍性，可以作为衡量和评价乡村发展的一般原则。其中，生产力发展是根本性标准，社会进步是总体性标准，人的全面发展是最高目的性标准。[①] 依循这一思路，笔者认为，应当以“农民的全面发展”作为乡村发展道德评价的最高标准，并处理好它与乡村生产力发展和社会进步之间的关系。

第一，农民的全面发展以乡村生产力发展和社会进步为基础。只有乡村生产力的不断发展，才能推动乡村社会的全面进步，也才能为农民的全面发展提供基础。肇始于农村的中国改革进程，改变了平均主义的分配方式，调动了广大农民的积极性，促进了农村生产力的发展，带来了乡村社会的整体进步。乡村基础设施和服务设施不断改善，公共文化服务体系愈加完善，城乡教育均衡和医疗卫生服务不断取得新进展。在这一过程中，农民整体收入水平不断提升，受教育水平不断提高，其生产、生活和交往方式出现了极大变化，市场意识、信用意识、契约意识、责任意识、权利意识和创新精神等现代伦理观念不断增强。从这一意义上说，乡村社会的生产力发展和社会进步，有效地促进了农民体力、智力和道德素质的全面提升。

第二，农民的全面发展与乡村生产力发展、社会进步之间存在着一定的内在紧张。一般而言，乡村生产力发展和社会进步往往是以诸

① 参见吴灿新：《发展伦理与道德代价》，《广东社会科学》2013 年第 1 期。

如GDP、农民收入水平、乡村教育和医疗卫生普及水平、基础设施和公共文化服务水平等量化指标来体现的，但是，这些数据指标不能与农民的全面发展完全画上等号。事实上，我们不难发现，近些年来，工业化和城镇化浪潮中失地农民的增加及其引发的种种矛盾，农业市场化、乡村工业化所导致的农村环境污染与生态失衡的加剧，大量农民进城务工带来的村落空心化和留守儿童问题，资本扩张造成的城市对农村的全面挤压和村落“终结”现象，凡此种种，都影响了农民幸福感和获得感的提升，也严重制约了农民实现全面发展的美好诉求。这也提醒我们，在高度重视乡村生产力发展和社会进步的同时，应警惕资本逻辑的无限扩张及其所引导的“GDP中心主义”、“城市中心主义”、“先污染后治理”等发展思路，以党的十九大报告“产业兴旺、生态宜居、乡风文明、治理有效、生活富裕”的农村发展总要求为指引，全方位构建农民全面发展的经济、社会、文化基础。

第三，农民的全面发展应当兼顾乡村发展的整体性与村庄发展的差异性。中国乡村发展具有自身的特殊性。改革开放以来，中国东、中、西部地区发展并不均衡，发达程度上呈现梯度递减趋势。其中，乡村的发展更不平衡，区域性和地方性特点丰富多样，差异明显。在当前中国乡村发展极不平衡的背景下，考察和评价农民的全面发展应有两个基本维度：一是要在中国农村整体发展的背景中，考察农民的整体性发展，不能仅以某一区域或某一群体农民的发展作为评价标准；二是要体现不同地区和特定村庄发展水平和发展模式的差异性，体现不同经济发展水平和历史文化背景中的农民发展的特殊性。就整体而言，农民的全面发展体现了乡村的整体发展和农民的共同富裕，因此，要始终把解决好“三农”问题作为重中之重，加快推进农业农村现代化，千方百计拓宽农民增收渠道。尤其要重视中西部落后地区和少数民族地区农民的生存和发展问题，以精准扶贫消灭绝对贫困，以全覆盖的农村教育、医疗和公共服务体系夯实农民整体发展和全面发展的基础。就差异性而言，农民的全面发展要考虑他们居于其中的具体村庄在发展模式、路径上的丰富个性和特色，重视利用以语言、风俗、习惯、偏好等标识性文化事象为表征，以村庄独特的公共道德平台为载体的“地方性知识”对村庄发展的资源意义，[①]理解、尊重不同经济发展水平和文化背景中的农民在发展模式和路径上的自主选择和自我创造。

结语

总而言之，乡村是农民的乡村，农民是探究乡村发展伦理的逻辑起点和最终目标。农民的“美好生活”，是确定乡村发展目标的价值指引：农民的主体性及其发挥，是实现乡村发展的伦理根基：农民的全面发展，则是对乡村发展进行道德评价的根本原则。只有构建以农民为本的乡村发展伦理，才能保证作为乡村主体的全体农民在共建共享中不断增强获得感、幸福感和满足感，从而真正实现农民的全面发展和乡村社会的不断进步。

（原文发表于《哲学动态》2018 年第 2 期）

① 地方性知识是美国著名学者克利福德·格尔茨（Clifford Geertz，又译克利福德·吉尔兹）提出的概念。参见克利福德·格尔茨：《地方知识——阐释人类学论文集》，杨德睿译，北京：商务印书馆，2014 年。

改革开放40年来我国乡村社会的道德发展与建设

改革开放40年来，随着我国经济社会的全面发展和生产生活方式的日益变革，道德领域呈现多元、多样、多变的复杂态势。持续深入的农村改革，也引发了乡村社会伦理关系和农民道德观念的变迁。如何正确认识40年来我国乡村社会的道德发展与建设，既是当前伦理学研究中的重要理论问题，也是实施乡村振兴战略背景下的重大现实问题。

一、持续深化的农村改革为乡村社会的道德发展奠定了坚实基础

乡村兴则国家兴，乡村衰则国家衰。中国乡村的改革进程发轫于农村家庭联产承包责任制的实行。这一制度彻底改变了计划经济条件下低效的农业生产方式和平均的分配方式，产生了良好的激励作用，推动了乡村生产力的快速发展。此后，乡镇工业和经营性农业的发展、大量进城务工人员的出现以及资本向乡村的流动，使得我国乡村社会发生了巨大变化。党的十八大以来，面对我国经济发展进入新常态带来的深刻变化，以习近平同志为核心的党中央推动“三农”工作理论创新、实践创新、制度创新，坚持把解决好“三农”问题作为全党工作重中之重，切实把农业农村优先发展落到实处，推动农业农村发展取得历史性成就、发生历史性变革，为党和国家事业全面开创新局面

提供了有力支撑。党的十九大报告提出实施乡村振兴战略，加快推动我国乡村实现全面发展与振兴，粮食生产能力跨上新台阶，农业供给侧结构性改革迈出新步伐，农民收入持续增长，农村民生全面改善，脱贫攻坚战取得决定性进展，农村生态文明建设显著加强，农民获得感显著提升，农村社会稳定和谐。

马克思曾在《路易·波拿巴的雾月十八日》一文中将法国小农比喻为“一袋马铃薯中的一个个马铃薯”，意在说明小农先天地存在保守、落后的思想意识和道德观念，只有通过商品化大生产代替传统和封闭的小农生产和生活方式，才能实现对小农意识的改造。改革开放40年来我国乡村经济社会的全面进步及其引发的道德发展，正是马克思主义唯物史观视野中经济与道德关系的生动体现和鲜活例证。市场经济的快速发展和乡村社会的全面进步，为40年来乡村道德的发展奠定了坚实基础，注入了持久动力。而在经济、社会、政治、文化基础上发展完善的乡村道德，又为乡村经济社会的进一步发展创设了良好的道德文化环境，成为乡村建设的强大精神动力。

二、乡村道德发展的主要成就

乡村伦理关系的转变和农民现代道德意识的成长。伴随着市场经济的发展和乡村生产方式、生活方式的转变，乡村道德关系的基础发生了变化。农民的流动性大大加强，大量农民冲破地缘关系的限制，以“离土”或“离乡”的形式从事市场化、职业化的新型生产劳动，乡村社会的差序格局和人伦秩序受到冲击，人际交往的范围、原则都产生了变化。在这一过程中，农民根植于传统农耕生产和生活方式的安土重农、惧怕变革等保守意识逐渐削弱，与市场经济相契合的信用意识、契约意识、责任意识等现代道德观念逐步生成并日渐成长。

乡村社会文明程度的提升和农民公德素质的提高。40年来，乡村经济社会的发展,农民生活水平的提高,农村社会的稳定和谐,促进了乡村社会文明程度的不断提升。尤其是党的十八大以来,在解决"三农"问题的重大实践中,以社会主义核心价值观为引领,培育文明乡风、良好家风、淳朴民风,推进农村社会公德、职业道德、家庭美德、个人品德建设,乡村社会文明程度和农民道德素质不断提高。与此同时,通过广泛的群众性精神文明创建活动和移风易俗活动,厚葬薄养、人情攀比等陈规陋习的影响以及一些愚昧落后的封建迷信活动大大减少,乡村公共环境、社会秩序的变化有目共睹,农民的公共秩序意识、生态环保意识、理性消费意识、和谐包容意识不断提升。

乡村传统伦理文化得以有效传承与发展。改革开放 40 年来,社会生产生活方式日益复杂化使得乡村道德生活的复杂性和多样性更加凸显。值得关注的是,某一区域的自然条件、生产生活方式和伦理文化都有其独特的地域特征,乡村伦理文化的传承与发展,需要汲取与市场经济发展相契合的现代伦理观念,同时不能忽略作为"地方性道德知识"的地域伦理文化的独特资源意义。改革开放以来,尤其是乡村振兴战略的实施过程中,一些地区充分挖掘和利用以乡村风俗、礼仪和村规民约为形式的地方性伦理文化资源并加以创造性转化、创新性发展,形成了乡村春晚、道德讲堂等独具特色的道德建设载体和道德教化形式,乡村伦理文化得到有效传承、发展。

三、以社会主义核心价值观为引领,加强乡村道德建设

改革开放 40 年来,乡村道德的变革与进步构成了乡村道德发展的主流,但也应看到,市场经济的发展在推进乡村社会全面进步的同时,也在一定程度上使乡村社会出现了人际信任度下降、村庄共同体凝聚力不足、道德评价和道德权威力量弱化等问题,这也是社会转型期中国伦理文化的"现代性"问题在乡村中的缩影。其一,在传统的村

庄伦理共同体中，道德评价始终保持着自身的独立性和优先性。然而，在农村市场化进程中，经济行为的“求利”动机日渐获得正当性辩护并被赋予正面意义，经济成就及相应的评价指标逐渐获得了个人和社会评价中的价值优先性。其二，传统村庄的稳定性和“熟人社会”特征，使村庄成员能够产生基于共同道德生活经验和道德传承的熟悉、信任和认同，并由此形成良好的村庄共同体凝聚力和道德权威影响力。然而，在城市化、工业化的快速发展中，农民流动性不断加强，大量的农民转变成为职业工人并在新的职业劳动中逐渐接受和认同相应的规则、规范与纪律约束。由此，村民之间的关系趋向松散，人际信任度和村庄凝聚力有所下降，传统道德权威的影响力日渐削弱。

因此，要以社会主义核心价值观为引领，进一步加强乡村道德建设，为乡村振兴战略的实施提供有力的道德支撑和精神动力。一方面，要走融合式建设之路。乡村社会面临的道德问题绝非孤立的道德问题，而是体现着乡村社会复杂的经济利益关系。事实上，我们无法想象或构建一种独立于乡村经济、社会和生活之外的抽象的“乡村道德”，也无法虚设某种游离于乡村整体发展问题之外的“乡村道德问题”。只有充分认识、把握乡村道德问题和农民道德观念背后的经济关系、经济利益根源，才能真正找到认识和解决乡村道德问题的关键。因此，乡村道德建设既是乡村振兴尤其是乡村文化振兴不可或缺的重要内容，又应融入实施乡村振兴战略的各项工作中。另一方面，要充分发挥农民的主体性。乡村道德建设既要依靠政府“自上而下”的宣传、发动和引领，彰显主流价值，弘扬良好风尚，又要尊重和体现“自下而上”的基层农民自发性实践活动中的伦理智慧和道德力量。

（原文发表于《光明日报》2019年1月3日第11版，《新华文摘》2019年第8期全文转载）

【乡村治理与乡村伦理】

共同体：从传统到现代的转变及其伦理意蕴

对共同体的理解涉及众多学科，大体上，我们可以从政治哲学和社会转型两条学术进路上理解共同体的历史源流与变迁。尽管阐述的视角不同，但其共通之处在于，从社会变迁中考察共同体及其从传统到现代的转变。在传统共同体向现代共同体的转变中，共同体始终体现出强烈的道德指向和伦理内涵。

一、政治哲学视野中的共同体：从古希腊到当代共同体主义

西方哲学史上关于共同体的探讨大致集中于古希腊、近代政治哲学和当代共同体主义三个时期。在希腊文中，“共同体”是“koinonia”，它源自形容词“common”。因此，konionia 最常见的翻译是“共同体(community)”或“社群、社团(association)”。[①] 从词源上看，共同体表示一种具有共同利益诉求和伦理取向的群体生活方式。正如亚里士多德在《政治学》开篇中指出的：“由于所有的共同体旨在追求某种善，

---

① 正如克劳特(Kraut)所指出的，“community”从字面上便能看出“共同(incommon)”的含义，是更为恰当的翻译。Community“社区”、“社群”、“共同体”等多重含义。(Kraut R. 2002. *Aristotle*: *Political Philosophy*. NewYork; Oxford University Press. p. 12)从翻译上说，“社区”和“社群”更接近于社会学的概念分析，“共同体”则有着更为丰富的内涵，其外延也得到进一步扩展，从社团、邻里对应的小共同体到国家、民族和阶级对应的大共同体乃至全球共同体。同样，中文的“共同体”词也比“社群”更为形象和确切。

因而，所有共同体中最崇高、最有权威，并且包含了一切其他共同体的共同体，所追求的一定是至善。这种共同体就是所谓的城邦或政治共同体。”[①]在亚氏看来，城邦全体公民有着共同的生活方式和共同的生活目的，因而城邦是一个共同体；同时，城邦有别于家庭、村落、部落等其他共同体，它是平等、自由的“不同的人”（即经济上的专门化）的合作与共享关系，因而是共同体的完满形式。

近代市场经济的兴起造就了古代社会到近代社会“从身份到契约”（梅因语）的运动，从而使契约取代了传统的共同体。缘于此，近代政治哲学将其对社会生活的反思建立在社会契约论的基础之上。尽管社会契约论的三位代表人物霍布斯、洛克和卢梭对共同体的论述不尽相同，但他们都将人之天然的非社会性作为理论前提，由此也因其“自然状态”的非历史性而饱受批评，并在19世纪功利主义的冲击下走向衰落。

20世纪70年代，以罗尔斯的《正义论》为代表的新自由主义复活了近代契约论，同时也招致当代共同体主义的质疑和批判。[②] 共同体主义者与自由主义者的一个重要分歧便在于对共同体及其意义的理解。桑德尔认为，共同体由具有共同的自我认识的参与者组成，拥有共同的认同。他提出三种意义上的共同体观念，即工具型、感情型和构成型的共同体，认为较之前两种类型的共同体观念，构成型的共同体“不只描述一种感情，还描述一种自我理解的方式，这种方式成为主体身份的组成部分”。[③] 在这种共同体中，个人的自我目的不可能独自

---

① 亚里士多德：《政治学》，颜一等译，北京：中国人民大学出版社，2003年，第1页。

② 共同体主义（communitarianism，communalism），又译“社群主义”，是20世纪80年代后产生的当代最有影响的西方政治思潮之一。

③ 迈克尔J.桑德尔：《自由主义与正义的局限》，万俊人等译，南京：译林出版社，2011年，第181页。

实现，而必须在与他人追求共同的理想中实现。丹尼尔·贝尔进一步提出了三种构成性共同体，即以地理位置为基础的地区性共同体、共有一种有道德意义的历史的不相识的人的记忆性共同体和由信任、合作和利他主义意识支配的、面对面的人际交往的心理性共同体。[①] 迈克·沃尔泽突出强调作为共同体构成要素的成员资格，即只有作为成员才可能享有的安全、富裕、荣誉、职位和权力等利益。[②] 由此，我们不难看出，共同体主义者对共同体的阐释尽管有其不同的视角与侧重，但是，他们都突出强调被新自由主义所遮蔽的共同体对个体的构成作用及其相对于个体而言的优先性。

一、社会变迁中的共同体：从传统到现代

19 世纪以来的社会转型理论为我们理解共同体提供了另一条学术进路，其中最具资源意义的是马克思、涂尔干和滕尼斯的论述。马克思把资本主义以前的社会阶段描述为共同体阶段，在这个阶段上，个人"表现为不独立，从属于一个较大的整体"。[③] 尽管这种共同体存在内部的差异，但其作为一个整体仍是自足的有机体。在这种有机的共同体中，"虽然个人之间的关系表现为较明显的人的关系，但他们只是作为具有某种规定性的个人而互相发生关系，如作为封建主和臣仆、地主和农奴等等，或作为种姓成员等等，或属于某个等级等等。"[④] 由此，马克思将这种有机共同体的内部关系概括为"人的依赖关系"。

---

① 丹尼尔·贝尔：《社群主义及其批评者》，李琨译，北京：三联书店，2002 年，第 181 页。

② 迈克·沃尔泽：《正义诸领域：为多元主义与平等一辩》，褚松燕译，南京：译林出版社，2002 年，第 38—39 页。

③ 马克思、恩格斯：《马克思恩格斯文集》(第 8 卷)，北京：人民出版社，2009 年，第 6 页。

④ 马克思、恩格斯：《马克思恩格斯全集》(第 30 卷)，北京：人民出版社，1995 年，第 113 页。

在资本主义阶段，前资本主义阶段的共同体被瓦解，个人不再通过内部关系发生直接联系，而是通过外部关系发生间接联系，由分工和交换发展带来了"人的依赖关系"向"物的依赖关系"的转变，而"这种互相依赖，表现在不断交换的必要性上和作为全面中介的交换价值上"。[①] 在马克思看来，这种转变正是从传统社会向现代社会转变的基本态势。马克思对资本主义国家"虚假的共同体"的指认，正是在于这种所谓"共同体"中，"个人自由只是对那些在统治阶级范围内发展的个人来说是存在的，他们之所以有个人自由，只是因为他们是这一阶级的个人"，[②]"个人只是作为一般化的个人隶属于这种共同体，只是由于他们还处在本阶级的生存条件下才隶属于这种共同体；他们不是作为个人而是作为阶级的成员处于这种共同关系中的"。[③] 也正是基于这一指认，马克思提出了共产主义社会的"真正的共同体"。在这一阶段，"不以旧有的尺度来衡量的人类全部力量的全面发展成为目的本身"，"人不是在某一种规定性上再生产自己，而是生产出他的全面性"，[④]由此，个人克服了对物的依赖而相互自由地联系，"各个人在自己的联合中并通过这种联合获得自己的自由"。[⑤]

涂尔干(Durkheim)生活在法国从传统农业社会向现代工业社会转变的时期，[⑥]因此，他更加关注转型期的社会秩序及其整合问题。正

① 马克思、恩格斯：《马克思恩格斯文集》(第1卷)，北京：人民出版社，2009年，第106页。

② 埃米尔·涂尔干：《社会分工论》，渠东译，北京：三联书店，2000年，第571页。

③ 埃米尔·涂尔干：《社会分工论》，渠东译，北京：三联书店，2000年，第573页。

④ 马克思、恩格斯：《马克思恩格斯文集》(第1卷)，北京：人民出版社，2009年，第480页。

⑤ 埃米尔·涂尔干：《社会分工论》，渠东译，北京：三联书店，2000年，第571页。

⑥ 涂尔干，又译迪尔凯姆、杜尔克姆。

如他在确立其学术理路的开山之作《社会分工论》的序言中所提出的，他试图“考察个人人格与社会团结的关系问题。为什么个人越变得自主，他就会越来越依赖社会？为什么在个人不断膨胀的同时，他与社会的联系却越加紧密？”在他看来，这一问题的解决“要从社会团结的转型过程着眼，而后者正是伴随着劳动分工的迅速发展而产生的”。[①]他以“机械团结”和“有机团结”这对概念来分析不同社会团结和整合的实现，认为机械团结是建立在传统社会中个人的同质性基础上的社会联系，有机团结则是建立在社会分工和个人异质性基础上的社会联系。传统社会是从“共同性”中生成的社会，共同的生产、生活方式和习俗规则，使社会成员产生共同的意识，并以此维系这种同质性的“共同体”。近代社会分工的发展，一方面导致人们在意识和信仰上的差异日益增大，另一方面也使每个人在生产和消费上更加依赖他人。因此，近代社会既是差异的社会，又是以分工为纽带的有机团结的社会。由此，涂尔干以“机械团结”到“有机团结”的转变来看待社会转型的实现。

滕尼斯以共同体(gemeinschaft)一词表示与社会(gesellschaft)相对应的一种人类共同生活的理想类型，与这两种形态直接相关的则是人的意志。他认为，人的意志可以区分为本质意志和选择意志，本质意志包含着发展为共同体的前提条件，选择意志则是产生社会的前提。[②] 以此为基础，他提出“默认一致”的概念，认为共同体的形成需要

① 埃米尔·涂尔干：《社会分工论》，渠东译，北京：三联书店，2000 年，第 571 页，第 11—12 页。

② 由于本质意志和选择意志在现实中常常相互混杂难以绝对分开，对于这一问题，《共同体和社会》一书的译者林荣远曾在“重校后记”(北京大学出版社，2010 年)中援引意大利一位学者提出的一个比较容易理解的比喻：恰如中国人的二元主义一样，滕尼斯让共同体和社会分别建立在爱和自由之上。他把一切建立在友谊之上的关系，都概括在“共同体”的概念之下；而所有那些由对大家都同等对待的法律，即由理论主义的理论决定的关系，都理解为“社会”的概念。

其成员有共同的、有约束力的思想信念，此种思想信念"是把人作为一个整体的成员团结在一起的特殊的社会力量和同情"，[①]是共同体的意志。在他看来，这种"默认一致是建立在相互间密切的认识之上的，只要这种认识是受到一个人直接参与另一个人的生活即同甘共苦的倾向所制约，并反过来又促进这种倾向。因此，结构和经验的相似性越大，或者本性、性格、思想越是具有相同的性质或相互协调，默认一致的或然率就越高"。[②] 可以看出，gemeinschaft 这一概念更多强调的是其内部成员间的亲密关系和共同的精神意识，以及在此种关系和意识基础上形成的归属感和认同感。滕尼斯强调共同体的形成不仅需要有共同的生活地域，更重要的是建立在共同体成员生产、生活、交往等方面高度同质性的基础之上体现共同体意志的"默认一致"。他对"共同体"中人们通过温情脉脉的人际关系而形成的有机结合怀有深厚的感情，而对社会中人与人基于工具理性而形成的机械结合持悲观主义的观点。英国社会学家齐格蒙特·鲍曼在一定程度上承继了滕尼斯对共同体的期待和悲观，在他看来，共同体这个词"所传递出的所有含义都预示着快乐，而且这种快乐通常是我们想要去经历和体验，但看起来又可能是因没有而感到遗憾的快乐"。[③]因此，共同体"成了失去的天堂——但它又是一个我们热切希望重归其中的天堂"。[④]

---

① 斐迪南·滕尼斯：《共同体与社会：纯粹社会学的基本概念》，林荣远译，北京：北京大学出版社，2010 年，第 58 页。

② 斐迪南·滕尼斯：《共同体与社会：纯粹社会学的基本概念》，林荣远译，北京：北京大学出版社，2010 年，第 59 页。

③ 齐格蒙特·鲍曼：《共同体：在一个不确定的世界中寻找安全》，欧阳景根译，南京：江苏人民出版社，2003 年，第 4 页。

④ 齐格蒙特·鲍曼：《共同体：在一个不确定的世界中寻找安全》，欧阳景根译，南京：江苏人民出版社，2003 年，第 5 页。

二、共同体形成、结构和指向的伦理蕴涵

尽管政治哲学思想谱系中的共同体概念与社会转型理论对共同体的阐述有着不同的理论视角，但是，我们依然找到其中的共通之处，即：从社会变迁中考察共同体及其从传统到现代的转变。在这一点上，马克思所阐述的前资本主义、资本主义和共产主义“三个阶段”及其所对应的体现为人的依赖关系的传统共同体、体现为物的依赖关系的现代社会和建立在“自由人的联合体”基础上的新型共同体，无疑最为清晰地体现了这一基本路向。

如果说，古希腊的共同体概念是对城邦社会生活的反思，那么，近代政治哲学强调契约对传统共同体的取代，则是缘于市场经济的兴起及其所造成的古代社会到近代社会的转型。我们不难发现，无论是法国的涂尔干还是德国的滕尼斯，面对的都是19世纪西方国家从前现代社会向现代社会转型中所遭遇的包括经济、政治和精神等诸方面的危机。事实上，滕尼斯关于人类共同生活基本结构的观点受到梅因、基尔克和马克思的影响，[①]同时，作为霍布斯的研究者和崇拜者，他从近代政治哲学中吸收了理论资源，对“社会”的考察和判断也明显带有霍布斯“人性恶论”的痕迹。尽管滕尼斯仅仅提出从共同体走向社会是人类共同生活形式的变化，并未进一步说明这一变化的原因，但在其阐释中已隐含着社会变迁的因素。而涂尔干所描述的从机械团结向有机团结的转变，正是基于社会分工带来的专门化、复杂化及其所导致的社会整合基础的转变，这更为明显地体现出社会变迁的视角。在批判自由主义中产生的当代共同体主义，其社会根源也在于，自由

---

① 关于这一问题，可参见《共同体与社会：纯粹社会学的基本概念》一书的第1版前言。斐迪南·滕尼斯：《共同体与社会：纯粹社会学的基本概念》，林荣远译，北京：北京大学出版社，2010年，第12—13页。

主义原子式的个人观及在此基础上建立的自我观，导致当代社会个人主义发展到极致，个人却因此而失去了安全感和稳定感。基于此，共同体主义强调共同体的优先性，认为共同体的共同善具有超越其他一切的优先性。

由是观之，在社会变迁的视角中，共同体经历了从传统共同体向现代共同体的转变。但是，在这一转变中，共同体始终体现出强烈的道德指向和伦理内涵。

首先，就共同体形成的基础而言，共同体从不单纯意味着"共同的生活"，而且意味着在共同的生活中已经形成一种特定的伦理关系和共同的价值取向。亚里士多德在《政治学》中明确指出，即便人们居住在很近的地方，受到临时侵害而结成同盟，以防止侵害行为或保证贸易往来，这种同盟仍然不能被称为一个统一的城邦。在他看来，城邦意味着公民间的接触不是流于表层，而是"以完美的、自足的生活为目标"，"婚姻结合、宗族关系、公共祭祀和各种消遣活动"是促进友谊、使生活更加美好的方式。可见，城邦公民有共同的目的，追求城邦的共同幸福，人们共同分享某种有关善或正义的生活方式。滕尼斯在对共同体的阐述中进一步强调，共同体的形成不仅需要有共同的生活地域，更重要的是建立在共同体成员生产、生活、交往等方面高度同质性的基础之上体现共同体意志的"默认一致"。此外，在当代共同体主义对共同体的想象和建构中，无论是桑德尔的三种意义上的共同体，还是贝尔的三种"不同构成性共同体"，以及沃尔泽所强调的只有作为成员才可能享有的安全、富裕、荣誉、职位和权力等利益，都体现出共同体以"共同的记忆"、"共同的观念"、"共同的利益"基础上的认同为基础。

其次，从共同体的结构看，正如滕尼斯所指出的，共同体以血缘共同体、地缘共同体和宗教共同体等作为基本形式，是由缺乏独立性和理性选择的个人依靠传统形成的封闭群体。但是，它们并非各个部分的简单相加，而是有机生成的整体。在组织结构上，共同体往往表现为垂直的等级制度和对威严或权威力量的服从。不过，这种威严并非完全来自弱者对于强者的畏惧，因为“仅仅畏惧几乎只能意味着否定、拒绝（除非它掺和着钦佩），但是，善行和恩惠会唤起尊敬的意志；而由于这种意志占优势，因而从畏惧和尊敬的结合中产生敬畏的感情”。[①]换言之，滕尼斯更多地将共同体的组织结构付之于道德权威的力量。而在涂尔干的论述中，社会团结的基础是被其称为“集体意识”的社会成员的共同价值观念和道德规范。在机械团结的传统共同体（涂尔干称为“局部社会”）中，生产、生活和精神活动的同质性所形成的强烈的集体意识构成社会秩序的基础。这种集体意识渗透在日常生活中，并通过各种礼俗、仪式等对成员的意识和行动产生直接的规范和限制作用。

最后，从共同体指向的意义看，作为一种社会关系模式，共同体始终体现着一种向善的伦理价值和道德意义。在《政治学》开篇，亚里士多德就明确指出，“所有城邦都是某种共同体，所有共同体都是为着某种善而建立的”。[②] 滕尼斯对共同体和社会的探讨自始至终带有明显的价值评判。“青年人被告诫别上坏的社会的当；但是，说坏的共同体却是违背语言的含义的。”[③]一切对农村地区生活的颂扬总是指出，那里人们之间的共同体要强大得多，更为生机勃勃：共同体是持久的和真正的共同生活，社会只不过是一种暂时的和表面的共同生活。因

① 斐迪南·滕尼斯：《共同体与社会：纯粹社会学的基本概念》，林荣远译，北京：北京大学出版社，2010年，第35页。

② 亚里士多德：《政治学》，颜一等译，北京：中国人民大学出版社，2003年，第1页。

③ 斐迪南·滕尼斯：《共同体与社会：纯粹社会学的基本概念》，林荣远译，北京：北京大学出版社，2010年，第43页。

此，共同体本身应该被理解为一种生机勃勃的有机体，而社会应该被理解为一种机械的聚合和人工制品。”[①]鲍曼则更为明确地提出，“生活圈子或社会可能是坏的；但它们都不是‘共同体’。我们认为，共同体总是好东西”。[②] 而马克思对资本主义国家“虚假的共同体”和未来共产主义社会“真正的共同体”的重要区分，亦在于个人从中获得真实自由和全面发展的伦理价值目标是否得以实现。可见，共同体始终体现着一种向善共生的伦理指向和团结互助的道德逻辑。

（原文发表于《伦理学研究》2014 年第 6 期，《新华文摘》2015 年第 8 期全文转载）

① 斐迪南·滕尼斯：《共同体与社会：纯粹社会学的基本概念》，林荣远译，北京：北京大学出版社，2010 年，第 44—45 页。

② 齐格蒙特·鲍曼：《共同体：在一个不确定的世界中寻找安全》，欧阳景根译，南京：江苏人民出版社，2003 年，第 2 页。

农村留守儿童道德教育的现状与思考

伴随着改革开放的进程，从 20 世纪 90 年代中后期开始，我国农村剩余劳动力转移数量不断增加，大量的农村人口流向城市。受到城乡二元体制的限制，加之城市生活和教育成本的考量，大部分为人父母的进城务工人员无法带子女一同进城，由此，农村留守儿童便成为我国乡村城市化进程中出现的一个特殊群体。所谓留守儿童，有的是父母一方单亲外出打工，有的是父母双方外出打工；而留守儿童有的和父母一方留守，有的和祖父母、外祖父母或其他亲友留守，甚至还有极少数独立留守的情况。教育部发布的《2011 年全国教育事业发展统计公报》显示，全国义务教育阶段在校生中农村留守儿童共 2200.32 万人，其中，在小学就读 1436.81 万人，在初中就读 763.51 万人。[①] 尤其是在中西部欠发达地区，留守儿童有着更高的比例。[②] 近年来，留守

---

① 教育部发布《2011 年全国教育事业发展统计公报》[EB/OL].(2012-08-30) 2012-10-07],http://www.gov.cn/gzdt/2012-08/30/content_2213875.htm。

② 2007 年以来，笔者在完成主持的国家社会科学基金项目“乡村经济伦理的苏南图像”、“社会转型期的中国乡村伦理问题研究”和全国教育科学规划项目“城市化进程中的农村学校道德教育”等课题的过程中，先后带领调研团队对江苏省江阴市华宏村、江苏省吴江市圣牛村、河南省漯河市扁担赵村、贵州省凯里市朗利村等四个村庄进行了田野调查。四个村庄分别地处东部、中部和西部地区，其中贵州朗利村为苗族聚居村落，具备一定的典型意义。在实地调研中我们发现，华宏村是一个典型的苏南新型工业化乡村社区。华宏集团不仅将本村绝大多数农民转变为企业工人，同时(转下页)

儿童生活、学习、心理健康等问题得到了研究人员的关注和重视，留守儿童的教育也成为社会关注的热点问题。应当看到，留守儿童的道德教育是其健康发展不可或缺的条件，其道德素质也关系到社会的和谐与安定。然而，家庭教育的缺失、社会教育的乏力、学校教育的薄弱，使得目前留守儿童的道德状况不容乐观。如何通过加强留守儿童的学校道德教育，弥补传统家庭教育的不足，是城市化进程中我国农村学校道德教育亟待解决的重要问题。

一、农村留守儿童道德问题的易生性

在分析农村留守儿童的道德状况时，我们有必要特别注意一个问题，那就是在全社会普遍关注留守儿童成长、关爱留守儿童健康发展的情况下，我们不能把留守儿童标签化，更不能把留守儿童视作“问题儿童”。近年来，学术界关于留守儿童的研究成果较为丰富，体现出研究者对留守儿童这一群体的关注，但是，一些研究成果忽视了留守儿童思想和行为中的优秀因子，出现了将其视为“问题儿童”的倾向。事实上，在留守儿童这一群体中，相当一部分孩子勤劳、善良、刻苦、懂事，能够主动为家庭分担事务，其中还出现了一些令人感动的个案。本文对留守儿童道德问题的探讨，主要是基于道德发展的视角，分析留守状态可能导致儿童道德产生的问题。换言之，笔者主要强调这些问题发生的可能性与易生性。

道德认知易欠缺。道德认知是个体对道德现象和道德规范的认识。道德认知的获得、内容和程度必然受到个体所处的社会环境的影

(接上页)还吸纳了大量外来务工人员。圣牛村地处有“中国羊毛衫生产基地”之誉的横扇镇，以家庭作坊式的小型针织企业为主。以上两村基本无外来务工人员，因此也不存在留守儿童的问题。而扁担赵村和朗利村因地理位置和经济发展条件等多种因素的制约，本村尚无企业，村民主要从事传统农业生产或外出打工。尤其是20—40岁的劳动力基本在外打工，留守儿童比例极高。

响。农村留守儿童在其道德发展过程中,长期缺少父母在身边所直接给予的道德知识和行为影响,受托的监护人大多数是年长且文化程度较低的祖父母,他们由于自身的知识限制难以给留守儿童科学的教育。同时,面对社会转型期价值多元化在道德领域带来的冲突与矛盾,他们自身也往往会产生是非善恶判断上的模糊与困惑。由此,与其朝夕相处共同生活的儿童,也可能会在道德概念的形成、道德思维能力的发展上存在一定的欠缺,并影响其道德人格的发展。

道德品质易弱化。道德品质作为个体在实践中表现出来的一种稳定的倾向,会受到道德心理的影响,并体现在道德行为之中。个体道德品质的要素包含道德认知、道德情感、道德意志和道德行为等。其中,道德情感与道德认知有着密切的相关性。农村留守儿童由于父母双方或一方长期不在身边,亲子关系的建立和维护受到一定程度的影响,血亲情感需要难以得到充分满足,可能导致耻辱感、荣誉感、幸福感等基本道德情感的削弱。同时,由于父母不在身边,留守儿童往往缺少道德意志的磨砺,缺乏履行道德义务的决心和毅力,追求道德价值的信念也会受到一定的消极影响。

道德行为易失范。作为道德认知的外在表现,广义上的道德行为是行为主体在道德意识支配下所进行的具有一定道德意义的活动。由于长期与父母双方或一方分开,农村留守儿童在行为上缺少父母的约束,加之社会上一些错误价值观念的影响,在道德行为选择上容易出现偏差,对于一些观念和行为的善恶、荣辱界限可能缺乏甄别的能力。一些留守儿童长期由祖父母监护,基于隔代的亲情而导致溺爱,也会造成一些留守儿童以自我为中心,放任自流,缺乏基本的秩序和规则意识。

二、农村留守儿童家庭道德教育的缺失

家庭是社会最基本的组织形式,是社会的细胞。家庭成员间的各

种关系,包含了教育的要素,而其行为亦具有道德教育意义。家庭教育是道德文化传播的重要载体,在儿童道德教育中具有基础性作用。和谐的亲子关系,对儿童良好的社会情绪和个性行为有着积极的意义。"儿童社会化的结果是成为一名具有一定的社会价值观念,遵守一定的行为规范和道德准则的社会人,而这些观念、规范和准则的最初的学习与内化是在与父母的亲密互动中进行的,父母对儿童的社会化过程起着举足轻重的作用。"[①]但对于留守儿童而言,由于父母双方或一方离开家庭,他们在家庭中难以获得来自父母稳定、有效的道德教育,而受托监护人的道德教育在内容与方法上往往会呈现出随意性、简单性等特点,家庭道德教育的基础性作用也就难以发挥,由此,留守儿童在思想道德、心理健康等方面易出现各种问题。

其一,父母的道德示范教育缺失使得留守儿童难以直接发展道德行为。根据班杜拉的社会学习理论,儿童的个人认知、行为及环境要素三者共同决定儿童道德行为的发展。儿童往往依靠观察学习他人的行为及结果来掌握一些行为模式。因此,家长的榜样示范作用显得极为重要,儿童最初形成的道德观念往往是受父母的影响而产生的。然而,留守儿童在其成长的关键时期,缺少父母这样的直接模仿对象,难以通过观察、模仿父母的道德行为养成相应的道德观念,塑造自己的道德行为。尤其是"自我监护型"的留守儿童,不仅无法获取来自家庭的道德教育,还会因缺乏血亲情感的寄托而导致性格发展趋于内向、孤僻,难以形成完善的道德人格。

其二,受托监护人的道德教育弱化使得留守儿童难以提升道德素质。祖父母或者其他亲友作为受托监护人,难以对留守儿童开展有效的道德教育。他们大多以保障留守儿童基本生活和安全为责任,认为

① 叶敬忠、潘璐:《别样童年:中国农村留守儿童》,北京:社会科学文献出版社,2008年,第374页。

不需要也不方便对儿童开展过多的教育，道德教育义务应由其父母承担。并且，受托监护人即便进行道德教育，在教育理念、教育内容和教育方式也会存在一定欠缺。一般而言，“隔代监护型”留守儿童的受托监护人，在道德教育中往往存在重物质轻精神、重管养轻教育的倾向，教育效果不容乐观，在这种状况下成长的儿童易产生“自我中心主义”思想和追求物质享受的倾向。

其三，家庭道德行为监督不力使得留守儿童难以增强道德观念。“在儿童的社会化过程中，父母的控制也是一个重要的不可或缺的条件，社会化被看成是父母塑造儿童行为的过程。”[①]留守儿童的父母因离家在外，对儿童的行为监管大大减少，而受托监护人对儿童的不良行为或是疏于监管，或是一味纵容，这就使留守儿童在很多情况下难以对自己的行为做出正确的道德评价，也无法增强道德观念，家庭道德教育实际上处于真空状态。事实上，在家庭教育中，父母对子女提出要求并承担相应的责任，是家庭教育获得成功的重要条件。而留守儿童的父母因自己常年在外，在儿童教育上产生了“心有余而力不足”的思想，对儿童不闻不问或过问太少，由此产生的内心愧疚又往往简单地通过物质方式弥补，反而更加剧了对儿童道德观念培养的消极影响。

二、学校道德教育是农村留守儿童道德发展的基本路径

应当看到，道德教育是一项社会系统工程，真正有效的道德教育应实现家庭教育、学校教育和社会教育的有机统一。近年来，西方学校道德教育经历了一个由兴盛到衰落再到回归的过程。对于我国城市化进程中出现的留守儿童这一特殊群体而言，学校道德教育的重要

---

① 迟希新:《留守儿童道德成长问题的心理社会分析》，教师教育研究，2005 年第 6 期。

性更为凸显。一方面,正如前文述及,父母双方或一方的离家导致留守儿童的家庭道德教育缺失;另一方面,目前我国农村经济发展水平的相对落后和文化基础设施的欠缺,也在相当程度上制约了社会道德教育的有效开展。诚然,我国农村经济水平的不断提升和城乡二元结构的改变,能够给农村留守儿童家庭道德教育和社会道德教育的开展提供不断强化的有力根基,但是,这仍然无法改变短期内农村家庭和社会道德教育相对薄弱的状况。可以说,城市化进程中农村学校的教育职能需要进一步扩张,农村学校需要承担更多的道德教育义务。因此,从现实性上看,学校道德教育是农村留守儿童道德发展的基本路径。

首先,学校教育是农村留守儿童道德教育的主阵地。学校是儿童学习知识、健康成长的重要场所,也是其获得正确的世界观、人生观、价值观和道德观的重要场所。学校道德教育能够按照国家对青少年道德建设的统一要求,结合科学系统的教学内容和有效的教学方式,开展具有一定价值引导性的教育活动。学校道德教育的开展可以在显性的课程教学中,也可以蕴含在校园文化、娱乐等活动中。其次,教师是农村留守儿童道德发展的主导因素。专兼职的德育教师直接承担着留守儿童道德教育的重要使命,他们讲授德育课程,直接策划组织道德教育活动。其他学科教师也承担着全员育人的任务,在他们的教育教学活动中也应渗透德育思想。尤其是对亲子关系有所欠缺的留守儿童而言,要形成正确的道德情感、道德评价、道德行为,在很大程度上依赖于教师。因此,教师的道德启发与引导责任更为突出。最后,班集体是农村留守儿童道德发展的重要载体。同伴的良好道德行为能够给留守儿童带来榜样和示范作用,优秀的班集体也可以使留守儿童获得强烈的归属感,并由此产生"亲社会"的责任感。此外,留守儿童在遇到道德困惑时,可以向身边的同学诉说,获得他人和集体的帮助。可以说，班集体在学校道德教育中是一个重要的道德共同体，对留守儿童的道德发展有着显见的积极作用。

尽管学校在留守儿童道德教育中有着十分重要的地位，但是，就目前我国农村学校的总体情况看，重应试轻素质、重知识轻德育的问题依然存在，学校道德教育未能有效开展。一些学校德育课时严重不足，德育课程被其他“主科”挤占已成为常态；相当一部分农村学校没有专职的德育教师，较为随意地以其他课程教师兼任德育课程教师；教育行政主管部门因为道德教育难以同其它工作一样进行量化考核，也很少真正将学校道德教育情况作为考核指标。上述问题，使得学校道德教育在留守儿童道德成长中未能发挥主导地位。当前，加强留守儿童的学校道德教育，应当着力从以下几个方面展开。

其一，完善学校道德教育制度。制度是各项工作顺利开展的基本前提。农村各级各类学校应该建立分类管理制度，给留守儿童建立专项档案，健全家庭联络制度，将学生在校的表现及时与儿童父母及其他受托监护人进行沟通。此外，学校还可以与相关部门合作，积极探索开展受托监护人道德教育能力培训的新形式，通过家长学校、家长会等组织，积极开展各种培训活动。例如，河南省以农村留守儿童的爷爷、奶奶、姥爷、姥姥为对象创办“四老”家长学校及留守儿童教育指导中心，通过开展多种教育活动，提升“四老”家长素质。[①] 此种举措有利于向留守儿童的受托监护人进行有效的道德教育方法培训，对留守儿童的健康成长产生了良好的作用，值得推广。

其二，创新学校道德教育活动。在教育目标上，学校道德教育应精心设计“爱”的目标，教育留守儿童从学会爱自己，到学会爱他人，包括父母亲人、老师同学乃至其他人，再到爱社会。在教育内容上，学校

① 陈秀伶：《共享蓝天：关爱农村留守儿童行动启动》，吉林：吉林出版集团有限责任公司，2010 年，第 374 页。

道德教育应注重开展理想信念教育、革命传统教育、遵纪守法教育、文明礼仪教育、感恩教育等。在教育方式上，要提升学校道德教育效果，需要改变传统的说教方式，充分发挥学生的主体作用。应当看到，在道德教育中，枯燥的概念、抽象的原则往往让被教育者敬而远之，甚或反感、回避。对于成长期的儿童来说，道德叙事是一种适合其生理和心理特征而易于接受的方式。所谓道德叙事，是指教师通过道德故事的讲述和促进学生道德成长发展的活动，把道德理念、道德价值、道德规范融入到故事叙述中，让学生感到生动、亲切，并在这一过程中自然地接受道德教育。“德育叙事是用别具匠心的方式为德育研究提供了不同于理论表述的另一种话语体系，在提供语言工具的同时，引进表述内容的变革，关注德育事件的真实。”①此外，情境教育也是一种较好的道德实践教育方式。通过设立特定情境，让学生进行角色模拟，进行道德思考，作出道德判断，学生通过心理和行为的道德体验提升道德兴趣，这对学生的道德能力提升有良好的促进作用。

其三，加强德育教师队伍建设。德育课程教育效果的提升依赖于一支具有较高专业素质的德育教师队伍。学校应该招录思想政治教育等专业教师，增加专职德育教师的数量，从而为提升学校德育质量提供有力的人力资源保障。应组织相关教师参加包括道德教育、心理健康辅导、法制教育等知识和技能培训，从而提高其业务水平和教育能力，使其能够在教育活动中不失时机地帮助留守儿童树立道德观念、践行道德行为，以适应社会发展和学生道德进步的需求。学校还应加强教师尤其是德育教师的职业道德建设。教师的言传身教、行为示范能对学生的道德进步起到潜移默化的教育作用，德育教师无疑应该具有更高的师德水平，方能以高尚的道德人格感染和引领学生的道

① 孙燕：《德育叙事：关注德育事件的真实》，《思想理论教育》2004年第1期。

德成长。在对留守儿童的道德教育中,教师要特别针对其留守状态导致道德问题发生的可能性与易生性,注意加强交流、观察和关爱,通过真情感化影响,促进留守儿童道德成长。

其四,以学校道德教育为主导,实现学校、家庭、社会教育的有效结合。强调以学校道德教育作为实现农村留守儿童道德发展的基本路径,并不意味着把学校教育视为唯一途径。相反,留守儿童道德教育要真正获得实效,必须同时加强家庭道德教育和社会道德教育,从而实现三者的有机统一。否则,学校道德教育可能会出现“5+2=0”的情况,也就是学校道德教育在5天中给予学生的道德观念和行为,可能会因为双休日在家庭或社会中遇到的事件和各种信息而被削弱甚至完全消解。因此,对于留守儿童这一特殊群体而言,应当通过各种方式改变其家庭道德教育缺失的状况。父母尽管不能长期在家中陪伴,但应强化意识,将留守儿童的道德成长放在一个较高的地位。在外时应通过电话、书信等方式加强和孩子的沟通和交流,关注其道德状况,同时,尽可能充分利用各种假期与孩子团聚,并抓住时机进行言传身教,发挥自身的道德权威力量。此外,学校与家庭应加强对话与交流,使学校道德教育和家庭道德教育相互契合、相辅相成。在这一方面,全国妇联等部委推出的“共享蓝天”全国关爱农村留守儿童活动,是一种整合政府、社会资源的有效举措,有利于学校、家庭、社会形成道德教育合力,有利于推进留守儿童的道德教育。

(原文发表于《教育研究与实验》2014年第6期,第二作者为李明建)

乡村伦理共同体的重建：从机械结合走向有机团结

伴随着乡村市场化、工业化、城市化的发展进程，转型期的中国乡村社会在经济、政治、文化等方面出现了一系列新的问题。从伦理视角看，根植于传统乡村社会生产、生活和交往方式的传统伦理文化逐渐“退场”，而与当前乡村经济、社会发展相适应的伦理文化尚未建构并“出场”，由此产生的乡村伦理“缺场”现象，是造成诸多现实问题的伦理文化根源。本文试图从共同体的形成基础、结构特征和指向意义三个方面，阐释传统村庄的伦理共同体特征及其在社会转型期出现的式微，在此基础上，提出从机械结合的有机共同体走向有机团结的统一体这一乡村伦理共同体的重建思路。

一、伦理共同体：理解中国乡村社会及其转型的切入点

建立在自然经济基础上的自给自足的生产方式和相对封闭的生活方式，是理解中国传统乡村社会人际关系和社会治理方式的逻辑起点，也是不同学科关于中国传统乡村社会问题研究所形成的共识性判断。在这一问题上，费孝通对中国乡村社会做出的“乡土性”论断和“乡土本色”、“血缘和地缘”、“差序格局”、“礼治秩序”等理论概括，一直是看待中国传统乡村社会的主流视角和基本立场。从一定意义上说，我们可以将中国传统乡村社会视为一个典型的伦理“在场”社会。

从社会变迁的视角看，这是一种典型的传统共同体；[①]从内部关系看，是建立在个人同质性基础上的“机械团结”；[②]从性质上看，可以归结为一种伦理共同体。传统村庄在其形成基础、结构特征和指向意义上，都显现出显著的伦理共同体特征。

第一，乡村共同体形成的伦理基础。在传统的中国村庄，人们的生活空间局限于狭小的地域范围，日常生产与生活基本是在熟人圈中进行，在这种共同的生产生活中产生相互间的信任和对村庄的心理认同和身份认同。这种认同既源自共同体本身的地域边界、利益边界和责任边界，又反过来不断地强化共同体的封闭性并实现其内部的平衡。滕尼斯将共同体视为与社会相对应的一种人类共同生活的理想类型，认为与两种形态直接相关的是人的意志。他将人的意志区分为本质意志和选择意志，本质意志包含着发展为共同体的前提条件，选择意志则是产生社会的前提。[③] 借助滕尼斯的理论分析框架，构成本质意志的本能的中意、惯习、记忆，成为中国传统乡村共同体的认同基础。首先，村庄共同体成员与生俱来的共同地域环境使其先天地具有某些共同的偏好、倾向和旨趣；其次，在某种特定的共同生产方式和生活方式中形成的倾向，能够逐渐成为共同体成员的惯习；最后，在本能

① 关于社会变迁中传统共同体到现代共同体的转变，可参见拙文：《共同体：从传统到现代的转变及其伦理意蕴》，载《伦理学研究》2014 年第 6 期。

② “机械团结”和“有机团结”是涂尔干分析不同社会团结和整合实现的一对概念。机械团结是建立在传统社会中个人的同质性基础上的社会联系，有机团结则是建立在社会分工和个人异质性基础上的社会联系。他认为，传统社会是从“共同性”中生成的社会，共同的生产、生活方式和习俗规则，使社会成员产生共同的意识，并以此维系这种同质性的“共同体”。近代社会分工的发展，一方面导致人们在意识和信仰上的差异日益增大，另一方面也使每个人在生产和消费上更加依赖他人。因此，近代社会既是差异的社会，又是以分工为纽带的有机团结的社会。由此，涂尔干以“机械团结”到“有机团结”的转变来看待社会转型的实现。参见埃米尔·涂尔干：《社会分工论》，渠东译，北京：三联书店，2000 年。

③ 斐迪南·滕尼斯：《共同体与社会纯粹社会学的基本概念》，林荣远译，北京：北京大学出版社，2010 年。

的倾向和共同的惯习中，共同体成员产生有意识的共同记忆。在此基础上，村庄共同体成员会形成对某些观念和行为的认同，并对与之不合的观念和行为产生排斥。

第二，乡村共同体结构的伦理特征。基于礼治秩序的中国传统乡村社会，其管理并非依靠国家权力进行外在强制，而是一种从家庭、家族到整个村庄的制度规约系统。在我国绝大部分地区，传统乡村社会中的家庭结构是一种以男性为主轴的父系权威结构，父子关系不仅是最基本的家庭关系，同时也是构成家族共同体的基本关系。中国传统乡村社会的基层自治管理程度远远高于城市，而实现这种自治管理所依靠的“伦理”，主要是依靠家族、宗族或村中声望较高的长老、族长或士绅制定和执行的村规民约。由此，以村规民约为核心的“隐形的制度”（康芒斯语）成为与中国传统乡村社会礼治秩序相对应的管理伦理，传统村庄共同体也呈现出一种以村庄成员共同的价值观念和道德规范为基础并依系道德权威力量维持的组织结构。

第三，共同体指向的伦理意蕴。传统的中国乡村是以“血缘和地缘”为基础的“熟人社会”，人们在相互熟悉的基础上产生信任与合作，信任互助成为与乡村熟人社会相对应的交往伦理。由此，传统村庄呈现出以“重人情”为特征的道德逻辑和伦理指向。这种“人情”包含了“帮助”的道德义务和“回报”的道德权利，成为村庄共同体成员普遍遵从的“为人的哲学”。如果在人际交往中与之相背离，则会被谴责为“没人情”。这种以信任互助为表征的“人情”不仅外在地显现出一种利他的道德逻辑，也潜在地蕴涵着一定的经济逻辑。“帮助”和“人情”是可以被需求、供给、消费、拥有、退还、交换、积累的，不过，以人情观念为基础的互助资源的交换与一般的商品交换不同，它并不是一种“一手交钱、一手交货”的现货交易，因而在回报的时间上呈现滞后性。[①] 缘于此，传统村庄共同体的“人情”是一种潜在的经济逻辑与显见的道德逻辑的统一，并且，正是这种统一超越了纯粹逐利的经济逻辑，从而赋予传统村庄一种特殊的温情感和善意义。

三、转型期中国乡村伦理共同体的式微

1840 以来，中国社会进入转型期。自 1840 年到 1949 年，尽管中国乡村社会商品经济得到了一定程度的发展，也出现了少数地区农民进城务工或从商的现象，但是，总体上看，较之城市，中国乡村社会的变迁非常缓慢，乡村生产、生活方式和经济、利益关系的少许变化并未打破其封闭性。与之相对应，村庄共同体仍然保持着产生村庄归属感与认同感的诸种“共同”，乡村共同体的伦理特征没有发生根本性的改变。1949 年中华人民共和国成立，乡村原有的社会生产关系从根本上发生改变，基层乡村建立了新型的政治、经济制度和组织结构。特别需要注意的是，人民公社制度建立后，公社几乎控制了所有生产资料的所有权，拥有对人力和资金的直接支配权并凭借这些权力控制一切生产生活资料的流通和交易。与此同时，强有力的户籍制度使作为某一公社社员的村民几乎丧失了获得其他身份的可能性。长期实行的“工分制”使人们难以通过差别性的劳动产生个人和家庭收入的差距，政社合一的体制使村民在社会生活的各方面趋向“同质化”。人民公社制度表面上使乡村社会的“同质性”进一步加强，村民对集体的归属感和认同感并未削弱甚至有强化之势。但是，就其实质而言，农民对所属集体事实上没有“选择权”和“退出权”，农民作为“社员”对于集体的依赖更多是一种在经济和超经济控制下的生存依赖，因此，其归属

① 王铭铭：《村落视野中的文化与权力：闽台三村五论》，北京：三联书店，1997 年，第 172—175 页。

和认同也只是对集体经济的依赖和对权力的服从而已。[①] 易而言之，这种归属和认同并非产生于涂尔干的“集体意识”或滕尼斯的“本质意志”，而更多是迫于政策制度所带来的外在压力而形成。因此，可以认为，这一时期中国乡村社会在保留伦理共同体特征的同时，也在一定程度上出现了向政治共同体的转向。

改革开放以来，中国乡村在市场经济的浪潮中发生了巨大变化，转型特征显现得最为充分。这一过程不仅使建立在集体经济的经济控制和国家权力干预的超经济控制基础上的村庄政治共同体趋于瓦解，同时也使根植于自然经济的传统乡村伦理共同体走向式微。首先，工业化、市场化、城市化和城乡一体化的进程及其所导致的人口流动的加剧，加之村庄合并的政策驱动，使得村庄的行政边界、社会边界、经济边界和文化边界都发生了相应的变化，村庄居民的异质性和村民行动的原子化程度大大提高。从一定意义上说，今天的中国乡村社会已经越来越背离传统的“熟人社会”，也不可避免地消解着“默认一致”的形成基础——“相互密切的认识”，以及构成本质意志的本能的中意、惯习和记忆上的“共同性”，削弱了建立在成员同质性基础上的集体意识。由此，村庄成员的归属感和认同感日渐弱化，在一定程度上动摇了村庄共同体的伦理基础。

其次，作为传统乡村社会主导关系的血缘与地缘关系受到冲击，越来越多的农民走出家庭、离开土地，基于平等身份进入市场进行商品交易，冲破血缘和地缘关系的限制从事市场化和职业化的生产劳动，出现了所谓“农民的终结”（孟德拉斯语）及与此相伴随的新农民阶层结构与规模的转变。大量年轻劳动力进入本地或外地工厂务工并

① 项继权：《中国农村社区及共同体的转型与重建》，《华中师范大学学报（人文社会科学版）》，2009 年第 3 期。

获得远远高于农业生产活动的个人工资收入，打破了传统农业生产的“家庭合作生产—家庭共同收入”模式。这种经济上的独立一方面提高了其家庭地位，另一方面也在一定程度上降低了子女对父母、妻子对丈夫的依赖，从而导致家庭父系权威结构的弱化，传统的家庭关系及相应的道德评价也发生了变化。随着身份的改变和市场化、信息化程度的提高，农民与职业群体的联系有所加强，对新型职业共同体成员的认同度大大提升。同时，农民自主意识、平等意识的增强，也使其对村干部的权威认同出现了一定的弱化。概而言之，传统乡村社会家庭（家族）和村庄内部的等级制度有所削弱，依系父系权威、教化权力和道德权威形成的等级结构和秩序受到冲击。

最后，工业化、城市化进程的加快，使越来越多的农民离土离乡成为城市中的“农民工”。这种职业身份的转变不仅削弱了农民对所属村庄的物质和精神依赖，也使其在与市场的“亲密接触”中产生对城市生产、生活方式的认同和对城市文化的向往。尤其值得注意的是，在大约1.5亿的外出务工农民中，约有60%是20世纪80年代以后出生、完成初中或高中学习后直接务工而未曾真正有务农经历的“新生代农民工”。他们尽管出生在农村并保留着农村户籍，但从真正意义上说，他们没有父辈那种对土地、村庄的熟悉感、亲切感和归属感，不再天然地具有“恋土情结”。相反，在受教育程度更高、信息来源更广的时代背景中，他们对工商业有着更强的职业期许，更倾向于接纳开放、快捷、高效、便利的市场化城市生活模式，渴望进入和融入城市社会。可以说，对于不断年轻化、职业化和市场化的新一代“村民”而言，村庄日益成为“陌生的家乡”，日渐削弱了其作为“精神家园”的伦理意义。

三、重建乡村伦理共同体：从机械结合走向有机团结

转型期中国乡村社会出现的一系列问题与共同体的转变密切关

联。诚然，与社会变迁中共同体的转变一样，中国乡村社会转型中共同体的转变有其内在的合理性。但是，在肯定此种合理性的同时，我们需要提出有助于问题解决的理论范式和实践路径。借用涂尔干关于机械团结和有机团结的界定和分析，如果说，中国传统乡村共同体通过机械团结基础上的先定秩序实现其内部的和谐与平衡，那么，如何通过共同体的现代转换，实现建立在有机团结基础上的和谐与平衡？

滕尼斯认为，传统共同体是“有机”的，社会是一种“机械”的聚合；涂尔干则认为，传统共同体是一种建立在同质性的集体意识基础上的“机械聚合”，而社会是建立在分工和异质性个体基础上的“有机”体。这里，滕尼斯与涂尔干对共同体与社会的差异性给出了看似对立却实质相通的结论，而其关键点在于对“有机”和“机械”的界定差别。滕尼斯认为建立在自然联系基础上的共同体才是有机的，社会则因失去了这种联系而成为机械的聚合；涂尔干则认为建立在分工所形成的相互依赖的关系基础上的社会团结，使“社会”成为一个有机的整体。由此，我们可以看到，两者既相互区别又内在关联——传统共同体是一种机械结合的有机共同体，现代社会则是一种有机结合的机械共同体。就涂尔干的“社会”而言，一方面，这一概念因其脱离一切自然关联的异质性个体而成为一种抽象社会，从而使个体在复杂的社会分工中异化为机器般的个人。这正是滕尼斯所隐忧的“机械”的社会，也正是在这一意义上，马克思强调只有在扬弃分工的未来社会方能实现作为“自由人的联合体”的新型共同体。另一方面，涂尔干试图以职业群体作为团结个体的纽带，从而拯救败落的伦理道德和失范的社会秩序，构建一个功能和谐完备的新型社会。这也为我们思考转型期中国乡村伦理共同体的重建提供了一种有价值的思路，即：对于中国乡村社会而言，转型期乡村伦理共同体的重建，在于构建与这一转型相适应的新型的“团结个体的纽带”，从而由机械结合的有机共同体走向有机团结的统一体。此种新型乡村伦理共同体既不是以行政村为边界的所谓农村社区，也不是向传统乡村共同体的简单复归，而是通过村庄经济发展、人际关系协调和社区文化建设的实践操作和有效整合，构建一种建立在有机团结基础之上并与乡村工业化、市场化、城市化相适应的“经济—政治—文化”三位一体的新型乡村共同体。换言之，当代中国乡村共同体的重建，在于通过伦理共同体的当代重塑，解决其维系作用在乡村社会的削弱所导致的碎片化及各种失范问题。具体而言，这一重建可以从经济发展、人际协调和文化建设三个方面切入。

第一，以发展村级经济重建乡村共同体的伦理基础。近年来，我国农村税费制度改革大大减轻了农民经济负担，但同时也削弱了农村公共服务供给的财政基础。调查显示，尽管目前东、中、西部不同地区的农民对公共服务需求的优先序列具有显著差别，但是，大型基础设施建设、农业生产技术和农业信息以及医疗等社会保障服务是农民普遍需求的公共服务。① 显然，在相当长的时期内，上述公共服务无法完全由政府供给。如果说，传统乡村共同体依靠建立在高度同质性基础上的“默认一致”或集体意识形成共同体成员的归属与认同，那么，在乡村市场化程度不断提高的今天，通过发展村级经济形成村庄发展的领先优势，为村庄基础建设和公共服务需求提供有力的物质保障，则是形成村庄成员认同感和归属感并实现有机团结的有效路径。近年来，我国一部分地区的经济强村在其发展中所形成的强烈的村庄荣誉感和内部凝聚力，为这一路径的可能性和有效性提供了鲜活而生动的经验例证。

---

① 袁方成、王剑虎：《社区建设中的农民：认知、意愿和公共需求——基于一项全国性的主题调查》，《华中师范大学学报(人文社会科学版)》，2009年第3期。

第二，以和谐的人际关系重建乡村共同体的伦理结构。传统的中国乡村共同体建立的是一种服膺权威的等级结构，这一结构显然无法在转型期的中国乡村社会获得生产生活方式及与之相对应的伦理关系和道德生活样式的相应支撑。但是，我们也应当认识到，基层村庄在其内部结构与人际关系上依然与城市社区有着显见的差异。借用滕尼斯和涂尔干关于共同体的阐述，传统中国村庄因其建立在自然联系基础上而成为一种有机的共同体，而转型期的中国村庄却并非完全是一种建立在分工和异质性个体基础上的机械聚合。相反，无论是村庄成员之间的交往和信任度，还是村庄成员对村庄领袖的认同和服从，都显示出在内在结构上与城市社区的巨大差异。由此，转型期的中国乡村社会应当建立的是一种基于村民间的互助团结和村民对村干部的“经济—政治—伦理”认同基础上的新型人际关系。

一方面，乡村工业化、市场化的进程使传统乡村共同体的“熟人社会”特征受到了一定的影响，传统乡村共同体的公共道德平台走向式微。水、电和日常用品的商品化以及电视、电脑、网络等新型信息平台的建立，减少了村庄成员在水井、河边、集市等传统乡村公共生活空间相遇和交流的机会，传统公共平台所发挥的道德传播和评价功能随之而减弱。但是，传统乡村生活方式和交往方式仍然有着极大的影响力。尽管转型期传统乡村共同体的“熟人社会”特征在市场化进程中受到一定的冲击，但是，农民对传统乡村生产和生活方式特有的交流与融合仍存有强烈的情感依恋和行为认同。由此，转型期乡村伦理共同体的重建，应当通过加强乡村公共空间和公共组织建设，为广大村民提供新型的交流场所和互助平台，从而降低村庄成员自身的孤独感和相互间的陌生感，使村庄从传统的“熟人社会”转变为新型的“熟人社区”。

另一方面，农民身份转变和农村市场化、信息化程度的提高，使基层村庄领袖的权威获得和延续路径出现了变化。当前基层村庄领袖的信任获得基础既不是单纯的传统地缘和情感关系，也并不完全是市场经济条件下的新型职业关系，而在相当程度上取决于其在村庄内部的权威地位。在社会转型期，村庄领袖权威并非来源于单纯的行政职务任命或个人道德威望，而是一种由基于为村庄共同体带来福利的报偿性权威、基于上级任命获得的法理权威和基于个人人格和道德威望获得的魅力型权威共同组成的“复合型权威”。[①] 由此，我们可以获得转型期乡村共同体组织管理的有效路径，即：建立健全良好的基层村庄组织结构，着力选拔既有经济能力又有道德水准的新型村庄干部，使其获得报偿性权威、法理权威和魅力型权威共同组成的“复合型权威”，并由此获得村民“经济—政治—伦理”三位一体式的认同，从而为村庄团结和村庄秩序提供有力的组织结构保障。

第三，以独特的社区文化重建乡村共同体的伦理意义。所谓社区文化，意指“通行于一个社区范围之内的特定的文化现象，包括社区内的人们的信仰、价值观、行为规范、历史传统、风俗习惯、生活方式、地方语言和特定象征等。社区文化是构成社区的重要因素之一”，“是社区的地域特点、人口特性，以及居民长期共同的经济、社会生活的反映”，“实质上是地方文化的具体体现”。[②]

应当看到，中国乡村发展极不平衡，在经济发达程度上表现为自东部向西部地区梯度递减的趋势，同时，不同地区的乡村发展呈现出丰富多样且差异明显的区域性和地方性特点，其地域文化传统亦有很

① 关于转型期乡村领袖的权威基础及其获得，可参见拙文：《经济能人·政治权威·道德权威——以HH村为个案的苏南村庄领袖权威获得与延续之实证研究》，载《道德与文明》2010年第2期；《转型期中国乡村社会的人际信任——基于三省四村庄的实证研究》，载《道德与文明》，2013年第4期。

② 《中国大百科全书·社会学卷》，北京：中国大百科全书出版社，1992年。《时期妇女问题文选》，北京：三联书店，1981年。

大差异。毋庸置疑，城市化进程的加快使城市文化不断获得其宰制性地位，但与此同时，城市生活的高强度、快节奏和人际关系的淡漠所带来的孤独感、紧张感和压抑感，也日益唤起人们对传统乡村生活的留恋及追寻传统乡村生活伦理意义的诉求。即便是已经工作和生活在城市的“新生代农民工”，在认同和接受城市及其文化的同时，仍然存在着与城市生活及其文化的疏离感。正是在这一意义上，乡村似乎成了共同体伦理指向和道德逻辑的“最后家园”。换言之，对于转型期游走于城市与乡村的农民而言，独特的乡村地域传统和社区文化，是其形成对村庄共同体的根源认同和意义认同的重要前提。

然而，值得注意的是，乡村工业的发展和城市扩张的加速，造成大量村庄的城镇化进程趋于“模式化”，这既直接导致了“村落的终结”，也在一定程度上消解了乡村文化的地方性特征。在中西部的一些地区，乡村社区文化建设变成了自上而下、内容和形式雷同的“农家书屋”和“送戏（电影）下乡”，投入不小却收效甚微。[①] 因此，当前乡村社区文化建设的关键在于，承继并进一步打造具有自身特色的村庄地域文化，通过形式丰富、行之有效的方式获得农民的接受和喜爱，吸引其主动参与，从而强化其对村庄共同体的心理认同和文化认同。这既是当前我国文化建设和文化发展不可或缺的重要内容，也是重建乡村共同体伦理意义的有效路径。

（原文发表于《伦理学研究》2015 年第 3 期）

① 在笔者带领调研团队对江苏、贵州、河南的四个村庄的实地调研中，我们发现，大多数农民对“农家书屋”兴趣不大，村委会的阅览室常年闲置。在河南扁担赵村和贵州朗利村，相当一部分“农家书屋”工程下发的图书成捆堆放尚未拆封。

伦理视角下中国乡村社会变迁中的"礼"与"法"

迄今为止,费孝通对中国传统乡村社会作出的"乡土性"论断,仍是看待乡村,[①]乃至整个中国传统社会的主流视角。中国传统乡村社会以自给自足的生产方式和相对封闭的生活方式为基本特征,在此基础上产生了具有自身特色的乡村伦理关系、道德生活样式和对人与人之间公平、公正关系的基本理解。今天,与现代化进程中的中国社会转型相伴随的,是以农业的工业技术化、农村的城镇化和农民的流动性、市民化为基本内容的乡村社会变迁。鉴于"乡土中国"在市场经济和全球化背景中的巨大变化,有学者提出了"新乡土中国"的论断。[②]伴随着"乡土中国"向"新乡土中国"的转变以及乡村社会市场化、信息化程度的提高和公共生活空间的扩大,历史上维护乡土社会秩序的礼治在今天越来越不足以充分料理愈加复杂的乡村利益关系和社会矛盾,传统的对于公平、公正的理解也不断受到冲击与挑战,而体现着新

① 关于乡村、农村以及乡村社会、农村社会、乡土社会的概念界定和使用,学术界并未形成完全一致的观点。一般而言,"乡村"意指城市以外的广大区域,与"农村"未做严格区分。但是,越来越多的学者认为,随着我国农村经济的发展,农村产业结构和劳动力就业结构趋向多样化,农村不仅从事农业而且同时从事工业、建筑业、运输业、商业等非农产业,从这一意义上说,使用"乡村"这一概念更为确切。笔者在文中使用的"乡村"、"乡村社会"也正是基于这一认识。而"乡土社会"这一概念,主要意指与费孝通的"乡土性"论断相对应的、具有乡土特色的中国传统乡村社会。

② 参见贺雪峰:《新乡土中国》,桂林:广西师范大学出版社,2003年。

的秩序与公正性的法治虽进入乡村却仍遭遇诸多困难。因此，厘清中国乡村社会变迁中礼治和法治的关系，把握其在当前的基本态势并实现两者的互动与整合，对于转型期乡村社会的秩序维护和社会和谐，确立一种新的涵盖道德与司法领域的适合中国国情的公正观，以及实现“全面推进依法治国，建设社会主义法治国家”之宏旨，有着重大的理论和现实价值。

一、礼治、法治与乡村社会秩序

作为典型的“中国话语”，“礼治”随着“礼”这一概念本身的发展而内涵不断变化。“礼”最初意指宗教祭祀中的礼仪。其后，在社会发展的历程中，“礼”逐渐成为经济、政治和日常生活的行为规范和制度体系，以确立和维护体现长幼、尊卑、贵贱的等级秩序，即所谓“礼制”，并在两周时期上升到治国方略的高度，而具有了“礼治”的含义。“礼，经国家，定社稷，序民人，利后世也。”（《左传·隐公十一年》）易而言之，礼既包含以外在礼仪、习俗等形式存在的显性或隐性规约系统，也包含以内在伦理判断和道德心理为内容的道德情感和价值选择，两者共同构成了中国传统社会的礼治基础，在调节人与人之间关系的同时，也奠定了一种传统的公正观，即合乎礼制要求的伦理生活，对于所有人而言都是公平的，以“非礼”的待遇对待他人，便意味着对其的不公正。

较之“礼治”的中国传统，“法治”无论从概念上还是实践上都更多体现出西方的价值理念和思维范式。在“法治”的诸多界定中，亚里士多德关于“法治”两层含义的论述无疑是影响最为深远并得到广泛认同的。“法治应包含两重意义：已成立的法律获得普遍的服从，而大家所服从的法律又应该本身是制订得良好的法律。”[①]在亚氏看来，法

① 亚里士多德：《政治学》，吴寿彭译，北京：商务印书馆，1965年，第199页。

治是对良法的普遍服从。这揭示了法治构成中两个最基本的要件，即法的普遍性所构成的法治的形式要件和法的优良性所构成的法治的实质要件。19世纪英国法学家戴雪（A. V. Dicey）从三个角度阐述了法治概念：其一，法治意味着法律的至高无上并排除特权的存在；其二，法治意味着所有阶层平等地服从普通法律和法院的管辖；其三，权力不是建立在抽象的宪法性文件上，而是建立在法院作出的实际判决上。[①] 可以说，近代以来，西方法治理论的发展和完备以“权力制约”和“权力制衡”作为基本思路和方案，尽管出现了多种流派与发展脉络，但总体上看，都主张国家保障个人合法权利，并强调在立法、司法和行政过程中体现法治原则。而这种法治原则中的核心价值，便是现代社会通常意义上所理解的“法律面前人人平等”的公正。

“礼”与“法”在中国传统社会中并非是完全对立的关系。中国古代法律受儒家伦理思想和礼教的支配，正如瞿同祖在阐释中国传统礼法关系时强调：“家族主义及阶级概念始终是中国古代法律的基本精神和主要特征，它们代表法律和道德、伦理所共同维护的社会制度和价值观念，亦即古人所谓纲常名教。”[②]由此，中国传统社会既以法维护“纲常”之礼，从而在礼的目标下安顿了法的地位，又通过“以礼入法”的形式安顿了礼的地位，从而形成了礼先法后、法具礼意、礼法融合的相互关系。如果将中国传统社会定义为“礼治社会”可能失之简单绝对而遭受质疑，但是，礼治是维持中国传统乡村社会秩序的基本方式，这一判断已成为共识性理解。费孝通指出，“假如我们把法律限于以国家权力所维持的规则”，那么可以说乡土社会“是个‘无法’的社

---

① 参见罗杰·科特威尔：《法律社会学导论》，潘大松等译，北京：华夏出版社，1989年，第184页。

② 瞿同祖：《中国法律与中国社会》，北京：中华书局，2007年，第354页。

会”。[1] 这也就意味着,现代法治意义上的公正,对于习惯了传统礼治秩序及其所隐含的公正观的中国人来说是陌生的。

事实上,中国漫长的封建统治中已出现较为完备的法律体系,但其与执法的官僚体系均未真正渗透到广阔的乡土社会。原因在于:其一,与中国传统社会“皇权不下县”的国家机构设置相对应的是“国法不下乡”。换言之,国家法律只是乡村社会的一种制度外壳,而基层村庄更多依靠以村规民约为主要形式的乡村自治。其二,与中国传统乡村社会“自觉守礼俗”的内部礼治秩序相对应的是“轻易不告官”。不到万不得已,农民不会将问题诉诸法律。一方面,外部力量的介入会破坏村庄共同体的持续团结;另一方面,“打官司”也未必获得当事人认可的公正。缘于此,也就出现了费孝通所概括的乡土社会的“无讼”特征。[2]

传统的乡村社会是变迁缓慢的社会,世代累积的经验可以有效地应付生产、生活中的各种问题,传统成为一种“不必知之,只要照办”的保障系统,是风俗、习惯和礼仪的融贯与规约系统。因此,乡土社会以传统之“礼”来维持和保障秩序,维护在一定范围内受到公共认可的社会公正,是一种礼治社会。“所谓礼治就是对传统规则的服膺……维持礼俗的力量不在身外的权力,而是在身内的良心。”[3]多数情况下,解决民事纠纷时,乡土社会不是依靠国家法律的强制力量,而主要依靠公认的传统规则来“公平、公正”地解决冲突和问题,从而维护家族及村庄内部的秩序。正如费正清所指出的:“法制是政体的一部分,它始终是高高地超越农村日常生活水平的、表面上的东西。所以,大部分

① 费孝通:《乡土中国 生育制度》,北京:北京大学出版社,1998 年,第 49 页。

② 参见徐勇:《现代国家乡土社会与制度建构》,北京:中国物资出版社,2009 年,第 252—254 页。

③ 费孝通:《乡土中国 生育制度》,北京:北京大学出版社,1998 年,第 55 页。

纠纷是通过法律以外的调停以及根据旧风俗和地方上的意见来解决的。”[①]简言之，乡土社会是一个“熟人社会”，“礼”作为公认的行为规范并经过世代教化，成为村庄共同体成员主动服膺的传统习惯，维系着整个乡土社会的秩序、回应着人们对于公正的诉求。

需要注意的是，费孝通所概括的乡土社会的“无法”和“无讼”并不意味着中国传统乡村社会秩序的维持是“唯礼无法之治”。正如董建辉所提出的，费孝通使用的“礼”有两层含义：在将礼治与法治相区分时，其所意指的是狭义的“礼”；在提出“礼即是传统”时，则是广义的文化传统上的“礼”。在其广义的“礼”中已然包含了成为乡村社会一般行为准则的“法”，此种意义上的“礼治社会”是依靠传统来维持秩序的社会。当然，这种礼治秩序并非自主自足而是在国家权力和法律制度的框架范围内运作。例如，表现为“民间法”的地方性知识和传统只有保持与国家法的一致方能被认可或容忍，而其与国家法相悖的内容也始终以不威胁政权稳定为限。因此，从这一意义上说，传统乡村社会的特征更接近于“以礼治为主，礼法兼治”。[②]

伴随着近代中国社会的转型，乡村社会出现了一系列新的特征。19 世纪末以来，尽管中国乡村社会商品经济有一定程度的发展，也出现了少数地区农民进城务工或从商的现象，但较之城市，乡村社会的变迁非常缓慢，乡村生产、生活方式和经济、利益关系的少许变化并未打破其封闭性。与之相对应，乡村共同体的伦理特征及在此基础上形成的礼治秩序没有发生根本性的改变。1912 年后，随着中华民国的建立，国家政权以大规模的“政权下乡”突破了长期以来“皇权不下县”的局面。在政权组织向基层乡村延伸的同时，法律执行机构相应设立并

① 费正清：《美国与中国》，张理京译，北京：商务印书馆，1987 年，第 88 页

② 参见董建辉：《“礼治”与传统农村社会秩序》，《厦门大学学报》2005 年第 4 期。

取得相对独立的地位，由此也开始了"法律下乡"的进程。但是，与民国"政权下乡"因未能改造乡村基础而没有真正取得实际成效一样，民国时期的"法律下乡"也收效甚微。[①] 可以说，这一时期，中国处于"从乡土社会蜕变的过程中"，乡村社会秩序是国家"法治秩序"与"礼法秩序"、"德治秩序"、"人治秩序"、"宗法秩序"等组合而成的"多元混合秩序"。[②] 在费孝通看来，尽管从理论上说，中国社会的变化已经使礼治秩序失去了其存在的经济基础，只有推行新的司法制度"才能破坏原有的乡土社会的传统，使中国走上现代化的道路"，但事实上，新的司法制度却使"那些不容于乡土伦理的人物从此却找到了一种新的保障"，[③]在客观上带来一种新的不公正。究其原因，他认为，"现行的司法制度在乡间发生了很特殊的副作用，它破坏了原有的礼治秩序，但并不能有效地建立起法治秩序"。[④] 可见，在当时的历史条件下，费孝通已经意识到"法律"不等于"法治"，新的司法制度的推行所带来的乡村"法制进入"也不等于建立起受到人们一致认可的"公正"的乡村法治秩序。

新中国的成立从根本上改变了乡村社会关系。1950年施行的《中华人民共和国土地改革法》促进了农民政治平等意愿的产生，不过，在相当一段时期，国家对社会的治理仍未真正走上法治轨道。人民公社制度表面上强化了乡村社会的"同质性"和村民对集体的归属感、认同感，但就其实质而言，这更多体现了他们对集体经济的依赖和对新的国家秩序的服从。[⑤] "在20世纪50和60年代的一系列思想教育运动

① 参见徐勇：《现代国家乡土社会与制度建构》，北京：中国物资出版社，2009年，第252—255页。

② 刘作翔：《转型时期的中国社会秩序结构及其模式选择——兼对当代中国社会秩序结构论点的学术介评》，《法学评论》1998年第5期。

③ 费孝通：《乡土中国　生育制度》，北京：北京大学出版社，1998年，第57页。

④ 费孝通：《乡土中国　生育制度》，北京：北京大学出版社，1998年，第58页。

⑤ 参见项继权：《中国农村社区及共同体的转型与重建》，《华中师范大学学报》2009年第3期。

当中，民间固有的许多知识、信仰、观念、仪式和行为方式，被视为愚昧落后陈旧过时的东西遭到批判和禁止”，“其结果是民间文化传统的大量灭失”。[①] 当然，这种传统的灭失并不彻底，可以说，这一时期乡村社会既在一定程度上顽强地保留着传统伦理共同体的特征，同时也出现了向政治共同体转向的新趋势，而秩序的维系虽然在表面上呈现出一种高度的“同质化”，但实际上远未在传统与现代之间形成某种稳定的、满足农民各方面需要的状态。

改革开放以来，伴随着我国乡村生产、生活方式的变化，传统的血缘、地缘关系和差序格局受到更大的冲击，农民出现新的社会分层，人际交往和社会关系开始向村落间及更广范围发展。由此，传统乡村伦理共同体更进一步自发地走向式微，乡村社会礼治秩序的约束力日趋弱化的同时，国家法律则越来越广泛地渗透到其中。然而，大量的实证研究和乡村生活经验表明，近一二十年来，乡村社会法治秩序的建构仍面临着多种问题，而其中最为突出的便是如何处理传统礼治与现代法治的关系，并给予农民受其认可的公正。苏力曾以一则法院下乡收贷案为例，[②]提出了“为什么送法下乡”这一问题，认为“倡导司法下乡、送法下乡与国家权力在中国农村社会的孱弱相关”。[③] 在这个案例中，作为国家权力象征的司法人员的外来性，使国家权力难以获得地方性根基，国家权力运作必须采取一定的策略。例如，此案中，威胁欠贷人“将传唤他到镇上的人民法庭公开审理”，以此让他在乡间“丢

① 梁治平：《乡土社会中的法律与秩序》，王铭铭、王斯福主编：《乡土社会的秩序、公正与权威》，北京：中国政法大学出版社，1997 年，第 418—419 页。

② 该案例是强世功、赵晓力和贺欣 1996 年底在中国陕北农村调查时参与观察的一起法院下乡依法收贷案。苏力认为，这一现象是中国独有，且极为普通和常见的。并且，鉴于“下乡”在中国近代以来的普遍性，对这一现象的研究也因此具有了不限于司法方面的意义。

③ 苏力：《送法下乡——中国基层司法制度研究》，北京：北京大学出版社，2011 年，第 27 页。

脸”,这一在法律意义上完全不构成威胁的话语却成为在当地乡村语境中极具分量的威胁。易而言之,在乡村社会,法律只有在与村庄共同体认同的伦理价值相吻合或基本一致的前提下,方能转化为获得认可和遵从的社会生活规则;反之,法律则会因道德力量的拒斥和抵制而“变成一个毫无意义的外壳”。[①] 这意味着,公正的乡村法治秩序的真正建立,仍无法完全忽略传统礼治的因素。

二、共生与紧张:转型期乡村社会的礼治与法治

2007 年以来,笔者先后带领调研团队对江苏省江阴市华宏村、江苏省吴江市圣牛村、河南省漯河市扁担赵村、贵州省凯里市朗利村四个村庄进行了田野调查。[②] 尽管四个村庄的实证研究无法充分反映中国乡村社会的地域差异性,也不足以构成判断和应对中国乡村社会复杂性的充分论据。但是,笔者认为,四个村庄本身的地域分布、经济发展状况、文化传统等因素,仍然为呈现当前中国乡村社会礼治秩序和法治秩序的关系提供了具有典型意义的田野论据。与此同时,笔者也强调,田野调查村庄和样本的有限性同时限定了本文的相关讨论范围。换言之,本文关于当前中国乡村社会礼治与法治关系的田野调查和分析判断,既无法“放之中国而皆准”,更无法直接运用于某一特定的村庄。

---

① E. 博登海默:《法理学—法哲学及其方法》,邓正来等译,北京:华夏出版社,1987 年,第 330 页。

② 四个村庄分别地处东部、中部和西部地区,其中贵州朗利村为苗族聚居村落。华宏村的调查时间为 2007 年 1 月,圣牛村的调查时间为 2008 年 7 月,朗利村和扁担赵村的调查时间为 2012 年 8 月。田野调查采用问卷调查与深度访谈相结合的方式。问卷调查使用了多阶段系统抽样方法。华宏村共抽取 208 个样本,实际访问样本 153 个,收回有效问卷 150 份;圣牛村共抽取并实际访问 108 个样本;收回有效问卷 108 份;朗利村共抽取 195 个样本,实际访问 143 个样本,收回有效问卷 137 份;扁担赵村共抽取 191 个样本,实际访问 147 个样本,收回有效问卷 139 份。问卷调查结果采用 SPSS12.0—SPSS17.0 高级统计分析软件进行数据处理及统计汇总分析。

在四个村庄的田野调查问卷中，我们均设置了“如果有人借了您的钱赖着不还，您会怎么办”这一问题，并给出“忍了算了”、“托熟人解决”、“通过法律途径解决”、“找村委会或村党支部解决”、“带上一帮人来硬的”和“其他”6个选项，意在考察受访者在与村庄共同体成员发生利益纠纷时选择的解决机制。调查结果显示，地处不同区域且经济发展水平和文化传统存在很大差异的四个村庄，受访者的选择也显示出较大的差异。地处苏南且市场化程度较高的华宏、圣牛二村，选择“通过法律途径解决”的百分比分别达到33.3％和28.7％，在所有单个选项中居于首位。地处中部的扁担赵村，这一百分比为21％，而地处西部且相对封闭的朗利村，选择这一选项的百分比仅为7.1％。不难看出，在当前中国基层村庄，“法治进入”的程度与村庄市场化程度大体呈现出一种正相关，即：村庄市场化程度越高，村民对法律的认同和选择意愿越高。但是，与此同时，“找熟人解决”这一明显带有中国传统乡村礼治秩序特征的手段，依然在今天的中国乡村社会发挥着重要的作用，并且，值得注意的是，地处苏南的华宏、圣牛二村，选择这一选项的比例均超过四分之一，也超出朗利村和扁担赵村在这一选项上的百分比。而相对落后和封闭的朗利村，这一选项的百分比仅为15.7％，为四个村庄中最低。这一数据让我们对当前基层村庄的秩序维系手段产生了一定的困惑。不过，进一步分析发现，在所有选项中，朗利村民选择“找村委会或村党支部解决”这一选项的百分比高达63.8％，而扁担赵、华宏和圣牛村民选择这一选项的比例分别为36％、11.3％和10.2％。这在一定程度上说明，选择行政干预方式解决利益纠纷，仍然是当前基层村庄尤其是不发达地区村庄秩序维系的重要方式。这一路径与其说是对上级行政权力的认同，毋宁说是诉诸建立在村庄领袖权威基础上的新型礼治秩序。如果我们将“找熟人解决”和“找村委会或村党支部解决”分别视为传统和新型礼治秩序的手段，那么，朗利、扁担赵、华宏和圣牛四个村庄选择这两项百分比之和分别为79.5％、57.6％、38％和37.1％，礼治秩序的维系与村庄市场化程度大体呈现出一种负相关。

概而言之，“通过法律途径解决”所代表的法治秩序、“找熟人解决”所倾向的传统礼治秩序和以“找村委会或村党支部解决”为表现的新型礼治秩序，共同构成了当前我国基层农村的利益纠纷解决的基本路径。而三者的选择意愿次序，则体现出较大的地域差异、村庄差异和个体差异。

那么在实际纠纷出现时，进入乡村社会的现代法治与传统礼治是否真的能够和谐相处，并共同体现出受到当地人们认可的公正呢？近年来，法学界已经大量探讨了现实判例中体现出的两者之间的紧张与冲突。1992年张艺谋执导的电影《秋菊打官司》，不仅引发了法学视角下关于“法治如何进入乡村”的探讨，更展开了伦理学视角下解决乡村礼治秩序和法治秩序冲突的反思。无论秋菊讨要说法的缘起，还是“引法下乡”的原因，乃至最终结果的困惑，都体现出中国传统乡村社会伦理关系和道德秩序的影响。正是在这一意义上，尽管影片的故事是虚拟的，但其所呈现的矛盾与问题却极具转型期中国乡村的典型性。[①]

① 需要说明的是，笔者所说的这一案例的“典型性”并不意指其所表现的事件在中国乡村的普遍性。事实上，笔者曾试图从四个村庄的田野调查中获取一个真实的案例，用以呈现当前基层村民在与村庄共同体成员发生利益纠纷时选择法律救济遇到的冲突与困境，进而从伦理学视角对这一冲突进行分析。然而，尽管四个村庄均有一定比例的样本选择如果遇到利益纠纷将诉诸法律，但这一意愿并未在行动中真实地得到体现。相反，在访谈中，四个村庄的所有访谈对象均表示“从来没打过官司”，只有圣牛村的一位村民表示，曾经因为经营上的问题而有过打官司的想法，但因为自己和对方都没有办理正式执照，最终不了了之。同时，四个村庄的村支书（或村长）也在访谈中表示，村民间的纠纷或是村民自己解决，或是村委会进行调解，还没有人去打官司。在笔者看来，正是这种实际调研中类似秋菊及其行动逻辑的“稀缺性”更加凸显了秋菊一案的典型性。换言之，如果类似案例在基层村庄已成为常见现象，那么可以在很大程度上验证“法治进入乡村”的通道已经打开，而法治与礼治的冲突与矛盾必然也已在化解的过程之中。

首先，秋菊要“说法”的行为，显然是对某种公正性的寻求，却绝非现代意义上法律意识的觉醒和权利意识的增强。但事实上，秋菊明确表明了自己不断讨要“说法”的逻辑起点：村长“打两下也没啥，他也不能随便往那要命的地方踢”。可见，秋菊逻辑所要的“说法”和法律逻辑最终给予的“说法”在源头上完全不同：法律对于村长的惩罚原因是其对他人“身体”的伤害(具体在此案中是“肋骨”损伤)；而在秋菊心目中，村长有打自己丈夫的权利，但其边界是不能威胁丈夫生育的权利。最终秋菊不再要“说法”，也正是因为村长在秋菊难产时的相助使她完成了在乡村社会最为重要的使命——生儿子。这表明，秋菊(们)所要维护的并非法律逻辑中一般意义上的个人权利和生命权利，而只是作为中国传统乡村社会最重要的血缘根基的生殖权利和家族延续。对后者的维护，才是秋菊所希望获得的公正。

其次，影片中秋菊经历了复杂的法律程序，然而，这在现实的农村中极为罕见。正如前述调研数据所呈现的，即使是在工业化和市场化程度最高的苏南农村，通过法律途径解决纠纷仍只是少数人的意愿。在实地访谈中，大量被访者也表示，村民之间因为各种琐事发生口角甚至出现小的身体冲突很常见，但他们不会诉诸法律，而是由熟人出面或者请村干部来“说句公道话”，解决的方式通常也只是对方“认个错”，因此，自己至今“没打过官司”，也“不想打官司”、“不会打官司”。究其原因，既有传统乡土社会的“无讼”、“厌讼”、“耻讼”等观念影响，更重要的，仍然是村庄共同体至今仍保留的“熟人社会”(或“半熟人社会”)特征使“打官司”成了一件很丢“面子”而失“礼”的事。在影片中，“面子”既是村长不肯认错的理由，也是基层公安调解的核心原则，更是导致秋菊“引法下乡”并最终产生截然不同的“说法”的根源。但正式法律制度并不考虑“面子”，其给出的“说法”，即依据“肋骨骨折”的结论以“轻度伤害罪”对村长作出判决，最终让秋菊得到了完全与自己的意愿相悖的法律公平。

最后，在村庄这样一个共同体中，村长与村民之间、村民与村民之间有着某种已成为“共识”的权利和义务关系，以及基于此种共识的互助互惠的行为默契，并由此构成了村庄礼治秩序的重要内容。秋菊认为村长可以踢自己丈夫、村长组织村民抬秋菊去医院，都是基于对这种成为“共识”的“礼治秩序”和其所带来的公正的基本认同。然而，正式法律制度的干预却恰恰破坏了这种礼治秩序，所带来的形式上的法律公平，也远未满足秋菊对公正的期待。由此可能造成秋菊“会在无形中受到某种非正式的社会制裁：在一定时期内，她将在一定意义上被‘流放人们会不愿同她交往，她同其丈夫的关系也可能因之紧张）。”[①]也正是根据对这一可能结果的判断，苏力表达了自己对正式法律制度干预结果的质疑：“这种正式法律的干预究竟是对秋菊的权利保护还是对她的更大伤害？在这以后，在下一次类似的纠纷中，秋菊还会再次诉求正式法律吗？”[②]

可见，最终秋菊并未讨要到自己所预期的那种公正，而整个事件中仍然渗透着传统乡村礼治秩序的影响。

由此可以看到当前乡村社会礼治秩序和法治秩序间关系的某种悖论：一方面，田野调查的结果显示，“通过法律途径解决”所代表的法治秩序、“找熟人解决”的传统礼治秩序和“找村委员或村党支部解决”的新型礼治秩序，共同构成了当前我国基层农村解决利益纠纷的基本路径；另一方面，“秋菊打官司”和大量的现实判例，又体现出当前乡村法治和礼治秩序之间的紧张甚至强烈冲突。

应当看到，礼治与法治将在相当长时期内呈现既共生又紧张的关系。就其共生性而言，一方面，在转型期的乡村社会，法律必然成为国

① 苏力：《法治及其本土资源》，北京：中国政法大学出版社，1996 年，第 30 页。
② 苏力：《法治及其本土资源》，北京：中国政法大学出版社，1996 年，第 30 页。

家控制和管理社会最重要的工具和手段，礼治秩序则是在法律留给乡村自治和自主运行的限度下发挥作用。另一方面，礼治秩序仍有其存在的现实合理性和发挥作用的空间。现代法治导致规则与事实之间产生了明显冲突，其结果或是由于这些规则与具体生活事实无关，人们无视这些规则而导致其失效；或是以国家的名义将规则强施于各种特殊的事实，从而生硬地将一种所谓“普遍的”生活方式强加给处于不同境况中的人们。无论前者或后者，都会导致“书本上的法律”与“行动中的法律”两者之间的关系紧张，形式上的法律公正，也并不等于人们实际感受到的、获其承认的那种公正。① 就我国当前乡村的现状而言，东、中、西部发展极不平衡，以稳定性、普适性和原则性为特征的法律条文难以适应乡村社会的不断变化及其丰富的地方性特色，法律运行的高昂成本也使一些农民望而生畏，导致法治秩序难以实现对乡村社会的全面控制，相反，礼治秩序因其“路径依赖”和低成本依然能够获得一定程度的认同。

就二者的紧张性而言，一方面，强行建构的法治秩序缺乏足够的认同基础，且遮蔽了礼治秩序应有的积极意义。中国传统礼法中的“法”与现代法治中的“法”有着截然不同的根源和特点。前者更多是维护共同体伦理认同和道德共识的形式原则，后者则是在预设个体利益优先的前提下以排除伦理制约的法律形式系统来协调个体间的利益冲突。秋菊的困惑也表明，在农民所理解的公正和现代法律本身所能给予的公正之间存在着极大的隔阂。法律权威的不断强化不仅严重挤压了礼治秩序在乡村社会的生长空间，同时也并不能带给农民他们所期待的公平。另一方面，由于法律无法涵盖乡村社会生活的所有层面，这既为礼治秩序发挥作用留下了一定空间，也导致一些明显与

① 参见高鸿钧：《现代法治的困境及其出路》，《法学研究》2003 年第 2 期。

法律法规或现代法制精神相悖的陋习得以继续存在并产生影响。尤其是在一些欠发达地区和少数民族地区，一些地方风俗、村规民约甚至封建愚昧之“礼”，对农村民事，甚至重大刑事案件的处理均有负面影响。

三、何以可能：乡村社会秩序的整合

在了解乡村社会礼治秩序和法治秩序的历史变迁和现实境遇的基础上，我们既不能希冀以“礼”拒“法”，试图通过乡村礼治传统的全面复归而拒斥国家正式法律的介入和作用，也不能一味强调以“法”代“礼”，使法治的强行推行因缺少民间土壤而丧失其应有的社会基础和权威地位。易而言之，一方面，传统礼治秩序建立于等级制之上的“亲亲尊尊”和“有别”的价值标准与道德评价，是法治秩序建构中应当予以摒弃的基本理念；另一方面，乡村法治化的进程决不意味着可以完全无视中国乡村社会原有的伦理生活样式。只有实现双方在乡村现代化进程中的互动整合，才能建立真正受到农民认可的公正秩序。

礼治秩序与法治秩序在中国历史上就存在着相互融通与整合的基础。例如，面对明清时期所出现的诉讼频仍，梁治平认为，这反映出在明清社会内部出现的现代性生长点，也表明传统与现代不必截然两分，“礼治秩序”中可能有“治法”的要素。反之，根据同一逻辑，“法治”也未必不能包容和吸收某种“礼治”的要素。[①]

那么，礼治秩序中如何具有法治秩序的生长点？法治秩序又如何从礼治秩序中获取养分？罗云峰认为，就第一个问题而言，礼治之所以能够在中国历史上发挥巨大的影响和作用，“原因就在于原则主义或形式主义(formalism)——这也是‘礼治’的现代转化的方向……而

① 参见梁治平：《从“礼治”到“法治”》，《开放时代》1999 年第 1 期。

这种所谓的原则主义或形式主义通过一定的中介环节往往可以和法律的确定性(certainty)、普遍性(generality)、一致性(uniformity)、平等性(equality)等要求勾连起来。”[①]就第二个问题而言,“在处理国民性、国情或国家人情或民情、风俗习惯、传统与法律建设之间的关系时,有两种理解路径:移风易俗并改造国民性以适应和追求现代法治社会;顺应并适合国情民情以调整和建立相应体系与特色的法律制度。”[②]秉持上述理解,在转型期的中国乡村社会,二者的融通与整合可以通过以下路径实现。

第一,汲取乡土社会礼治资源的积极成分,构建乡村法治秩序的正当性基础。

转型期的中国乡村社会,农民心目中的现代法治观念尚未真正形成,传统礼治观念仍对其个人行为和乡村秩序发挥着重要影响。东亚国家的经验也表明,尽管国家法在取代传统温情主义、家族主义等义理人情规范时可以宣称自己的合理性和正当性,但是它很难“从下面”得到保障,而往往需要“从上面”强行地控制。乡村社会中的“礼”是经由不断试错、日益积累而逐渐形成共识的经验性认同,作为乡土社会自发形成的规则系统,有着良好的秩序维系功能。在转型期的乡村法治建设过程中,尊重和善待有着广泛社会认同的礼治规则并从中汲取积极成分,能够为构建现代法治秩序提供合理性和正当性基础。

首先,通过“法”对“礼”的确认,允许那些积极、合理的乡村礼治规则经过一定程序被认可并上升为国家法律或以弹性条款形式被吸纳。具体而言,可在相关法律条文中设置“民间规范”、“公序良俗”、“交易习惯”等词语,使其成为礼治的引入接口,从而更好地体现其合法性和正当性。其次,通过“礼”对“法”的渗透,实现法治与礼治的积极沟通。

---

① 罗云峰:《礼治与法治》,北京:法律出版社,2012年,第54—56页。
② 罗云峰:《礼治与法治》,北京:法律出版社,2012年,第47页。

这就需要深入了解乡村民众的生活，收集、研究乡村礼治规则的内容和形式并加以甄别，从中选取既符合农民意愿和需求，又对维持乡村秩序、促进经济发展有着积极作用的成分，使其渗透到法律条文之中。最后，在对礼治资源的吸纳中，应当充分尊重作为“地方性道德知识”的地域文化和民族风俗，即使不能将其吸纳和上升为法律，也应允许其保留下来，并在特定的区域和范围内调节和规范乡村社会的人际行为。①

第二，建立多元纠纷解决机制，化解乡村法治运行中的伦理冲突。

转型期乡村社会道德领域出现的种种矛盾和冲突，呈现出多元、多变的复杂情况，这就需要建立乡村多元纠纷解决机制，在法的运行和实施层面构建礼治秩序和法治秩序的良性互动。在司法层面上，基层法官应最大限度地尊重乡村礼治传统和生活实际，发挥自由裁量的优势，通过对国家法和民间法调整关系的界定和区分，给乡村礼治传统以足够的空间，缓解法律条文与实际生活之间的疏离甚至冲突。对于那些具有明显“地方性意义”并需要依靠地方性知识来处理的社会关系，一般更多依靠风俗、习惯等民间法调整；而那些农民生产、生活和经济交往中形成的各种民事法律关系，属于国家法与民间法都涉及的社会关系，既可由国家法也可由民间法予以确定和调整，当事人可以基于自身利益决定选择适用何种机制。②

在执法层面上，乡村执法人员应熟悉当地独特的地域伦理文化，理解村民的伦理观念和道德判断，并善于借助乡村社会独特的公共道德平台，实现法律理念在乡村共同体内的传播。“在道德实在论的意

---

① 在笔者调研的朗利村，多位受访对象均在访谈中谈及自己和其他村庄成员（包括外出打工者）对苗族的古葬节、芦笙场等传统节日和娱乐形式的熟悉、认同和喜爱，以及这些民族风俗对村庄人际关系和谐的积极影响。

② 田成有、王鑫：《转型期农村法治资源的发现、重组与良性互动》，《现代法学》1999 年第 4 期。

义上说，任何一种道德知识或者道德观念首先都必定是地方性的、本土的，甚或是部落式的。人们对道德观念或道德知识的接受习得方式也是谱系式的。”①在四个村庄的田野调查中，我们发现，一些农民之所以在遇到纠纷时选择找村委会或村干部解决，在很大程度上源于与他们之间的沟通没有语言上的障碍和文化上的隔阂，因而也不具有心理上的畏惧或排斥。这也提醒我们在基层执法队伍中注入“地方性道德知识”的重要性。

此外，我国现行的人民调解制度作为一项具有中国特色的社会主义民主法律制度，在实现礼法结合、维护乡村秩序方面具有重要意义，应当成为基层乡村纠纷解决的重要路径。我国《人民调解委员会组织条例》第六条第一项规定，人民调解委员会的调解工作应“依据法律、法规、规章和政策进行调解，法律、法规、规章和政策没有明确规定的，依据社会公德进行调解。”在基层村庄，面对地域性纠纷，调解工作应力求充分尊重地方风俗习惯，以提高调解的灵活性、适应性和效率。应当注意到，伴随着中国社会的整体转型，人民调解制度在乡村社会有效运行的基础发生了一定程度的变化，需要在制度和实践层面及时进行修正与完善，方能更好地展现其在乡村纠纷解决方面的功能和效用。

第三，树立新型村庄领袖权威，实现法治秩序和礼治秩序的有效融合，满足农民的公正性诉求。

乡土社会的礼治秩序往往是以“长老统治”或“贤人政治”形式实现的。乡村领袖权威并非是一种“自上而下”的法理权威，而往往是通过“伦理的奢侈”所形成的道德权威。② 基于此，传统村庄共同体也呈

① 万俊人：《道德谱系与知识镜像》，《读书》2004 年第 4 期。

② 谢令纳克(Georg Jelinek)称法律为最小限度的伦理规范(a minimum ethics)，其余部分则称之为伦理的奢侈(an ethical luxury)。参见王伯綺：《近代法律思潮与中国固有文化》，北京：清华大学出版社，2005 年，第 16—17 页。

现出依系道德权威力量维持的组织结构。传统乡村社会人们的道德评价往往是经验性的，且大多来自于家庭和家族。但是，伴随着乡村城市化的进程和社会交往的陌生化、信息渠道的多样化，乡村道德权威的力量被大大削弱。而乡村社会的法治“进入”所导致的传统礼治秩序的破坏，在相当程度上也源于其所建立的新型权力网络使乡村领袖不再是原先的道德权威，而更多与国家强制力结成联盟，乡村领袖亦从保护型转为盈利型。①

四个村庄的调研数据显示，“找村委员或村党支部解决”为代表的新型礼治秩序已经成为当前我国基层村庄解决利益纠纷的基本路径。尤其是在市场化程度不高、相对封闭的朗利村，这一选项的百分比更高达63.8％。这表明，基层组织仍然在乡村社会发挥着重要的秩序维系功能。而在四个村庄的访谈中，无论是村民还是村支书，也都表达了当前农村“村干部大事小事都得管”的基本状况。易而言之，村支书（或村长）依然扮演着极其重要的村庄领袖角色，其在各种事务协调中的权威力量，影响着基层组织秩序维系功能的发挥，也直接成为礼治秩序在当前乡村社会发挥作用的主要代理。如我们在调查中所见，在很多情况下，他们站出来“说句公道话”，是对农民公正性诉求最贴切、有效的回应。

应当看到，转型期中国乡村社会的村庄领袖权威是一种由基于为村庄共同体带来福利的报偿性权威、基于上级任命获得的法理权威和基于个人人格、道德威望获得的魅力型权威共同组成的“复合型权威”。② 而具体到某一村庄，由于经济发展水平、模式和文化传统的差

① 参见杜赞奇：《文化、权力与国家——1900—1942年的华北农村》，王福明译，南京：江苏人民出版社，1996年。

② 关于村庄领袖的权威基础问题，参见王露璐：《经济能人？政治权威？道德权威——以HH村为个案的苏南村庄领袖权威获得与延续之实证研究》，《道德与文明》2010年第2期；《转型期中国乡村社会的人际信任——基于三省四村庄的实证研究》，《道德与文明》2013年第4期。

异，村庄领袖权威会在上述三种权威构成中呈现出一定的地域和个案差异。大体而言，对于中西部欠发达地区而言，村庄领袖的权威获得和延续主要是依靠个人人格和道德威望的魅力型权威，而东部发达地区则更多是基于其为村庄共同体带来福利的报偿性权威。转型期村庄领袖的法理权威，使其在国家“法律下乡”、“政策下乡”的进程中扮演法治秩序的维护者，而其报偿权威和魅力权威，又使其成为新型礼治秩序维系中的核心代表。因此，选拔懂经济、有道德、讲原则、能服人、善协调的新型村庄干部，形成获得村民接受和认同的基层组织，可成为乡村礼治秩序与法治秩序融合的最佳切入点。

四、余论

诚然，法治是中国乡村社会的秩序主导，然而，这并不意味着其能够以某种“自上而下”的方式毫无抵抗地“进人”乡村并获得宰制性地位。事实上，关于法律与道德关系的学理阐释以及中国社会法治、德治、礼治、人治关系的探讨，始终是法学界和伦理学界共同关注的热点问题。本文试图从伦理学的视角关注在“法治进入乡村”的过程中无法回避的问题：乡村法治秩序与礼治秩序至今仍呈现共生与紧张的关系，并尝试指出，两者相互结合才能构建真正满足农民公正性诉求的乡村秩序。进而言之，这一探讨不仅凸显了面向中国乡村社会秩序重建的“问题意识”，更体现出社会转型期中国伦理学研究应有的范式转换，即：伦理如何“回归”乡村？伦理学如何“进入”乡村？

20 世纪 80 年代后，西方学术界的乡村研究因乡村的萎缩及“农民的终结”(孟德拉斯语)而呈趋冷之势，但乡村研究仍是我国学界的热点。不过，与其他学科中乡村研究的活跃态势相比，伦理学对中国乡村社会的关注无论从深度还是广度上说都相距甚远。在笔者看来，导致中国伦理学离弃“乡土”的原因在于规范伦理学和分析伦理学研究在学科内部的广泛认同。然而，面对现代西方伦理学所创立的种种现代性道德理论，美国学者麦金太尔在20世纪80年代就曾断言，18世纪启蒙运动以降论证道德合理性的种种谋划必定失败，而其根源正在于传统的中断或忘却使“我们所拥有的就只是一个概念构架的诸片断，并且很多已缺乏那些它们从中获取其意义的语境”。[①] 这一论断有助于我们思考和建立转型期中国伦理学研究的范式，即：一种基于现实道德生活经验的、“自下而上”的综合——分析方法。秉持这一立场和方法，面对中国社会的“乡土本色”，伦理学之回归“乡土”，并非单纯出自一种学术关怀，而构成了这一学科实践性乃至生命力的重要源泉。[②]

在转型期的中国乡村社会，从伦理视角看，根植于传统乡村社会生产、生活和交往方式的“乡土伦理”逐渐“退场”，而与当前乡村市场经济发展相适应的伦理文化尚未建构并“出场”，由此产生的乡村社会伦理“缺场”现象，是造成诸多问题的伦理文化根源。而与此同时，“法治进入乡村”遭遇的困境及其与传统伦理文化主导下的“礼治”之间的冲突与紧张，亦在一定程度上造成了当前乡村社会秩序维系的“空场”。毋庸置疑，乡村法治化进程为转型期的中国乡村注入了契合时代要求的法治价值，同时也为传统乡村伦理提供了实现转型的“现代之源”。但是，这决不意味着乡村秩序的重建能够与乡土伦理和“礼治”传统彻底“决裂”。从这一意义上说，关于乡村礼治与法治关系的探讨，不仅在学科层面上有助于伦理学“进入”乡村，亦在实践层面上有利于伦理“回归”乡村。

（原文发表于《中国社会科学》2015年第7期）

---

① 麦金太尔：《追寻美德》，宋继杰译，南京：译林出版社，2003年，第2页。

② 参见王露璐：《社会转型期的中国乡土伦理研究及其方法》，《哲学研究》2007年第12期。

从《百鸟朝凤》看乡村道德评价

“百鸟朝凤”一词，旧时喻指君王圣明天下依附，后引申为德高望重者众望所归。这一成语意指以“百鸟”为代表的“众”对于以“凤凰”为象征的权威的道德认同和依附。影片《百鸟朝凤》的片名，与其说是贯穿影片的一首乐曲，毋宁说，反映的正是中国传统乡村社会道德权威的生成及其强大作用，以及在乡村市场化、工业化进程中资本逻辑的强大作用下，此种道德权威的生成与维系所面临的冲击。

正如影片所叙述的，在无双镇，吹唢呐绝不只是单纯的娱乐，更加重要的意义在于它是对故去者人生的一种道德评价：道德平庸者只能吹两台，中等者可以吹四台，上等者能够吹八台，德高望重者才有资格吹“百鸟朝凤”。换言之，只有生前获得“百鸟”所代表的村庄共同体成员一致认同之“凤凰”，方能在死后获得以吹奏“百鸟朝凤”这一乐曲为形式的道德褒奖和无上荣耀。然而，在以农业的工业技术化，农村的城镇化和农民的流动性、市民化为基本内容的乡村社会转型期，这一传统乡村道德评价体系却陷入了双重困境。

其一，道德评价优先抑或经济评价优先？在中外传统思想的价值排序中，道德评价均优先于经济评价。亚里士多德曾将善的事物分为三类，即外在的善、灵魂的善和身体的善，每种类型的善事物都配以相应的德目。在他看来，幸福意味着“生活得好或做得好”，是对所有善事物的获得,是"最高善",而财富作为"外在善"是多种善事物之一。可见,亚氏明确了财富较之幸福的从属意义和工具价值。而中国传统伦理思想对义利关系的处理,同样以"义以为上"、"重义轻利"、"贵义贱利"、"以义制利"为主流,因此,道德评价也在中国传统伦理思想和道德生活实践中保持着对经济评价的优先地位。道德德行往往在对个体或社会成就的评价中被赋予一种独立品性并获得相对于经济评价的优先性。

中国传统乡村社会以自给自足的生产方式和生活方式为基本特征,由此,传统村庄在其形成基础、结构特征和指向意义上体现出显著的伦理共同体特征,呈现出一种以道德评价为基础并依系道德权威力量维持的组织结构。在影片中,焦三爷的言行体现的正是传统乡村社会的道德评价优先逻辑。

然而,市场经济的大潮及资本逻辑的强大扩张力,使经济行为的"求利"动机逐渐被赋予了一种正面意义,进而使以各种数字(收入、利润等)为直接表征的经济成就获得了在个人和社会评价上的价值优先性。而伴随着资本大规模地"进入"乡村,资本逻辑以其扩张性、同质化和意识形态化特征不断削弱乡村道德评价的地位并强化经济评价的优先性,也由此产生乡村道德评价体系的冲突与矛盾。其二,何人方能成"凤"以及"百鸟"何以朝"凤"?在传统乡村社会,村庄共同体成员的日常生产与生活在熟人圈中进行,共同的地域环境和相同的生产、生活方式使其天然地形成某些共同的偏好与倾向,产生有意识的共同记忆。并且,人们的道德判断与评价往往经验性地传承于父辈、老师。由此,村庄共同体成员的道德评价标准具有同一性。也正是基于此种道德评价优先的价值次序和评价标准的同一性,乡村道德权威能够得到村庄共同体成员的一致认同。在这一道德评价体系中,"百鸟"以同一的道德判断和评价标准刻画并推举心目中的"凤","凤"则由此获得基于个人德行和魅力的强大道德权威。影片中的焦三爷及其率领的焦家班之所以获得极大的尊重，并非单纯出自于对其唢呐吹奏技艺的肯定，而是更多缘于其具有是否给予死者“百鸟朝凤”这一乡村最高道德荣誉的决定权。并且，正是由于焦三爷始终坚持以“德行”作为唯一的判断标准，以他为代表的唢呐匠才能在乡村社会获得一种超越“匠”而被尊为“师”的礼遇。

然而，伴随着乡村市场化进程的不断加快，道德评价的优先性及此种标准的同一性受到了强大的冲击。一方面，乡村生产方式和生活方式的多样化、农村人口流动性的加剧和村民异质性的提高，再加上价值多元化趋势对乡村社会的影响，促使传统乡村社会的道德评价标准发生了巨大的变化。村庄共同体成员不再具有同一的道德标准和道德判断，也难以形成共同的权威认同。“百鸟”难以形成共同的“凤”，乡村社会道德权威的生成和延续方式产生了变化。正如我们在影片中所看到的，失去了作为“道德荣誉”意义的唢呐乐曲，仅仅只是乡村红白喜事上可有可无的背景音乐，于是，唢呐匠也就不再受到“接师礼”的尊贵待遇，而仅仅成为一种一般意义上的市场化职业角色。

值得注意的是，中国传统乡村社会的道德传承与道德教育更多是基于血缘地缘关系、在共同的生产和生活中进行的道德教化，子辈自小便从长辈那里获得经验性的道德判断与评价，父辈（父亲、师傅等）也因此具有无可争议的权威力量。而在乡村市场化进程中，乡村生产生活方式的市场化、人际关系的理性化及个人主体性的增强，使人们的道德认识、情感、意志和行为都受到更为复杂的社会因素的影响。由此，乡村道德传承与教育方式发生了变化，传统的父系权威力量被削弱，焦三爷也无法再依靠自己作为“师傅”的权威力量凝聚起被“打工潮”冲散的唢呐班。

影片上映后，“八百里秦川不能没有唢呐”也成为影片引发的热议。诚然，八百里秦川不能没有唢呐，但八百里秦川不能仅仅靠情怀留住唢呐。当丢弃唢呐比守住唢呐获得更高的利益回报时，无论是作为一种独特的文化形式，还是作为一种乡村道德评价的象征，以唢呐为代表的乡村道德文化符号的传承延续，都更需要契合今天乡村生产和生活方式的经济和文化基础。

应当看到，在中国乡村社会的历史变迁中，不同区域的经济发展模式、生产生活方式呈现出明显的差异性。从这一意义上说，中国传统乡村伦理文化是由具有丰富多样性的“地方性道德知识”构成的，不同区域的乡村道德生活经验和道德知识迄今依然保留着自身的地缘独特性。唢呐，正是“八百里秦川”独特的乡村道德文化符号。然而，伴随着乡村市场化、城镇化进程的加快，资本逻辑的同质性特征不断消解乡村生产、生活方式的多样性和伦理文化的地方性特色，这已然引起学术界和社会公众的广泛关注和争议。

从伦理视角看，中国乡村社会出现的伦理关系和道德生活的巨大变化，也带来了乡村伦理传统理念与现代意识间的种种矛盾和冲突。由此产生的乡村伦理共同体的断裂、乡村伦理文化的流失以及乡村道德评价和道德权威的困境，不仅使仍旧居住在乡村的广大农民产生了诸多道德困惑，也引发了社会大众关于“留住乡愁”的关注与探讨。今天，乡村仍然是大多数中国农民的生活所在，而乡村独特的地方性道德知识和文化符号，更是大多数国民剪不断的“乡愁”所系，是转型期乡村发展和乡村治理不可或缺的道德文化资源。因此，充分认识到乡村发展的地方性特色，关注和利用作为村庄独特文化资源的地方性道德知识和文化符号，既是“美丽乡村”建设的题中应有之义，也是重建村庄共同体道德评价和道德权威的有效路径。

（原文发表于《中国社会科学报》2016 年 6 月 28 日第 2 版）

自治、法治、德治相结合的乡村治理

党的十九大报告提出“健全自治、法治、德治相结合的乡村治理体系”，为实施乡村振兴战略指明了方向。新时代乡村治理必须将自治作为法治和德治的前提与基础，将法治作为自治和德治的保障与边界，将德治作为自治和法治的支撑与引领，促进自治、法治、德治相互融合。

一、自治是法治和德治的前提与基础

自治是主体自我认识、自我制约、自我解放的活动，蕴含着个体“在私人和公共生活中思考、判断、选择和根据不同可能的行动路线行动的能力”。[①] 一方面，自治是主体对自身私人事务的管控。“个体能够通过自己的力量，或者他人的帮助，进行一系列对他们自身的身体及灵魂、思想、行为、存在方式的操控，以此达成自我的转变，以求获得某种幸福、纯洁、智慧、完美或不朽的状态。”[②]这种个体通过对自身的管控，从而获得解放和发展的过程便是自治的表现。另一方面，自治

① 戴维·赫尔德：《民主的模式》，燕继荣等译，北京：中央编译出版社，2004年，第383页。

② 米歇尔·福柯：《自我技术》，选自《福柯文选》(Ⅲ)，北京：北京大学出版社，2016年，第54页。

是个体作为成员对其所在共同体的治理。个体作为共同体成员,"在共同体里与同伙一起,从出生之时起,就休戚与共,同甘共苦",[①]他们虽然经历和能力有所不同,但都有义务也有权利对共同体内的公共事务进行治理。自治的两个方面相互促进、相互融合,为个体及其所在共同体提供良好秩序与稳定环境。

村庄作为村民长期赖以生存的共同体,其治理好坏与村民的自治状况有着直接关系。在我国传统社会,乡村主要以自治为主,村民"日出而作,日入而息。凿井而饮,耕田而食"(《击壤歌》),独立从事生产活动,自主安排日常生活,从而为"皇权不下县"的管理模式提供了可能,[②]也使乡村发展获得了一种内生动力。近代以来,伴随着资本主义的萌芽以及外来侵略的影响,分散的村庄难以抵抗强大的外部压力,乡村自治遭遇严重危机,村庄自治在不同程度上受到破坏。新中国成立初期,乡村经历了以强大政权推进的社会主义改造,传统乡村自治的发展模式逐渐被完全体现计划经济主导的人民公社制度取代。这在一定程度上压抑了村民的自主性和积极性,使村庄治理失去了原有的活力。改革开放以来,伴随着家庭联产承包责任制的推广,村民的生产积极性得到了极大提高,自主管理村庄的热情不断高涨。为适应村庄发展需要,1982 年宪法中首次提出"村民委员会"的概念,并将其确定为基层群众性自治组织;1988 年《中华人民共和国村民委员会组

---

① 斐迪南·滕尼斯:《共同体与社会——纯粹社会学的基本概念》,林荣远译,北京:商务印书馆,1999 年,第 53 页。

② 一般说来,在中国传统社会,由皇权派遣的正式官员只到知县一级,乡村通常属于自治状态。当然关于这种说法在学界也有争议,部分学者认为皇权时代是"编户齐民"的社会,农民被束缚在土地上,村庄并没有实质的自治。事实上,在"普天之下,莫非王土"(《诗经·小雅》)的环境之下,乡村自然不会成为皇权之外的自由之地,但"正式的皇权统辖只施行于都市地区和次都市地区。……出了城墙之外,统辖权威的有效性便大大地减弱,乃至消失"(参见马克斯·韦伯:《儒教与道教》,南京:江苏人民出版社 1993 年,第 110 页),编户齐民的目的也主要限于征税和治安,对于村庄内部的具体事务则大多由乡村自治。

织法(试行)》开始实施。30年来,自我管理、自我教育、自我服务的村民自治制度有效促进了农业发展,维护了农村稳定,保护了农民利益,为村庄长治久安奠定了坚实基础。

村民自治是"农村居民在一定地域范围进行自我治理的制度和行为"。[①] 在乡村治理实践中,村民自治能够以村民根本利益为出发点,充分调动村民的主体性、积极性,发挥"地方性知识"的作用,[②]成为法治和德治的前提与基础。村民自治能够将村民吸引到乡村治理之中,培养村民参与村庄公共事务的能力,激发村民行使民主权利的热情,从而实现乡村治理的民主化。村民在自主治理乡村的过程中,基于对自身利益和村庄共同利益的综合考量作出理性决定,这一决定出自自己的判断和选择,因而能够最大限度地得到自我认可,并激发其内在动力,提升参与乡村治理的积极性。与此同时,基于不同地理环境、历史文化、经济状况等因素的影响,不同村庄有着各不相同的发展模式。村民自治能够更好地利用体现村庄地域特色的"地方性知识",采取有针对性的措施,从而实现村庄治理的有效性。例如,浙江省诸暨市枫桥镇枫源村以维护村民利益为出发点,基于村庄自20世纪60年代开始形成的以"发动和依靠群众,坚持矛盾不上交,就地解决,实现捕人少,治安好"为核心内容的"枫桥经验",[③]通过"创新决策机制,推行'三

---

① 徐勇、赵德健:《找回自治:对村民自治有效实现形式的探索》,《华中师范大学学报(人文社会科学版)》,2014年第4期。

② "地方性知识"是共同体内的人群在长期的生产生活中自觉形成的,体现着共同体内的价值观念、社会风俗、生活方式等内容,具有鲜明的地域性特色和丰富的文化内涵。这一概念最早由美国学者克利福德·格尔茨(Clifford Geertz)提出,其后引发了诸多学科的高度关注和热烈探讨。

③ 枫源村位于枫桥镇东南部,是"枫桥经验"的重要发源地。1963年,毛泽东同志就浙江省诸暨县枫桥镇"发动和依靠群众,坚持矛盾不上交,就地解决,实现捕人少,治安好"的"枫桥经验"作出肯定性批示;2003年,习近平同志在纪念毛泽东同志批示"枫桥经验"40周年大会上对"枫桥经验"再次进行肯定,强调要大力推广"枫桥经验"、不断创新"枫桥经验"。

上三下’”、[1]“创新管理机制，推行网格化管理”、“创新监督机制，打造透明格局”等方式，依靠村民“自我管理、自我教育、自我服务”的能力，构建起“1套村民自治章程＋1套村规民约＋多个实施细则”的“1＋1＋N”的乡村自治规则体系，不断引导村民自治组织与群团组织和社会组织共同发展，充分调动起村民参与乡村治理的积极性，为法治和德治参与乡村治理奠定了基础。

乡村治理实践中，离开了村民自治，法治和德治将难以有效运转。一方面，缺少村民自治的法治难以在村庄得到实施。现代性法治注重强调国家权力的统一调适，但却难以针对不同村庄做出具体规定。“用普遍词汇所叙录的每一成规总不能完全概括人们千差万殊的行为”，[2]“当一个全国性的制定法规则，一个主要以城市社会的交往规则为主导的全国性法律的规则体系，被确定为标准的参照系之后，就出现了地方性规则与全国性规则之间的冲突”。[3] 换言之，普遍性的法律规定难以有效应对不同村庄的特殊需求，一般性的法律规范也不能很好地解决村民的实际困难。由此，甚至会出现“乡间认为坏的行为却正可以是合法的行为”，使得“司法处在乡下人的眼光中成了一个包庇作恶的机构了”。[4] 另一方面，德治离开了村民主体性的发挥也容易流于形式，甚至走向虚无。近年来，一些村庄为了片面追求形式化的“德治”，常常以笼统、抽象的口号和条文进行道德说教，以至于引起村民的反感和排斥，难以在乡村治理中发挥作用。

---

① “三上三下”包括三个部分：首先，“一上一下”收集议题：村两委会集体研究讨论议题，入户采集村民意见；其次，“二上二下”酝酿方案：村两委会集体讨论收集议题，民主恳谈、法律顾问专家论证；最后，“三上三下”审议决策：村两委会党员审议，村民代表无记名投票表决。

② 亚里士多德：《政治学》，吴寿彭译，北京：商务印书馆，1965年，第82页。

③ 苏力：《农村基层法院的纠纷解决与规则之治》，《北大法律评论》，1999年第1期。

④ 费孝通：《乡土中国生育制度乡土重建》，北京：商务印书馆，2011年，第61页。

有鉴于此,高效的乡村治理必须发挥自治在法治和德治中的前提与基础作用。具体而言,首先,法治在治理乡村过程中需要充分汲取“地方性知识”的作用,切实考虑村庄实际情况,既要坚持程序正义也要保证实质正义,提高法治效率。面对不同村庄出现的大量个案,固定不变的法律条文难以做出合理判断,“类似情况类似处理并不足以保证实质的正义”。[①] 其次,基于村民自治的法治能够有效降低治理成本。尤其需要看到的是,迄今为止,乡村经济活动和日常生活中仍然存在着大量法律尚未给出明确规定的问题,如果诉诸法律,往往出现花费大量人力、物力、财力却无法得到有效解决的结果。通过自治对这些问题进行相应的规约和管理,不仅可以大大降低法治的成本,而且也能够产生良好的实际效果。最后,德治在治理乡村实践中需要充分发挥村民的主体性价值,尊重村民的自主实践和自我创造。应当看到,村庄共同体长期形成的以风俗、惯习和村规民约为主要形式的道德规范,往往来自村庄成员“维护共同体伦理认同和道德共识的形式原则”,[②]也是村民日常道德判断、道德选择和道德认同的基础。因此,德治在乡村治理实践中必须始终关注作为村庄主体的村民的道德认知和实践,从村民日常生产生活中总结提炼道德规范,从而使其真正得到村民的认同和接受。

二、法治是自治和德治的保障与边界

美国学者布雷恩·Z.塔玛纳哈曾表示:“即使法治快速并引人注目地上升为一种全球理念,但它是一个极其让人捉摸不定的观念。”[③]

① 罗尔斯:《正义论》,何怀宏、何包钢、廖申白译,北京:中国社会科学出版社,1988年,第59页。

② 王露璐:《伦理视角下中国乡村社会变迁中的“礼”与“法”》,《中国社会科学》,2015年第7期。

③ 布雷恩·Z.塔玛纳哈:《论法治:历史、政治和理论》,李桂林译,武汉:武汉大学出版社,2010年,第4页。

事实上，关于法治的讨论由来已久。早在古希腊时期，亚里士多德就曾指出：“法治应包含两重意义：已成立的法律获得普遍的服从，而大家所服从的法律又应该本身是制订得良好的法律。”[①]亚里士多德从法律的优良性和强制性两个角度对法治进行界定，说明了法治构成的两个基本要件。尽管其后关于法治概念的讨论从未停歇，但亚氏对法治的界定可谓影响深远。

在乡村社会的转型过程中，法治正在以越来越积极的态度参与乡村治理，甚至有学者提出，“基层治理由之前依靠情理法力到现在越来越排斥‘情理力’，而只强调‘法’”。[②] 法律的优良性和强制性使法治在乡村治理中成为自治和德治的保障与边界。其一，法律的优良性能够为自治提供制度保障。乡村自治是在法治规范下的自治，优良的法律能够为乡村自治提供法律规范，从而保障自治的有序实施。法治的本质是对公共权力进行监督，“要求社会组织和成员均按照法律规则行事，政府权力和公民行为均受到法律制约，司法审查具有独立性，司法判决具有权威性，排除社会组织和个人意志的任意性和专横性”。[③] 应当看到，优良的法律“从本质上讲不只是命令，它暗含着正义和权利”，[④]体现着共同体中全体成员的基本共识，保障着全体成员的基本权利与自由。在乡村治理实践中，优良的法律能够以村民根本利益为基础，对村庄公共权力进行制约，为村民自治提供法律保障。因此，乡村自治应在法律规范下运行，乡村治理需要“强化法律在维护农民权益、规范市场运行、农业支持保护、生态环境治理、化解农村社会矛盾

① 亚里士多德：《政治学》，吴寿彭译．北京：商务印书馆，1965 年，第 202 页。

② 贺雪峰：《治村》，北京：北京大学出版社，2017 年，第 173 页。

③ 王淑芹、刘畅：《德治与法治：何种关系》，《伦理学研究》，2014 年第 5 期。

④ FIGGISJN. *Studies of Political Thought*: *From Gerson to Grotius*, 1414 - 1625 [M]. Bristol: Thommes Press, 1998.

等方面的权威地位”。[①] 其二，法律的强制性能够为德治框定有效边界。“中国是一个有深厚道德基础的国家，在历史的演进中，形成了一套庞大而严密的道德文化体系。在这种伦理精神中，不乏作为中国传统文明价值的合理内核，存在着体现东方人文性格的传统道德。但毋庸置疑，以往的伦理道德在现代社会也具有消极的影响”。[②] 德治在治理乡村过程中常常以乡村民俗、村庄惯习、村规民约等内容为依托，这其中既有体现村庄传统文化价值的积极因素，也有诸多需要剔除的腐朽落后文化，对于德治中的消极成分需要依靠法律的强制性予以“移风易俗”。法治作为国家宏观视角下对村庄发展进行顶层设计的制度安排，能够对乡村治理进行全局性、长久性、根本性的指导，在这过程中，法治可以依靠强制力抑制德治中的不合理因素，从而为德治框定有效边界，使其在法律允许的范围内发挥作用。

乡村治理一旦缺乏法治的保障和约束，自治和德治都可能陷入危机。一方面，离开法治保障的自治容易走向人治。没有法治的保障，自治既可能变成“少数人的暴政”，也可能变成“多数人的暴政”。在村民自治实践中，缺少法治对公权力的制约与监督，一些村民可能利用私权对公权进行侵蚀，将个人利益置于村庄整体利益之上，从而影响乡村治理。另一方面，离开法治的德治难以发挥效力。德治发挥作用的前提是法治的确立，“只有首先建立必要而稳定的社会法制秩序，道德伦理规范才能真正充分发挥其作为一种社会治理方式的作用”。[③] 从政治伦理视角分析，伦理道德作为社会政治规范参与乡村治理时，必须以稳定的治理秩序为先决条件，而这种秩序的建立必须以法治为

---

① 《中共中央国务院关于实施乡村振兴战略的意见》，第 9 页。

② 李建华：《现代德治论：国家治理中的法治与德治关系》，北京：北京大学出版社，2015 年，第 9 页。

③ 万俊人：《“德治”的政治伦理视角》，《学术研究》，2001 年第 4 期。

基本前提。“如果所有的人都是理性的和有美德的，就不需要法律和国家；一个完全有美德的人是受理性支配而不是受外在法律支配。但是很少有人是完善的，因此有必要用法律来确保我们的真正善的实现。”[①]应当看到，德治主要依靠人的良心和自律作用，通过社会舆论、风俗习惯、内心信念规范人们的行为，是一种强大的“软约束”。在乡村治理实践中，德治需要与作为“硬约束”的法治相互融合，并借助法律规范的确定性和强制性，才能对乡村日常生产、生活和治理进行有效约束。

在当前乡村治理实践中，法治对自治和德治的这种保障与边界作用也十分明显。在浙江省诸暨市枫桥镇枫源村调研时，村主任曾提到：“我们村村规民约中曾经有过‘罚款’的规定，但后来发现，村里没有罚款的权力，村里自己制定的村规不能违背国家法律，所以就把‘罚款’改为了‘赔偿’。”从“罚款”到“赔偿”的转变，体现的正是枫源村在村民自治过程中对法律的坚守。枫源村村干部在日常工作中形成了“办事依法”、“遇事找法”、“解决问题用法”、“化解矛盾靠法”的处理村庄事务模式，为村庄打造了良好的治理环境。枫源村一些具有法律知识的村民还自觉成立了“邻里纠纷调解会”、“红枫义警分会”等自治组织，免费为村民提供法律援助，宣传法律知识。除此之外，枫源村所隶属的诸暨市还为下辖村庄聘请了法律顾问，要求其每天至少在村庄微信群中推送一条有关法律法规的信息、每月至少来村接待村民一次、每个季度至少为村民举办一次法律法规知识讲座等。据统计，2016 年全年，诸暨市农村法律顾问共下村服务 4445 次、电话服务 7040 次、为村集体决策提供意见建议 1321 件、解答村民咨询 4117 件、调解村庄矛盾 451 件、办理村民诉讼案件 122 件、对村规民约进行合法性审查

① 弗兰克·梯利：《西方哲学史》，贾辰阳，解本远译，北京：光明日报出版社，2014 年，第 81 页。

295 次、无偿开展农村经济合同合法性审查 1816 件。利用法治思维和法治方式对村民自治和村庄德治进行规范和约束，是新时代“枫桥经验”的必然要求。

三、德治是自治和法治的支撑与引领

德治在我国具有几千年的文化传统，早在西周时期就已出现以“敬德”为核心的伦理思想体系。“惟王其疾敬德，王其德之用，祈天永命”(《尚书·召诰》)强调的便是统治者应该敬德配天，以求永享天命。春秋战国时期，孔子在吸收借鉴“周礼”的基础上，提出以“仁”为主、“仁”、“礼”结合的“仁学”伦理思想，突出了“德”在治理国家中的作用。经孟子、荀子、董仲舒等人的发展，儒家思想逐渐成为中国传统社会的主流思想，德治也成为统治者治理国家的重要方法。

“以德治国”方略的提出，使德治思想成为学术界和社会普遍关心的热点问题。罗国杰曾指出：“新型的社会主义‘德治’，是在继承和弘扬中国古代‘德治’思想的优良成分、抛弃其糟粕的基础上，以为人民服务为核心、以集体主义为原则，重视道德教育和道德感化的作用，强调选拔干部必须德才兼备的重要性，以及领导干部和公务员应当以身作则、注意发挥示范带头作用的‘德治’。”[①]这种德治能够克服封建统治中的不利因素，为现代国家治理提供帮助。

高效的乡村治理必须发挥德治在村民自治和乡村法治中的支撑和引领作用。一方面，德治可以为自治提供价值指引，通过不断提升村民思想道德境界提升自治水平。对于现代德治而言，其基本目的是“通过将社会的伦理原则和道德理想贯彻于社会政治生活和行政实践，使社会基本伦理原则和规范外化为或客观化为社会公共理性基础

① 罗国杰：《“以德治国”思想的理论意义和实践意义》，《高校理论战线》，2001 年第 3 期。

上的普遍价值原则和行为规范，特别是国家政治的行政行为和公民的社会伦理行为的普遍原则和规范”。[①] 伴随乡村工业化、城市化进程的加快和农民流动性的增强，村庄共同体出现了从同质性向异质性的转变，村民基于各自的生产活动和生活实践，形成了多元化的价值判断和多层次的道德境界，其中既有体现发展和进步的道德理念和行为，也存在着一些相对落后的道德观念和诉求。这就需要不断加强乡村道德建设，使体现发展和进步的道德观念和行动被更多的村民所认同和接受，进而转化为村庄共同体的伦理认同和集体行动，从而提升村民自治水平。近年来，诸暨市枫桥镇枫源村以“传承优秀传统文化”为载体，开展评选“最美手艺人”、“最美婆媳”、“最美孝亲人”、“最美村组”等活动，激发和提升村民的道德责任感和道德素养，为村庄治理提供了良好的价值引领和道德环境。另一方面，德治能够不断提升村民道德水平，降低法治的实施成本。良好的道德修养是村民参与乡村治理的前提，村民只有具备一定的道德素养才能自觉意识到个体当前利益与村庄整体利益以及长远利益之间的辩证关系，才能在具体治理过程中充分考虑他人的合理利益并对自身利益作出适当取舍，从而促进乡村治理的有效实施。较之法律而言，道德更多运用的是说服、劝导的方式，调节和规范社会利益关系中的种种矛盾。在基层村庄，村民间的一些利益冲突往往是因日常小事而起，如果诉诸法律，既耗费大量人力、物力、财力，又影响村庄内部的和谐。通过德治加强对村民的道德教化，提升其道德素养，尽可能避免不良行为的产生，能够有效减少村庄内部各种冲突的发生，既降低了法治实施的频率和成本，又能够更好地维护村庄共同体的内部团结和良好秩序。因此，法治进入乡村需要吸收德治精神加以不断完善。尤其应当注意的是，法律在基层

① 万俊人：《“德治”的政治伦理视角》，《学术研究》，2001 年第 4 期。

村庄的运用需要对村庄道德环境进行深入分析，准确把握村民道德状况，充分考虑村民现有的价值规范、行为习惯等内容，从而使法治最大限度地契合当地的道德文化传统，提高村民的认同度，从而降低法治的运行成本。枫源村在进行法治建设过程中，注重发挥家规家训的作用，利用村庄"立家规、谈家风、树家训、重家教"的良好氛围，将艰深晦涩的法律条文与村民道德习惯相结合，使村民在遵守家规家训的过程中对法律形成潜移默化的认同，从而在村庄实现"捕人少，治安好"的理想目标。乡村治理离开德治的支撑和引领，自治和法治会失去应有的价值目标。德治是村庄良好风气的催化剂，缺少德治参与的村民自治难以在乡村营造良好的秩序。没有德治的价值引领，一部分缺少道德自觉的村民只会将关注点放在与自身当前经济利益有关的事务上，缺少对村庄整体利益、长远利益的关注，村民自治将可能沦为利益博弈的工具。而在依靠法律治理乡村的过程中，缺少了德治的参与，一般性的法律条文也难以真正被村民认可和践行。"法律平等地适用于每一个人，同样地约束每一个人，而不论每个人的动机如何。"[①]换言之，法律以强制性平等地对待共同体中的每一个个体，对于个体而言，在法律面前只能被动接受，而不能自主选择。"道之以政，齐之以刑，民免而无耻。"(《论语・为政》)村民之所以服膺于法律并非是基于自愿，而可能只是权衡利弊之后迫于压力的被动选择，甚至还可能出现一些人想方设法钻法律漏洞。因此，法律如果不能成为内心认同的律令和准则，就无法使村民真正接受，更无法让他们产生敬畏之心。因此，乡村自治需要从挖掘本土文化入手，培养村民对道德文化的认同，发挥道德教化作用，建立相应奖惩机制，不断提升村民的道德水平。

"乡村治，百姓安"，新时代中国特色社会主义乡村治理必须健全

① 罗纳德・德沃金：《认真对待权利》，信春鹰、吴玉章译，北京：中国大百科全书出版社，1998 年，第 271 页。

自治、法治、德治相结合的乡村治理体系，从而促进乡村振兴战略的顺利实施。

（原文发表于《绍兴文理学院学报》2018年第5期，《中国社会科学文摘》2019年第2期全文转载，第二作者为刘昂）

【『地方性道德知识』与乡村伦理】

“生存伦理”与“理性意识”的共生与紧张
——20世纪20—40年代苏南乡村地权关系的经济伦理解读

在对中国乡村问题的研究中，地权关系始终是经济学、历史学、人类学等学科共同关注的焦点。有学者曾指出：“地权是乡村社会历史变迁的全息元，即地权蕴涵了乡村社会历史的全部信息含量”。[①] 20世纪20—40年代，苏南乡村地权关系中呈现出的土地所有权分散和“一田二主”的特殊现象，[②]从一定意义上说，体现了在这一地区特定的经济发展背景中农民所产生的特殊道德判断和道德选择。

一、问题的提出：20世纪20—40年代苏南乡村地权关系的基本态势与伦理蕴涵

从历史上看，苏南地区相对优越的自然资源条件以及长期的社会稳定，促进了这一地区经济的繁荣，也带来了人口的快速增长。明清时期，这一区域已是“人烟辐辏，市廛兴旺”，成为全国人口最为稠密的地区。然而，耕地面积的增长却是极为有限的。尤其是清代以后，土地资源基本已开垦完毕，人口增长、市镇发展对土地的占有更导致耕地面积的缩减。19世纪以后，苏南地区的人口增长更为迅速，人地矛盾也更加突出。可以说，苏南传统乡村耕织结合、耕渔结合的生产方

---

① 张佩国：《近代江南乡村地权的历史人类学研究》，上海：上海人民出版社，2002年，第1页。

② 本文中的“苏南”，意指江苏南部的苏州、无锡、常州及其所辖县市。

式和经营性农业的发展，正是对这种人地矛盾的调适和缓解。与此同时，这种突出的人地矛盾，使苏南乡村在土地占有关系和租佃关系上形成一系列的调适性特征。

与农业生产商品化相伴随的土地商品化，使苏南乡村土地所有权与使用权的分离更为迅速。太平天国运动后到抗日战争爆发的近80年间，苏南农村的土地租佃率增长了3倍多。1908—1945年，日本在我国大连设置的“南满洲铁道株式会社”（以下简称“满铁”）的调查显示，苏南租佃地占总耕地近2/3，大大高于同期华北地区租佃地占总耕地1/3的比例。但是，尽管近代苏南地区土地租佃率很高，土地所有权却并不趋于集中。从农民手中分离出来的地权并不是像我国相当一部分地区那样完全集中在少数大地主手中，而是分散地由许多中小地主所占有。由此，苏南近代社会的土地占有关系呈现出“分散（自耕农）→集中（大地主）→分散（中小地主）”的特殊演变轨迹。[①]

与此同时，伴随着土地所有权分散化的趋势，苏南农村普遍出现了田面权与田底权相分离的现象，也就是说，同一土地有田面业主和田底业主两个所有权人，这一现象被称为“一田二主”。关于这一问题的经典史料，是陶煦在《周庄镇志》中的下列叙述：

> 俗有田底、田面之称，田面者佃农之所有，田主只有田底而已。盖与佃农各有其半，故田主虽易而佃农不易，佃农或易而田主亦不与。有时购田建公署，架民屋，而田价必田主与佃农两议而瓜分之，至少亦十分作四六也。[②]

① 参见曹幸穗：《旧中国苏南农家经济研究》，北京：中央编译出版社，1996年，第224—226页。

② 陶煦：《周庄镇志》卷四，风俗。续修《四库全书》717，史部，地理类。

从中可以看出，这种田面权与田底权一样，可以世代继承，也可以再将其转让给第三方。在苏南地区，这种土地所有权和租佃关系上的特殊形态一直到解放前依然存在。费孝通在以地处苏南的开弦弓村为背景的研究中有下列论述：

> 根据当地对土地的占有的理论，土地被划分为两层，即田面及田底。田底占有者是持土地所有权的人。因为他支付土地税，所以他的名字将由政府登记。但他可能仅占有田底，不占有田面，也就是说他无权直接使用土地，进行耕种。这种人被称为不在地主。既占有田面又占有田底的人被称为完全所有者。仅占有田面，不占有田底的人被称为佃户。①

事实上，对于“一田二主”问题，学界至今仍有不同的看法。有学者认为田底权和田面权都是所有权，也有学者认为，田面权等同于永佃权，是一种使用权。② 在此，笔者无意对这些学术观点进行整理或评判。本文所要探讨的是，在苏南乡村地权关系中，何以会出现并长期存在“一田二主”这一现象？为何在全国多数地区农村土地所有权趋于集中的情况下，苏南地区却出现了土地所有权的分散？这种特殊的乡村地权关系，是否隐含着生成于特定地域经济发展背景中的特殊道德判断和选择？

---

① 费孝通：《江村经济——中国农民的生活》，北京：商务印书馆，2001 年，第 157 页。

② 关于这一问题的多种观点，可参见张佩国：《近代江南乡村地权的历史人类学研究》，上海：上海人民出版社，2002 年，第 269—287 页。

二、“生存伦理”与“理性意识”：两种理论资源及其论争

在农民的行为选择中，究竟是首先考虑“安全第一”的生存规则，还是“利润最大化”的利益追求？俄国组织和生产学派的代表人物恰亚诺夫最早从经济学角度分析这一问题。他认为，小农的经济行为是非理性的，农民与资本主义时代的“经济人”毫无共同之处，他们不是冷冰冰的“理性动物”而是代表着“一种新的人类文化，一种新的人类自觉”。[①] 他指出，农民在两个主要方面区别于资本家：他依靠自身劳动力而不是雇佣劳动力，难以核算其工资；他的产品主要满足家庭自身的消费而不是在市场上追求最大利润，无法衡量其利润。因此，农民的行为无法用单位生产成本和收益进行衡量，“小农经济”形成了一个独特的体系并遵循自身的逻辑和原则。[②] 斯科特是恰亚诺夫理论的继承者，他在考察东南亚地区特有的生产、生活和交往方式的基础上，论证了“安全第一”是农民最基本的生存伦理原则。在他看来，农民的经济行为是基于道德而不是理性，他们奉行“安全第一”的原则，在这一原则的支配下，农民所追求的不是收入的最大化，而是较低的风险分配与较高的生存保障。正因为如此，小农总是选择收益虽低但风险更小的生产技术，而放弃那些虽然具有较高收益的期望值但收益不确定的新技术。[③]

不少学者不同意对农民经济行为的非理性阐释，其中，诺贝尔经济学奖获得者西奥多·舒尔茨的观点最具代表性。在他看来，认为传

---

① 恰亚诺夫：“社会农学的基本思想与工作方法”，载《恰亚诺夫选集》第 4 卷，海牙 1967 年，第 21 页，转引自秦晖、苏文：《田园诗与狂想曲——关中模式与前近代社会的再认识》，北京：中央编译出版社，1996 年，第 308 页。

② 恰亚诺夫：《农民经济组织》，萧正洪译，北京：中央编译出版社，1996 年。

③ J. C. 斯科特：《农民的道义经济学：东南亚的反叛与生存》，程立显、刘建等译，南京：译林出版社，2001 年。

统农业中小农经济行为缺乏理性的观点是一种"幼稚的文化差别论",[①]农民在考虑成本、利润及各种风险时,与资本主义企业主具有同样的"理性"。无论是种植的谷物数量与种类,耕种的次数和深度,还是播种、灌溉和收割的时间,手工工具、灌溉渠道、役畜与简单设备的配合等等,都是考虑边际成本的收益后所做出的理性选择。因此,农民是理性的经济人。波普金支持舒尔茨的观点,认为农民与商人一样,都会在权衡长短期利益及风险因素之后,为追求最大生产利益而作出合理的选择。在这个基本问题上,并不存在本质的差别。正是基于这一分析,他做出了"理性的小农"这一论断。[②]

关于农民"生存伦理"与"理性意识"的争论仍在继续,国内学界在中国农民经济行为是否理性问题上亦存纷争。[③] 事实上,斯科特在论及"安全第一"准则的约束力问题时,十分明确地提出:"越是接近生存边缘线——只要处于生存线之上——的家庭,对风险的耐受性越小,'安全第一'的准则的合理性和约束力就越大。"[④]或者说,这一原则更加"适用于贫困的农民和佃户,而不适用于那些经常雇人劳动又有充裕的土地和存款的富裕农民"。[⑤] 在根据生存保障原则考察东南亚农

---

① 西奥多·舒尔茨:《改造传统农业》,梁小民译,北京:商务印书馆,1999 年,第 23 页。

② S. Popkin. *The Rational Peasant: The Political Economy of Rural Society in Vietnam, Berkeley*: University of California Press, 1979.

③ 关于这一问题,较有代表性的观点可参见[美]黄宗智:《长江三角洲小农家庭与乡村发展》,北京:中华书局 2000 年,《中国农村的过密化与现代化:规范认识及出路》,上海:上海社会科学院出版社 1992 年;马若孟:《中国农民经济》,南京:江苏人民出版社 1999 年版;林毅夫:"小农与经济理性",载《农村经济与社会》杂志,1988 年第 3 期;秦晖:"市场信号与'农民理性'",载《改革》杂志,1996 第 6 期;释然:"文化与乡村社会变迁",载《读书》杂志,1996 年第 10 期。

④ J. C. 斯科特:《农民的道义经济学:东南亚的反叛与生存》,程立显、刘建等译,南京:译林出版社,2001 年,第 27 页。

⑤ J. C. 斯科特:《农民的道义经济学:东南亚的反叛与生存》,程立显、刘建等译,南京:译林出版社,2001 年,第 32 页。

民在殖民地统治下面临的安全困境问题时，斯科特已经认识到“殖民地的国家政治和农业商品化的发展”所带来的农村土地制度变革及阶级关系恶化。在他看来，“从前为农业的部分风险承担责任的地主们，现在不仅能从农民那儿收取更多的地租，而且对佃户收取固定费用，从而使农民面对更大的农作物和市场的风险。”[①]他认为，东南亚地区与资本主义的法律制度和资本主义世界市场的结合，导致地主、佃农和雇佣工人的关系出现了显著的变化，“这种关系的保护性的、家长性的许多内容不见了，而变成了不受情感影响的契约性关系。”[②]正是这一变化，导致“土地制度失去了对佃户的灵活性，因而失去了道义基础”，[③]农民也因为失去最基本的生存安全保障而采取了各种形式的反抗。

三、共生与紧张：苏南乡村地权关系特征之解释路径

尽管学者们对农民理性意识与生存伦理问题的研究并非以苏南乡村为背景。但是，他们所提出的原则和论证，尤其是斯科特“安全第一”的生存伦理原则及其适用性判断，对于理解苏南地区自20世纪20—40年代的乡村地权关系，有着十分重要的参考价值。

首先，苏南乡村这一时期土地所有权分散的主要原因，是苏南地区工商业迅速发展对乡村大地主投资方向所产生的直接影响。从曹幸穗整理的“满铁”调查数据（见表1[④]）中，可以十分清楚地对抗战以

① J.C.斯科特：《农民的道义经济学：东南亚的反叛与生存》，程立显、刘建等译，南京：译林出版社，2001年，第57页。

② J.C.斯科特：《农民的道义经济学：东南亚的反叛与生存》，程立显、刘建等译，南京：译林出版社，2001年，第84页。

③ J.C.斯科特：《农民的道义经济学：东南亚的反叛与生存》，程立显、刘建等译，南京：译林出版社，2001年，第115页。

④ 参见曹幸穗：《旧中国苏南农家经济研究》，北京：中国商业出版社，1997年，第47页。

前苏南农村各种投资的利润率进行比较：

表1 抗战前苏南农村各类投资利润率比较表

(A)

地名	地价（元/亩）	平均地租（元/亩）	赋税（元/亩）	纯地租（元/亩）	地租与地价之百分比
无锡荣巷镇	70	5	1.1	3.9	5.60%
嘉定石岗门镇	80	7	1.2	5.8	7.30%
松江华阳桥镇	60	9	1	8	13.30%
常熟虞山镇	50	6	1.07	4.93	9.90%
平均	65	6.75	1.09	5.66	8.70%

A：土地投资利润率(以中等地计算)

(B)

工厂类别	工厂数	资本总额（千元）	年产值（千元）	成本（千元）		纯利润（千元）	投资利润率(%)
				原材料	工资		
棉纺	1	100	532	454.33	54.37	23.3	23.30%
棉织	23	96	504	328.61	122.77	52.62	54.80%
碾米	23	102	183	160.67	15.63	6.7	6.60%
印刷	8	16	120	80.84	27.72	11.88	74.30%
机修	2	2	10	7.35	1.86	0.79	39.50%
合计	66	316	1349	1031.36	222.35	95.29	30.20%

B：工业投资利润率(以战前常熟县各类工厂为例)

从上述数据可以看出，购买土地的利润率远远低于其他工业投资项目。这表明，在当时苏南的社会经济背景下，投资土地已并非最佳的生财之道。正是这一原因，导致大地主和富商们放弃对土地的投资而转向其他利润率更高的新兴工商业。这种投资方向的转移，体现了大地主、大商人为代表的最富有阶级作为“理性经济人”对更高投资回报的追求。而与此同时，富农、小地主和小商人在无力进行大规模工商投资的情况下，将其通过经营性农业或家庭手工业等渠道积聚的少量剩余财富投向土地。对于他们来说,土地仍然是一种最让人有"安全感"的固定资产,"地就在那时摆着。你可以天天见到它。强盗不能把它抢走。窃贼不能把它偷走。人死了地还在。"[①]正是与这种安全感直接联系的占有土地的动机,以及一定的投资回报,使小地主们选择了这种风险较低而又有所回报的投资方向。他们的行为选择,是"生存伦理"下的"安全第一"与"经济理性"支配下的利益追求共同作用的结果。此外,还可以看到,一批已经离村进城谋生的农民并没有出卖自己的小块土地,而是采用出租的方式,"这种出租的动机当然首先不是为了收取地租(二三亩地的地租是很有限的),主要是为了在村中留下一处安身之所,以便在外面遇到挫折时有一条后退的生路"。[②] 也就是说,在这些农民看来,土地具备了一种特殊的价值,"是活的家产,钱是会用光的,可地是用不完的"。[③]可以说,这些农民的选择,更多体现的是在"安全第一"的生存伦理原则支配下长期形成并已成为思维定势的一种"恋土情结"。上述分析,验证了斯科特关于"安全第一"准则的约束力和适用性的论断。

其次,与"一田二主"现象相伴随的,是苏南乡村这一时期租佃关系的相对固定化。从表2的数据可以看出,[④]在20世纪30年代,苏南地区90%的租佃契约都是永佃及不定期租佃,租期1—10年的定期租佃只有2.5%。而同一时期的华北农村,租佃契约主要还是10年以下的定期租佃。[⑤]

---

① 费孝通:《江村经济——中国农民的生活》,北京:商务印书馆,2001年,第160页。

② 曹幸穗:《旧中国苏南农家经济研究》,北京:中国商业出版社,1997年,第69—70页。

③ 费孝通:《江村经济——中国农民的生活》,北京:商务印书馆,2001年,第160页。

④ 该表数据系曹幸穗根据"满铁"调查资料整理。参见曹幸穗:《旧中国苏南农家经济研究》,北京:中国商业出版社,1997年,第75页。

⑤ "满铁"1936年对冀东三个村庄的调查资料显示,所有租约中2/3只维持了5年以下。参见[美]黄宗智:《华北的小农经济与社会变迁》,北京:中华书局,2000年,第220页。

表 2　苏南农村不同租佃期限分类统计表(1938—1939)

地名	户数	佃户①	租佃契约中不同租佃期限(件数)				
			永佃	无限期	定期②	不详	合计
无锡荣巷 3 村	80	18	—	40	1	—	41
松江华阳桥 4 村	63	60	118	8	1	13	140
常熟虞山 1 村	55	34	126	—	6	9	141
合计	198	112	244	48	8	22	322
不同佃期比重(%)	—	—	75.8	14.9	2.5	6.8	100

说明：①佃户包括佃农及半自耕农。②定期租佃的期限在 1—10 年之间。

"一田二主"现象及其所带来的租佃关系的长期稳定化，符合主佃双方的意愿。对地主来说，这一惯例能够为其收取预期的土地投资回报提供保障。伴随着苏南这一时期城市工商业的发展，大量地主迁居城市，他们最关心的只是是否能够按期收取地租，土地的耕种者和经营状况与自身的利益并没有直接关系，因而也就显得无关紧要。易而言之，在地主看来，田底权已经更多地表现为一种投资选择，一旦有更好的投资机会，他就会将田底权出售。正因为如此，这一时期苏南地区的田底权交易十分频繁，"几乎可以像股票和债券一样买卖，与谁拥有田面权和谁实际使用土地完全无关"。[①] 由此可以看出，地主对"一田二主"的认可，是基于一个理性经济人对自身利益的计算而做出的选择。而对佃农来说，这一制度免除了他一旦失去土地便断绝生存之路的忧虑，为其提供了最基本的生存保障。同时，田面权可以作为一种家产分割和传递。[②] 正因为如此，佃农逐渐将田面权当作自己的财产并对其产生生存上的依赖和情感上的依恋。甚至于，在这当中包含

① 黄宗智：《长江三角洲小农家庭与乡村发展》，北京：中华书局，2000 年，第 110 页。

② 林惠海等在对吴县枫桥镇孙家乡的调查中发现了两份分家书，分别记录了居阿根兄弟三人分产、周留福与姐姐金娥分产的情形，其中，所列租田均作为家产分割。参见张佩国：《近代江南乡村地权的历史人类学研究》，上海：上海人民出版社，2002 年，第 285 页。

一种体现在土地占有延续上的道德共识,"继续保持土地拥有是子女孝心的表现。相反的行动就会遭到社会舆论的批评,认为是不道德的。[①]"把从父亲那里继承来的土地卖掉,就要触犯道德观念","好儿子不做这种事","这样做就是不孝"。[②] 事实上,尽管佃农拥有的田面权可以出卖,但一般来说,不到万不得已,他们是决不肯轻易放弃的。"人们有时急需用钱,经济紧张迫使人们把土地当作商品对待",但是,"即使在那时,出卖土地也要通过转弯抹角的形式来完成"。[③] 可见,田面权对佃农来说,更多是一种基于生存伦理意识的安全保障。这一分析,也基本符合斯科特对"安全第一"原则所做出的适用性判断。

此外,还应看到,苏南乡村田面、田底分离的地权结构,也使得地主和佃农的关系以及收租交租方式出现了一些自身的地域特征。田底权的自由交易,使田底权人与土地及田面权人之间的关系缩减到最低程度,甚至于出现,"不在地主对于土地的位置、土地上种的庄稼、甚至对于交租的人都一无所知"。[④] 佃户对地主的依附程度也逐渐削弱,主佃关系开始向一种经济契约关系转变。只是,这种契约关系并不是一种纯粹的经济契约关系,而是常常夹杂一些道德与情感的因素。一般来说,在佃农遇到天灾人祸无力交租时,地主通常会给予一定的减免。这不仅出于一种道义上的支持,更重要的是,在地主看来,如果佃户确实无力交租,即便将他送入监狱也于事无补,反而导致土地无人

---

① 费孝通:《江村经济——中国农民的生活》,北京:商务印书馆,2001年,第80页。

② 费孝通:《江村经济——中国农民的生活》,北京:商务印书馆,2001年,第161页。

③ 费孝通:《江村经济——中国农民的生活》,北京:商务印书馆,2001年,第164页。

④ 费孝通:《江村经济——中国农民的生活》,北京:商务印书馆,2001年,第164页。

耕种而荒芜。[①] 而在佃户的传统意识中，交租被认为是一种“道义上的责任”，是一种天经地义的责任。“我们是好人，我们从不拒绝交租。我们就是穷，也不会去偷东西，我们怎么会拒绝交租呢?”——“你为什么要交租呢?”——“地是地主的，我们种他的地，我们只有田面。没有田底，就不会有田面。”[②]也就是说，佃户的交租行为并不是仅仅出自对监禁等惩罚措施的恐惧，更多是出自将这一行为视为应当履行的道义责任。

不过，也应看到，20 世纪 20 年代以后，伴随着苏南乡村经济的日渐萧条，地租越来越成为农民的沉重负担。生存的巨大压力，加之“三民主义”、“耕者有其田”等一些新思想的传播，逐渐削弱乃至消解着佃农这种交租的“道义责任感”。“交不起租的贫农现在感到不交租是正当的，那些交得起租的人则先观望是否要强迫他们交租”。[③] 与此同时，地主面对大量的地租流失，开始采取各种强硬措施保障自己的收益获得。由此，地主与佃农之间的关系逐渐恶化，甚至产生激烈的冲突。这种冲突，在一定程度上，体现了农民“生存伦理”原则与地主“经济理性”意识之间的紧张。在 1922—1931 年间，由《申报》和《新闻报》所记载的江浙两省较大规模的佃业冲突事件就有 197 起，并且冲突的数量在这 10 年间呈明显上升趋势：1922—1924 年间每年 9—10 起，1925—1927 年间每年 17—19 起，1928 年以后每年超过 20 起。苏南地区这一时期最为严重的冲突发生在 1935 年的吴县。由于虫灾导致当年严重歉收，佃户欠租情况严重。地主勾结官府逮捕了许多欠租佃

---

① 费孝通：《江村经济——中国农民的生活》，北京：商务印书馆，2001 年，第 164—165 页。

② 转引自费孝通：《江村经济——中国农民的生活》，北京：商务印书馆，2001 年，第 166 页。

③ 费孝通：《江村经济——中国农民的生活》，北京：商务印书馆，2001 年，第 167 页。

户，从而导致发生了大规模的抗租风潮。从当年12月29日到次年6月26日，唯亭、金沙、斜塘、车坊等近二十个乡的农民发动了十数次抗租运动，其中参加人数在三百人以上的有八次之多。[①] 此外，1926—1933年，相当数量的江浙农民参加了由中国共产党领导的农民暴动，他们参加土地革命的目的，“不仅要取得土地的使用权，主要的还要取得土地的所有权”。[②] 斯科特曾将东南亚农民铤而走险、奋起反抗的反叛和起义归因于土地制度使农民失去了最基本的生存安全保障，从而侵犯了农民生存的伦理道德和社会公正感。尽管斯科特的研究是以东南亚的缅甸和越南为个案的，但是，这一思路逻辑，亦有助于解释这一时期我国苏南乡村地主与佃户之间关系的矛盾与冲突。

（原文发表于《江苏社会科学》2007年第6期，人大复印资料《伦理学》2008年第2期全文转载）

① 周晓虹：《传统与变迁——江浙农民的社会心理及其近代以来的嬗变》，北京：三联书店，1998年，第134—135页。

② 许纪霖、陈达凯主编：《中国现代化史》，上海：上海三联书店，1995年，第466页。

在平等与差异之间

——苏南乡村工业化进程中的分配模式及其走向

一、平等与差异并存：苏南村庄共同体分配模式的基本态势

改革开放以来，苏南乡村走出了一条具有自身特色的发展道路。[①]在相当长的一段时间里，苏南地区“以集体经济为主体，共同富裕为目标”的发展模式，使公正共享成为其分配模式上的基本价值取向和伦理原则。这种公正共享的分配伦理体现为企业分配机制的“公平合理”与村庄共同体内部的“道义性调节”相结合。具体而言，在企业内部，强调权利与义务的对等均衡，即“劳”与“得”的直接对应关系；而在村庄共同体内部，则通过一种近乎“平均主义”的方式实施“道义性调节”。正是这种分配模式，使我们看到苏南乡村独具特色的“差异”与“平等”并存的现象。伴随着苏南乡村工业化的进程，尤其是 20 世纪 90 年代后乡镇企业的改制以及多种所有制经济的共同发展，使苏南农

① 对于“苏南”这一地区，目前有多种不同的界定标准。传统的苏南，是指江苏南部的苏州、无锡、常州三市及其所辖县市，又称“小苏南”，这也正是本文使用的“苏南”所对应的区域界定。2000 年，江苏省调整行政区划，把南京、镇江划入苏南范围，从而使苏南的地域范围扩大到江苏省内长江以南的广大地域，目前包括了南京、镇江、常州、无锡、苏州五市及其所辖的 14 个县市，通称“大苏南”。

民个人及家庭收入差距开始扩大。笔者在江阴市周庄镇村华宏村获取的田野调查资料显示,[①]被访者填写的2006年全年个人收入从1600元至20万元不等(见表1),全年家庭收入从4800元至40万元不等(见表2)

表1 华宏村民2006年全年个人收入(元)

		百分比	有效百分比	累计百分比
有效	1600—5000	9.3	11.3	11.3
	6000—15000	31.3	37.9	49.2
	16000—25000	20.7	25.1	74.2
	30000—50000	17.3	20.9	95.2
	55000—200000	4	4.8	100
总计		82.6	100	
无效(拒绝回答)		17.4		
总计		100		

---

① 华宏村位于江阴市周庄镇西南部,占地6.5平方公里,全村总人口8000余人,加上外来务工人员7000多人,实际居住人口已经超过15000人。自20世纪80年代以来,在乡村工业化的发展进程中,华宏村已经逐渐演变为一个没有一亩农田、没有一个完全务农的农民的新型工业化乡村社区。华宏村的田野调查采用问卷调查与深度访谈相结合的方式,调查时间为2007年1月。问卷调查使用了多阶段系统抽样方法。在保证各个抽样地点选取的样本量有足够代表性和统计意义的前提条件下,充分考虑了不同调查区域的实际情况和调查组织实施的可操作性,按照配额抽样的方式,根据户籍人口和流动人口这一特征指标,来具体分配样本量。共抽取208个样本点,其中本村人口样本150个,外来务工人员样本58个。在调查过程中,由于人口样本的智力障碍、长期外居、挂户无人等问题,实际访问样本153个,收回有效问卷150份。问卷调查结果采用SPSS12.0高级统计分析软件进行数据处理及统计汇总分析。此外,笔者在华宏村以半结构式的深度访谈(semi-structured depth interview)方式进行了21例个案访谈,访谈时间从1—3小时不等。受访对象大部分是村委会根据笔者所提出的兼顾年龄、性别、职业、收入的原则安排和联络的,少部分由笔者直接联系。除少数访谈在被访者工作地点完成以外,大部分访谈地点安排在村委会会议室。

表 2　华宏村民 2006 年全年家庭收入(元)

		百分比	有效百分比	累计百分比
无效	4800—10000	6	4	4.7
	15000—30000	50	33.3	39.3
	35000—70000	43	28.7	33.9
	80000—125000	21	14	16.6
	150000—400000	7	4.7	5.5
总计		127	84.7	100
无效(拒绝回答)		23	15.3	
总计		150	100	

对于大多数苏南农民来说,在各类企业的务工收入是其最主要的收入来源。因此,导致苏南农民个人及家庭收入差距扩大的最主要原因,是不同企业的经营状况、分配机制及劳动者的岗位的劳动数量、质量等方面的差异。就此而言,苏南乡村的企业分配机制并没有什么特殊之处,它遵循的是一种以“合理的差异”为前提的“公正”原则。这也正是当前市场经济条件下绝大多数企业所采纳的分配机制。不过,苏南乡村的特殊性在于,与这种企业分配机制及其所带来的收入差距并存的,是相当一部分村庄对村民实施的一种“人人平等”的货币或实物分配。这种“平等”,在被誉为“天下第一村”的华西村,体现为村集体为每位村民提供的口粮和每人每年 3000 元的菜金补贴。[①] 而在笔者调查的华宏村,收入差距已超过百倍的村民,居住的却是面积与结构完全相同的公寓房。村民住房的分配过程,使我们可以看到一种“人人平等”的分配原则。

① 周怡:《中国第一村:华西村转型经济中的后集体主义》,香港:香港牛津大学出版社,2006 年,第 107—110 页。

> 华宏世纪苑小区的公寓房是按照村民代表大会确定的规划方案统一建造的，底楼为汽车库，上面为四层楼。每一层楼面为一户人家，采用对对户的形式。按照村里的规定，只要是1992年至2002年在册的常住人口，每人可分得3.8万元。每户在拆迁时都能拿到拆迁款。华宏世纪苑房子的均价为538元/平方米，每套房面积为208平方米。由于8户人家有10个汽车库，一些只要一个汽车库的村民除自己一分钱也没有花外还可从村里拿到6万多元，而一些四世同堂的大家庭，除了装修以外，还可以拿到够买一辆汽车的钱。[①]

此外，华宏村每年以平均分配方式发放的村民福利还包括：每个村民的口粮补贴每年800元/人，低保户的低保补贴1200元/季，60岁以上老人的老年补贴200元/月，农村医疗保险20元/人，财产保险36元/户，独生子女补贴60元/人，自来水补贴每年3吨/人，等等。[②]

苏南乡村在工业化进程中的这种分配模式，既体现了市场经济发展所要求的具有激励作用的"合理差异"，又以村集体福利形式兼顾了失地农民和弱势群体的基本生活保障。华西村老书记吴仁宝将这一模式称为"拉开档次的共同富裕"和"差序中求得一致"。[③] 这一分配模式所遵循的，是基于"平等"与"差异"相结合的公正共享之伦理原则。罗尔斯曾指出，作为主要运用于社会基本结构或制度的基本正义原则系统，第一原则是"平等的自由原则"，适用于"支配权利和义务的分

---

① 资料来源：《华宏模式》，华宏集团内部资料。

② 资料来源：《华宏模式》，华宏集团内部资料。

③ 周怡：《中国第一村：华西村转型经济中的后集体主义》，香港：香港牛津大学出版社，2006年，第147页。

派”，第二原则是“差异原则”，适用于“调节社会和经济利益的分配”。[①]具体而言，这种“差异原则”要求：“社会和经济的平等应这样安排，使它们：①在与正义的储存原则一致的情况下，适合于最少受惠者的最大利益；并且，②依系于在机会公平平等的条件下职务和地位向所有人开放”。[②] 罗尔斯的按公正原则分配理论，得到国内外众多学者的呼应，并且，基于这一理论形成了一种“多层次”社会分配体系论。[③] 反观苏南村庄共同体内部的分配模式，正是一种试图将市场分配、社会制度安排与社会道义性调整相结合的分配体系。这里，社会道义性调整是通过“人人平等”式的村庄共同体内部福利分配的制度安排得以实现。也就是说，以社区政府为决策者和执行者的这种制度安排兼有“政府调节”与“道德调节”的双重意义，社区共同体成员则通过平均分配的方式，共享社区经济发展的利益成果。

二、平均主义与经济理性的内在紧张与回应：苏南乡村分配模式的历史生成

苏南乡村在其发展中所显现的差异与平等并存的分配模式，与其独特的地域伦理文化特征及改革开放后形成的“以集体经济为主体，共同富裕为日标”的发展模式有着密切关联。具体而言，一方面，吴文化精明理性的传统、近代以降形成的重商主义经济价值观，使苏南农民较早具备了理性务实的经济价值观和功利主义的道德准则；另一方

① 罗尔斯：《正义论》，何怀宏、何包钢、廖申白译，北京：中国社会科学出版社，1988 年，第 61 页。

② 罗尔斯：《正义论》，何怀宏、何包钢、廖申白译，北京：中国社会科学出版社，1988 年，第 302 页。

③ 国内学者的在这一问题上的代表性观点，可参见厉以宁：《经济学的伦理问题》，北京：三联书店，1995 年；《超越市场与超越政府——论道德力量在经济中的作用》，北京：经济科学出版社，1999 年；万俊人：《道德之维——现代经济伦理导论》，广州：广东人民出版社，2000 年。

面，传统小农的平均主义意识和改革开放后苏南乡村以集体经济为主体的所有制结构，又为集体成员共享集体利益之理念提供了基础。

苏南自古就是我国社会经济最发达的地区之一。作为传统的农耕区，苏南素有“鱼米之乡”的美称，是中国历史自进入农业文明时代以来最为富庶的地区之一。在长期的历史发展中，苏南乡村逐渐形成了耕织结合、耕渔结合的农业生产结构，并较早开始了经营性农业的发展历程。加之吴文化勤劳节俭、精明理性、阴柔秩序、崇文重教的伦理传统，使苏南传统乡村经济伦理具有了自身的地域特色。[①] 1840 年鸦片战争以后，伴随着西方资本主义的入侵，苏南经济作物的商品性生产进一步发展，并开始受到国际市场的影响。与此相伴相生的，是苏南农民重农轻商意识的削弱和经济理性意识的增强。苏南乡村 19 世纪中期至 20 世纪初期农业生产结构和生产方式的变化，是农民基于利益驱动所做出的理性选择。在这一过程中，农民对市场的敏感度日渐提高。易而言之，苏南农民在对收益、成本、风险进行了精心算计并产生明确预期的基础上，出于对经济利益的追求放弃了以农耕活动为主的生产模式，同时也改变了重农轻商的经济价值观。

鸦片战争后西方功利主义价值观的引进和传播，也对苏南地域伦理文化的发展产生了极大影响。西方功利主义价值观的核心精神即所谓“利益(幸福)最大化”的理性原则。这一原则内含两个基本方面：一是基于经济理性，即对经济行为的成本投入与效益收入之价值比率的精确算计和推理——所建立起来的“价值最大化”之价值评价标准或效果论判断标准；二是将此经济理性由个体行为领域扩展到集体行为领域进而将之确立为一种具有社会经济体制规范和价值约束力的

① 关于苏南传统乡村经济的特色、吴文化的伦理传统及其优势与缺陷评析、苏南乡村经济伦理的历史演变等，可参见新望：《苏南模式的终结》，北京：三联书店，2005 年；王露璐：《乡土伦理》，北京：人民出版社，2007 年。

社会伦理原则，即所谓“最大多数人的最大幸福”原则。正是在西方功利主义价值观的影响下，以冯桂芬、王韬、薛福成、马建忠为代表的一批苏南改良思想家率先冲破了长期以来在中国封建社会占统治地位的“重农轻商”、“重义轻利”等传统价值观的束缚。在他们宣传和倡导的“重商言利”思想影响下，苏南乡村社会传统职业观念中的士农工商排位发生变化，弃农经商者比比皆是。可以说，这一时期，苏南乡村经济伦理在继承和进一步发扬吴文化精明、理性、务实传统的基础上，吸收了西方功利主义价值观的核心精神，初步形成了重商主义的经济价值观。这种重商主义经济价值观对近代以降苏南乡村经济伦理的演进和苏南现代乡村经济伦理的生成都产生了极其深远的影响。其核心原则的两个方面，即：经济理性基础上的“价值最大化”和“最大多数人的最大幸福”，逐渐渗透于苏南乡村生产、交换、分配、消费等经济活动及人们的日常生活和交往之中，并直接影响个人行为及区域(社区)经济发展路径的选择。

不过，自 20 世纪 50 年代开始的土地改革，在相当程度上重新强化了传统小农的平均主义意识，抑制了苏南农民现代经济理性意识的继续生长。“不患寡而患不均”，历来被用以证明中国传统伦理文化的平均主义特质。农民的平均主义理想，也被视为反抗剥削和压迫的强大动力。尽管土改并没有采取绝对平均的做法，但总体上看，土改使乡村社会人们的经济条件更趋于平均化，因而在相当程度上强化了农民固有的平均主义意识。正如当时太仓县新建乡贫农龚二官所说的，“希望社会主义早些来，到了社会主义大家可以一样了。”[①]这种经济条件的平均化及随之强化的平均主义意识在合作化运动后得到进一步增强，并通过人民公社化运动达到顶峰。在汹涌澎湃的“共产风”中，

① 中共江苏省委农村工作委员会：《江苏省农村经济情况调查资料》，1953 年内部印行，第 213 页。

农民模糊了“公”与“私”的界限：我的就是公家的，公家的也就是我的。“公”与“私”的混淆和转化，产生了责任不清、平均主义和“等靠要”的懒汉思想。[①]

如果说，土地改革使农民的经济条件趋于平均，那么其后的合作化、人民公社运动，则几乎完全消灭了农民生产和生活方式上的差别。人民公社时期长期实行的“工分制”，使人们几乎不可能形成经济收入上的差距；政社合一的体制，使村民的社会生活在各方面趋向“同质化”，也使这一时期的乡村生活变得“单调、呆板和千篇一律”。作为人民公社社员的村民，几乎丧失了个体外貌、生理特征和家庭关系之外的所有差别：“在社会身份上，他们从事着相同的职业，都是人民公社的社员；在经济收入上，身体好的和不好的、干活卖力的和不卖力的也不会有多少差别；在文化教育上，他们听同一种广播、唱同一支歌曲、看同一部电影、上同一所学校；最后，在日常生活上，他们也在食堂吃同一种饭菜，在提倡‘组织军事化、生产战斗化、生活集体化’的公社初期，晚上甚至还睡在同一张床上！”[②]可以说，这种社会生活的“同质化”，不仅产生了“人人都一样”的乡村生活状态，更导致传统小农平均主义思想进一步强化乃至固化。

今天，在中国率先走向农业的工业化、农村的城镇化和农民的市民化进程中的苏南乡村，我们依然能够看到这种平均主义思想存在的痕迹。2005 年，华宏村完成了村民集中居住区——华宏世纪苑的建造工程。在华宏村的调查中，几乎所有受访者都对这种“家家户户都一样”的居住环境表示满意。村书记回忆了当初规划方案的确定过程：

---

① 王晓毅：《血缘和地缘》，杭州：浙江人民出版社 1993 年，第 110 页。

② 周晓虹：《传统与变迁——江浙农民的社会心理及其近代以来的嬗变》，北京：三联书店，1998 年，第 182—183 页。

> 华宏世纪苑规划时有两个方案，一个是别墅，一个是公寓。别墅造价高，我们当时积累的财力造别墅有困难，如果硬让老百姓住其实是不负责任的。所以我原来想，搞一部分别墅一部分公寓。然后就下去摸底征求意见，结果，很多条件非常困难的也都说要别墅。因为他们想，这次不抓住机遇以后就没机会了，房子差了，以后儿子讨媳妇都困难。这个摸底的结果让我心里有数了，我决定，一律搞公寓房。家家户户都一样的，有钱也这么大，没钱也这么大；干部也这么大，群众也这么大。结果是，现在皆大欢喜。（2007 年 1 月 17 日上午 10:00—11:30 于华宏集团会议室与 HSY 的访谈记录）

华宏世纪苑的规划过程及目前村民对这一居住环境的总计评价，似乎正是小农“平均主义意识”顽固之验证。不过，对于一个在走向工业化进程中个体富裕程度已出现极大差别且这种差别已然得到大多数村民认同的村庄来说，[①]这种“平均主义意识”显然无法为村民“住房同一化”的意愿和行为选择提供合理而充分的论证。应当注意到，在漫长的封建社会，平均主义更多只是传统农民一种“乌托邦”式的理想诉求而非真正支配他们日常生产和生活的基本道德准则。尤其在苏南这一特殊的区域，长期经营性农业及市场行为的增加，使苏南农民较早萌生了现代经济理性意识，甚至产生了追求“利益最大化”的行为选择。诚然，土地改革及随后而来的集体化道路，国家政权推动下的“均贫富”路径重新强化了传统小农的平均主义意识，并在相当程度上

① 华宏村的被访者在被问及对收入差距的看法时，选择“很正常，做得多拿得多”和“很正常，收入差距能激发人赚钱”的比例分别为 40％和 25.3％，两者累计百分比达到 65.3％。

抑制了苏南农民现代经济理性意识的继续生长。但是,这种抑制并不等于完全消解。在20世纪50年代末期农村实行人民公社化的过程中,苏南一些地方就悄悄办起了一批社队工业。尽管其规模与数量不能与后来蓬勃兴起的苏南乡镇工业相提并论,但是,我们仍可从中捕捉到苏南农民现代经济理性意识支配下的致富冲动。而在改革开放以后,苏南农民更是在理性务实的经济价值观基础上,以独具特色的“苏南模式”率先将这种致富冲动转化为区域发展的领先优势。

苏南模式所确定的共同富裕目标,固然有其特定的政治背景与政策激励,但更多是由集体经济为主体的所有制结构决定的。集体经济为主体的所有制特征,决定了苏南模式集体成员共享集体利益的分配机制,并由此带来了社区成员共同富裕的结果。而苏南村庄共同体内部的“平均分配”,也正是由这种以集体经济为主体的所有制结构及其基础上共同富裕的价值目标所决定的。在我国相当一部分农村地区,村委会需要通过向村民收取费用来支付各项公共开支,而在苏南地区的绝大多数村庄,村集体企业上交给村委会的土地租金、管理费和部分利润,不仅足以支付村集体的公共开支,还能以各种实物和货币的福利形式补贴给村民。易而言之,在相当长的一段时期,成为苏南乡村经济之主体的集体企业,为集体成员共享集体利益提供了坚实的物质基础。并且,与这一时期苏南乡镇企业高速发展相伴随的财富增长,使走向“共同富裕”的社区成员成为中国农村“先富起来”的群体。这种区域内部的“共富”和与区域外部相比较的“先富”,造就并不断强化集体成员对基于村庄共同体内部“平均分配”所产生的“平等”的价值认同感,且进一步巩固了这种村庄内部的平等意识。

可以说,在苏南乡村独特的历史发展轨迹中,现代经济理性与传统平均主义意识的交织与混合，使苏南农民伦理价值观的变化出现了一种极为特殊的思路逻辑。在我的很多访谈对象的叙述中，这一思路体现为：既然“人人都一样”，那么“我也不能比别人差”；而想要“不比别人差”，就要“想办法多挣钱”。在这里，平均主义的“求同”与经济理性的“致富”所形成的一种内在紧张与回应，既使苏南乡村以基于企业内部分配的差异性产生更高的效率，从而实现其区域经济的比较优势，又使这一地区以诸如“人人都一样”的村民住宅和福利等形式，向人们继续展示着传统农民的“大同”理想。

三、差异扩大的必然性与平等维持的可能性：苏南乡村企业改制后的分配模式走向

自20世纪90年代开始，经过两次改制，大批苏南乡镇集体企业已经转变为股份制、公司制企业，建立了产权、责任、利益明晰的现代企业运行机制。这一转变，必然进一步扩大由于企业效益和劳动者岗位、业绩等因素造成的收入差距。华宏村某企业的会计CYX在访谈中讲述了目前自己所在企业个人收入的分配情况：

> 在我们厂里，工人大概一年收入3万多，一些工人是拿计件工资的，所以不完全一样。车间主任大约一年4—5万，中层干部一年7—8万。销售员是根据销售额提成的，高低差别很大。高的一年能拿二十几万，低的跟普通工人差不多，甚至个别的扣掉费用都没钱。工人对这种差距也没什么想法的，一直都这样。（2007年1月15日上午8:50—9:55于村委会议室与CYX的访谈记录）

同时，近年来苏南地区逐渐放弃了长期以来对非集体经济的政策

限制，[1]相反，采取种种鼓励政策大大促进了个体、私营经济的发展，也带来了村庄共同体内部收入差距的进一步扩大。此外，伴随着苏南乡村企业生产规模的不断扩大，大批外来务工人员开始进入这一区域。[2]在本村居民和外来务工人员之间，以“同工同酬”为原则的报酬平等所体现的企业内部分配制度的公平性，与就业岗位、升迁机会的“地缘优先”和村庄福利分配上的“地缘排斥”所带来的事实差异同时存在，从而为苏南乡村“平等与差异并存”的分配模式注入了新的内容。

在华宏村的问卷调查中，对于“本村人是否排斥其他地方人”这一问题，63.3%的被访者认为“不排斥”，18%的被访者觉得“无所谓”，仅有18.7%的被访者认为存在“排斥”。（见表3）但是，当我们进一步将“是否本地人”与“本村人是否排斥其他地方人”这两个问题做列联分析时发现，本地样本中选择“排斥”的仅占10.8%，外地务工人员样本中选择“排斥”的占41%。（见表4）这表明，外来务工人员认为存在“排斥”的比例远远高于本村居民。

表3　华宏受访者对是否存在排外现象的回答

	不排斥	排斥	无所谓	总计
频数	95	28	27	150
百分比	63.3	18.7	18	100

---

① 事实上，直到90年代中期，苏南大多数地区对个体、私营经济仍采取了限制发展的政策。例如，1995年，江阴市周庄镇人民政府在《关于规范和加强私营、个体工业管理的意见》中规定，领取私营、个体营业执照“必须由本人申请，所在村同意，经镇私营、个体工业管理科审核，工商行政部门才能予以办理有关手续”，并强调“对村级经济实力一般的村，严格控制设立私营经济”（参见周庄镇人民政府文件〈周政发[1995]11号〉，文件来源于华宏村村委会档案室）。在相当长的时期，苏南模式对集体经济主体地位的强调和对非集体所有经济的排斥，不仅表现为政策上的扶持和限制，更体现在整个社会舆论所给予的不同道德评判上。从一定意义上说，这种政策限制和道义排斥，使苏南地区民间资本的投资获利冲动受到极大压制，导致苏南地区乡村经济所有制结构过于单一化，也是苏南乡村经济发展在20世纪90年代中期逐渐失去活力的原因之一。

② 例如，华宏村目前本村人口8000余人，但外来务工人员已超过7000人。

表 4　华宏"是否本地人"与"是否存在排外现象"的列联分析

是否存在排外现象					
		不排斥	排斥	无所谓	总计
是否本地人	本地人	79	12	20	111
	外地人	16	16	7	39
	总计	95	28	27	150

结合大量访谈资料可以看出，这一结果源自本村村民与外来务工人员对"排斥"内涵的不同理解。在华宏村，一些本地村民在访谈中都认为，华宏不排斥外来打工者。原因在于，"在厂里，本地人与外地人干同样的活，工资是一样的"，"我们村专门搞了外来人员的宿舍，尤其是给外聘的管理人员和工程师的待遇是很好的"，"外地人干得好的话也能升职的，还会给他们房子，留他们"，等等。而外来务工者中之所以有更多人认为存在"排斥"，是因为"同样条件下，本地人会受到优待"，"好的工作岗位，像车间主任、管理人员基本上是本地人"，"外地人升职比本地人困难得多"。易而言之，本村村民在与外来务工人员"同工同酬"的同时，享有就业岗位与升迁机会上的"地缘优先"。一位华宏村民十分明确地告诉我：

> 书记每次开会都会对各个厂说，本村的，只要能干活，还是要优先的。我觉得也应该这样。现在基本上各个厂在安排人员的时候也是这样考虑的。本村没有人了，安排外村的，外村没有了，再安排别的镇的，最后再安排外省的。（2007 年 1 月 13 日下午 3:00—4:25 于华宏村委会议室与 QXQ 的访谈记录）

这位苏南农民以朴素的语言，描述了当前相当一部分苏南村庄就业安置上“本村—外村—外镇—外省”的地缘差异格局，从而为我们生动地描绘了走向工业化、现代化的苏南乡村依然存在的一种“差序格局”图景。① 而在华宏村，由于不断并村所带来的村行政格局变化，这一“差序格局”进一步演化为：核心村（即原孟巷村）—华宏行政村—周边村—周庄镇—江阴市—江苏省—外省。然而，这种企业就业岗位安置上呈现“差序格局”的“地缘优先性”原则，显然与罗尔斯“差异原则”所提出的“依系于在机会公平平等的条件下职务和地位向所有人开放”的要求相悖，从而造成了本村村民与外来务工人员事实上的不平等。还应看到，作为企业利润的创造者，苏南乡村企业的大量外来务工人员，只能获得工资、奖金等报酬，而不能与本村村民一样共享村庄集体福利分配。目前，苏南的经济强村大多以村籍作为对失地村民的利益补偿或集体福利分配的依据。这些村庄对其村籍获得有严格的限制，外来务工人员基本没有可能获取村籍。也就是说，在未来相当长的一段时期内，苏南乡村不可能在其分配模式上实现本村村民与外来务工人员间在村庄集体福利分配上的“平等”。这是否意味着，苏南乡村经济发展中公正共享的分配模式，恰恰是建立在对外来务工人员不公正的“集体资本主义”基础之上？②

---

① 费孝通指出，中国传统乡村社会在血缘和地缘的人际关系基础上，形成了以“差序格局”为基本特征的乡土社会基层结构，这一格局“好像把一块石头丢在水面上所发生的一圈圈推出去的波纹”。体现在人际交往中，在血缘和地缘上越靠近“己”这个中心，就越容易形成亲密和信任的合作关系；相反，越远离“己”这个中心，越容易被疏远，甚至排斥。也就是说，这种以“己”为中心的差序格局，其逻辑起点是以家庭、家族和亲缘关系为内容的血缘关系和一定地缘基础上的邻里关系。在此基础上形成的人际关系，必然同时具有内部的融合性和对外的排他性。参见费孝通：《乡土中国生育制度》，北京：北京大学出版社，1998 年，第 24—30 页。

② 曹锦清曾在对南街村的分析中指出，超过 10000 人的外来打工者参与了南街村集体福利的创造，但基本上享受不到比工资丰厚得多的集体福利，据此认为，南街村集体企业在对外来人员上呈现出一种“集体资本主义”性质。参见曹锦清：《黄河边的中国——一个学者对乡村社会的观察与思考》，上海：上海文艺出版社，2000 年，第 153 页。

此外,苏南乡镇企业改制的完成,也给村庄内部福利分配的物质基础带来了影响。正如前文述及,在苏南地区的绝大多数村庄,村集体企业上交给村委会的土地租金、管理费和部分利润,是村庄集体福利分配的物质基础。然而,在大批乡镇集体企业转变为股份制、公司制企业以后,理论上说,它们除了交纳土地租金等规定费用外,已经没有继续为村集体提供财力支持的"义务"。易而言之,改制后的民营企业对村庄、乡亲的利益回报,更多只是一种"道义上的责任"。问题在于,这种失去了产权制度约束的"道义责任"是否能够被永久地兑现?如果失去了这种"道义"上的支持,村庄共同体成员"人人平等"的集体福利何以为继?对于这一问题,华宏村党委书记的叙述,或许有助于为我们提供一种理解的逻辑思路:

在苏南这个地方,书记最硬的就是"有钱"。就是说,你能让地方社会经济发展,让老百姓实惠多,你这个书记就吃香。如果你当个书记,经济不发展百姓没实惠,你这个书记最好帽子去掉……我现在不在村委拿一分钱工资,也不报销一分钱,但是所有村里的行政事务责任都由我承担。说白了,我只是个班长,带好头。以后企业发展实力增强,积聚了财力,我有这个义务,和董事会成员统一思想,在许可的情况下尽量多回报村里的百姓。我们的发展是依靠我们的衣食父母。你的企业在这个土地上,这个土地是你的发展基础,应该懂得回报这个地方。(2007 年 1 月 18 日上午 9:45—11:20 于华宏集团会议室与村党委书记、华宏集团董事长 HSY 的访谈记录)

这里,我们不难发现,在苏南乡村经济的发展中,村庄领袖以自身能力带领村庄走向共同富裕,既是村庄成员的期待和要求,也是被村庄领袖认同的基本义务。这种"带领作用"的实践操作,往往以苏南村庄领袖的双重身份为前提和路径。目前,苏南地区绝大多数名村、强村的村书记由当地最大企业的老总担任,这种村庄领袖"书记+老板"

的双重身份，使其能够并愿意以企业利润的让渡为村庄共同体内部的福利保障提供物质基础，从而使“人人平等”的集体福利得以维持。

总体而言，苏南乡村企业产权制度的改革和外来务工人员的增加，将使这一地区分配模式和结果上的差异性进一步扩大。不过，与此同时，乡村企业领袖对村庄福利的持续贡献和道义行为，仍将使“人人平等”的村庄集体福利分配制度在一定时期内得以维持。从这一意义上说，差异与平等的并存，将在苏南乡村未来一定时期内的分配模式中得以延续。

（原文发表于《江苏社会科学》2010年第1期）

经济能人·政治权威·道德权威
——以HH村为个案的苏南村庄领袖权威获得与延续之实证研究

自20世纪80年代开始，苏南地区始终保持着在中国乡村经济发展中显见的地域领先优势，[①]由此引发的"模式"探讨与比较研究也成为学术界关注的热点。尽管对"苏南模式"的特征概括并未形成统一的认识，但是苏南模式的"强政府、弱市场"特征已得到学者们的广泛认同。而"书记＋老板"型的村庄领袖，则被视为这一特征在基层村庄的具体表现。

一、孰是孰非：苏南村庄领袖的双重身份及其"绝对权威"

在苏南地区，兼有企业老总与村书记双重身份的村庄领袖并不少见，在名村、强村中更是一种普遍现象。这些具有双重角色的村庄领袖往往在村庄共同体内处于"绝对权威"的地位。最典型的例证是，在被誉为"中国第一村"的华西村，吴仁宝已无可争议地成为村庄"最有威信的当家人"。[②] 应当看到，苏南乡镇企业在20世纪80年代初期的兴起和发展相当程度上源于地方政府的直接推动，由此形成的"社区共有制"的产权制度，是苏南村庄领袖与乡村企业经营者角色重合的制度根源。

---

① 本文中的"苏南"，意指江苏南部的苏州、无锡、常州及其所辖县市。

② 周怡：《中国第一村：华西村转型经济中的后集体主义》，香港：香港牛津大学出版社，2006年，第252页。

对于这一现象，理论界尽管褒贬不一，但多数是将其视为苏南模式“政企合一”、“政企不分”的特征在基层社区的突出表现而加以贬斥。尤其是20世纪90年代中期以后，曾经无限风光的苏南模式一度走入窘境，在对苏南模式的反思中，理论界也对这种村庄领袖的双重身份及其“绝对权威”地位提出了质疑。一些学者认为，苏南乡村社区政府作为企业所有权的实际执行者，拥有企业的剩余索取权和剩余控制权，甚至能够直接干预企业的生产经营活动。由此，这种社区所有权已经实际上转变为一种“地方政府公司主义”(Local State Corporatism)，[①]给苏南乡镇企业现代企业制度的建立造成了诸多难题。而苏南村庄领袖的“绝对权威”，在一定程度上源于吴文化传统影响下苏南农民阴柔隐忍的性格特征及由此而产生的对村庄领袖的过度服从，甚至崇拜。因此，村庄领袖的这种权威地位从一个侧面反映出，经历了多年市场经济发展的苏南农民，并没有真正形成自主创业、自我发展的现代市场意识。[②]

然而，一个值得注意的现象是，伴随着苏南乡镇企业改制的完成及所谓苏南模式的“终结”，基于苏南模式内含的社区共有制而形成的村庄领袖的“双重身份”并未终结，相反却有巩固与扩大之势，以至于相当一部分苏南名村、强村的村级经济演变为“能人经济”或“庄主经济”。笔者在江阴市周庄镇HH村获取的田野调查资料，[③]为我们描绘

---

① 又译“地方国家法团主义”，由斯坦福大学政治系教授戴慕珍(Jean C. Oi)提出。她在代表作《中国农村经济起飞：经济改革的制度基础》中对地方政府发展经济的行为作了具体描述。参见 Jean C. Oi, Rural China Takes Off: *Institutional Foundations of Economic Reform*. *Berkeley*: University of California Press, 1999。

② 相关观点，可参见新望：《苏南模式的终结》，北京：三联书店，2005年。

③ HH村位于江阴市周庄镇西南部，占地6.5平方公里，全村总人口8000余人，加上外来务工人员7000多人，实际居住人口已经超过15000人。HH村的田野调查采用问卷调查与深度访谈相结合的方式，调查时间为2007年1月。问卷调查使用了多阶段系统抽样方法，共抽取208个样本点，其中本村人口样本150个，外来务工人员样本58个。在调查过程中，由于样本智力问题、长期外居、挂户无人等问题，实际访问样本153个，收回有效问卷150份。问卷调查结果采用SPSS12.0高级统计分析 (转下页)

出了一个苏南村庄领袖权威地位的事实镜像。问卷调查数据显示，访问对象将 HH 村的快速发展归因于"有一个领导有力的带头人"和"有一个团结进取的领导班子"的分别占 38.7%和 21.3%，两者累积百分比达 60%。[①] 而在笔者进行的访谈中，几乎所有受访对象都明确表示"H 书记对 HH 村的发展贡献最大"，"村里没有人能代替 H 书记"。

HH 村问卷调查数据：村民对近年来 HH 村快速发展原因的看法

选 项	频 数	百分比
自然条件好	8	5.3
政府给的政策好	19	12.7
有一个领导有力的带头人	58	38.7
有一个团结进取的领导班子	32	21.3
全体村民共同努力的结果	30	20
其他	1	0.7
不知道/说不清	2	1.3
总计	150	100

> 说起来，H 书记为村里人办了许多好事，在村里人心里的威信还是很高的。从现在看，恐怕没有人能代替他。(2007 年 1 月 12 日下午 2:15—3:00 与 76 岁的 HH 村老年

(接上页)软件进行数据处理及统计汇总分析。此外，笔者在 HH 村以半结构式的深度访谈方式进行了 21 例个案访谈，访谈时间从 1—3 小时不等。受访对象大部分是村委会根据笔者所提出的兼顾年龄、性别、职业、收入的原则安排和联络的，少部分由笔者直接联系。除少数访谈在被访者工作地点完成以外，大部分访谈地点安排在村委会会议室。

① 由于问卷设计此题为单项选择，因此，选择"全体村民共同努力的结果"、"政府给的政策好"等其他选项的村民中，有相当一部分同时认同 H 书记是对村庄发展贡献最大的人。

协会会长 HMC 的访谈记录）

H 书记对 HH 村的贡献很大，威信也高。我觉得，HH 村这些年的发展，与他的能力是分不开的。（2007 年 1 月 12 日下午 4:00—5:15 与原 HH 村村委妇女主任、现 HH 宾馆总经理 C YF 的访谈记录）

HH 村这些年的发展，主要是班子好，有闯劲。要是换个书记，肯定发展得没有现在好。我觉得现在 HH 村还没人能取代 H 书记的位置。（2007 年 1 月 13 日下午 1:40—2:40 与毛纺织厂会计 CLB 的访谈记录）

H 书记改变了 HH 的面貌，给老百姓带来了很多实惠，所以大家还是很服他的。我觉得，他特别敢闯。周围有很多村，不是自己发展企业，而只是把地租出去，那就只能拿一点点租金，当然发展不起来。现在村里的人也不太去想谁代替他的问题，反正他还能干很多年。当然也不是没人反对他，不过，那些反对他的，说到底就是那种地痞，不想干活只想拿钱。（2007 年 13 日下午 4:30—5:25 与个体经营者 CZ 的访谈记录）

这似乎使我们陷入了一种理论与实际的背离之中。我们不难从理论上阐释村庄领袖之双重身份及其“绝对权威”地位背后的制度缺陷，以及可能由此引发的“道德风险”等问题。然而，田野调查资料所反映的事实镜像，却又如此清晰地向我们描绘了这一现象的存在及其正面效应。那么，我们对这一现象究竟应当做出何种解释？或者说，村庄领袖的双重身份是否有其存在的合理性依据？村庄领袖的权威获得是基于何种路径？这种领袖权威是否将成为一种“不败的权威”？[1]

---

① 周怡：《中国第一村：华西村转型经济中的后集体主义》，香港：香港牛津大学出版社，2006 年，第 247 页。

二、何以可能：苏南村庄领袖权威获得的解释路径

韦伯在对权威进行了历史考察后认为，正当的（或称为合法的）权威无外乎三种类型：传统型权威（traditional authority）、魅力型权威（charismatic authority，又称卡理斯玛权威）和法理型权威（legal authority）。传统型权威是一种最古老的权威形式，它“建立在一般的相信历来适用的传统的神圣性和由传统授命实施权威的统治者的合法性之上”；魅力型权威又可称为超人权威或神授权威，它建立在“非凡的献身于一个人以及由他所默示和创立的制度的神圣性，或者英雄气概，或者楷模样板之上”；法理型权威则是“建立在相信统治者的章程所规定的制度和指令权利的合法性之上”。[①] 韦伯将建立在传统型权威基础上的传统型统治和建立在法理型权威基础上的法制型统治视为持久性结构，并认为这些结构能够满足社会的日常需要。而在“超常理”的动荡时代，则特别需要魅力型权威及在其基础上建立的“卡理斯玛型领导”。[②]

费孝通指出，中国乡土社会的权力结构既有不民主的横暴权力，也有民主的同意权力，还有“既非民主又异于不民主的专制”的教化权力。[③] 这种教化性的权力“虽则在亲子关系里表现得最明显，但并不限于亲子关系”，“凡是文化性的，不是政治性的强制都包含这种权力”。[④] 在他看来，同意权力和教化权力在中国传统乡土社会中（尤其在最基层）发挥着更加重要的作用。周怡博士认为，费孝通对中国乡土社会

---

① 马克斯·韦伯：《经济与社会》，林荣远译，北京：商务印书馆，1997 年，第 241 页。

② 莱因哈特·本迪克斯：《马克斯·韦伯思想肖像》，刘北成等译，上海：上海人民出版社，2002 年，第 320—326 页。

③ 费孝通：《乡土中国　生育制度》，北京：北京大学出版社，1998 年，第 61 页。

④ 费孝通：《乡土中国　生育制度》，北京：北京大学出版社，1998 年，第 66 页。

的权威划分与 Etzioni 所设立的基于威逼的横暴性权威（coercive authority），基于恩惠、报偿或奖励的报偿性权威（utilitarian authority）和出于信仰、规范的内省性权威（normative authority）类型基本一致。两者同有横暴权威，不同之处在于，费孝通将报偿和内省权威总括为"共意权威"，而这种"共意"的基础可以是恩惠的报偿性质，也可以是规范的内省结构。在华西村的表现就是，吴仁宝依靠自己的领袖魅力权威，将那种曾经是国家赋予他的法理权威回馈到传统权威的位置。[①] 上述权威理论为苏南村庄领袖权威问题研究提供了从一般到具体的理论资源。笔者将以韦伯具有普遍意义的权威理论为逻辑起点，以费孝通对中国传统乡土社会权威特征的分析为理解进路，以周怡对地处苏南的华西村的个案研究为参照，结合 HH 村田野调查资料所反映的事实镜像，对苏南村庄领袖权威的获得路径作出阐释。

在前文述及的访谈资料中，我们已然可以清楚地看到，村庄领袖作为"经济能人"改变村庄面貌或进一步推动村庄经济发展的事实，既成为报偿性权威获得的基础，又使得上级赋予的法理权威找到了厚实的"共意"根基。具体而言，在 HH 村，HSY 首先是作为"经济能人"得到干部群众的期待和信任。在 HH 集团的一份内部资料上，有着这样一段记录：

> 整个 20 世纪 80 年代，不论在经济建设还是综合治理上，MX 村（HH 村的前身——笔者注）可算是周庄镇较落后的村子。从 1980 年到 1987 年间，MX 村村书记经常换，村干部们不务正业，领导班子不团结，没有凝聚力、号召力……

① 周怡：《中国第一村：华西村转型经济中的后集体主义》，香港：香港牛津大学出版社，2006 年，第 248—251 页。

> 成了群众失望、干部头痛的落后村……现实是急迫的，村经济急需能人带领发展，乡村建设急需能人参与承担。干部群众都把信任的目光投注到离村多年年富力强、精明睿智的企业能人 HSY 身上。（资料来源：HH 集团内部资料《HH 模式》）

而在 HSY 确实改变村庄面貌、实现村民的期待后，他又顺理成章地获得了基于村民"共意"基础之上的上级任命所授予的法理权威。

> 1987 年村里让我回来办个厂，一年半可以走……到 1992 年的时候，企业已经有几百万销售额了。这样一来，村里肯定不让我走了，让我做一把手，做村书记。1991 年找我谈话时我还不是党员，所以镇里先派了人，到 1992 年我开始当书记。（2007 年 1 月 18 日上午 9:45—11:20 与村党委书记、HH 集团董事长 HSY 的访谈记录）

那么，村庄共同体成员为何将改变村庄面貌、实现自身富裕的希望寄托在某一"能人"身上？在中国乡村经济最为发达的苏南地区，在一个已没有一亩农田、没有一个真正意义上务农的农民的苏南村庄，中国传统乡土社会的同意权力和教化权力为何仍在发挥其作用？孟德拉斯和斯科特的论述，对于我们理解上述问题亦具资源意义。孟德拉斯认为，在传统的村庄社会，"一般情况下农民不会成为革新者"，因为任何尝试都包含着风险，而"领主是唯一具有足够的经济余力来冒这个风险的人"，[1]因此，"显要人物"往往在乡村中扮演着革新者的角

① 孟德拉斯：《农民的终结》，李培林，译，北京：社会科学文献出版社，2005 年，第 39 页。

色。斯科特在以东南亚为背景的研究中指出，在农村阶级关系的“保护人——被保护人”模式运作中，“要求相对富裕者支配个人资源的方式有利于共同体中的较穷者”，他可以通过这种对待财富的“慷慨态度”，“博得好人的名声”并同时在周围“集聚起一批听话的感恩戴德的追随者”。因此，斯科特认为，“地位的差异本身并非不合理：保护者的道德地位取决于其行为同整个社区共同体的道德期待相符合的程度”。[①] 他还进一步指出，在前资本主义社会，“农民希望得到精英的慷慨帮助，也就是希望从本村境况好的村民那里得到这样的帮助”，[②]这一要求成为精英们必须付诸实践的行为标准。易而言之，“如果精英基于自己对农民福利的贡献而要求农民服从，同时也就提出了对精英进行道德评价的标准”。[③]

孟德拉斯和斯科特的结论虽不能移植到走向工业化的苏南乡村，但他们的论述有助于我们建立一种解释苏南村庄领袖“权威获得”路径的逻辑思路。一方面，经历了乡村工业化和市场经济的发展，苏南农民产生了强烈的致富冲动；另一方面，在他们的性格特征中，仍然保留着传统农民因惧怕风险而造成的保守态度。因此，他们习惯于将致富的希望寄托在“显要人物”和“精英”身上，希望通过“精英”的变革带来村庄的发展和自己的福利。而一旦“精英”确实实现了他们的“期待”，就会相应地得到“追随”（政治权威）与“感恩”（道德认可）。在前述访谈资料中，可以看到，HH 村村民对 HSY 的认同、赞誉甚至崇拜，主要来自 HSY 对村庄发展做出的无可替代的贡献，以及 HSY 以“工

① 詹姆斯·C. 斯科特：《农民的道义经济学：东南亚的反叛与生存》，程立显、刘建译，南京：译林出版社，2001 年。

② 詹姆斯·C. 斯科特：《农民的道义经济学：东南亚的反叛与生存》，程立显、刘建译，南京：译林出版社，2001 年，第 237 页。

③ 詹姆斯·C. 斯科特：《农民的道义经济学：东南亚的反叛与生存》，程立显、刘建译，南京：译林出版社，2001 年，第 239 页。

作努力”、“回报村民”等道德行为塑造的个人人格魅力，而非主要来自上级任命的书记头衔。基于上述思路，我们可以将苏南村庄的领袖权威视为一种由基于为村庄共同体带来福利的报偿性权威、基于上级任命获得的法理权威、基于个人人格和道德威望的魅力型权威所共同组成的“复合型权威”。并且，这三种权威之间有着密切的内在关联。报偿性权威是苏南村庄领袖获得权威的基础；法理权威的获得，既以基于报偿权威的村民“共意”为基础，又为村庄领袖提供了有效运用和延续权威的合法路径。而村庄领袖以其慷慨回报的行为所赢得的个人道德威望，则使其权威得以进一步巩固和延续。

三、何去何从：苏南乡村企业产权制度改革后的领袖权威走向

20 世纪 90 年代后期，苏南开始了对乡镇企业产权制度的改革。经过 1998 年的第一次改制和 2000 年的第二次改制，约有 97%的乡镇企业完成改制。苏南社区政府产权退出乡镇企业，大部分乡镇企业转变为公司制企业，呈现出产权主体、投资主体的多元化趋势。通过改制，苏南乡镇企业形成了各具特色的企业类型，其中最具代表性的三种类型是：以“江阴板块”为代表的上市公司、以昆山为代表的外商投资企业和以常熟为代表的私人控股企业集团。这一变化，无疑使苏南乡镇企业领袖权威的走向呈现出多样化的基本态势。在外商投资企业较为集中的昆山地区，外来资本的大规模涌入在相当程度上淡化了这一地区村庄成员的共同体意识和本土意识，并使其村庄领袖的权威转向主要基于制度完善的法理权威。与此相反，在江阴、常熟、吴江、太仓等市的经济强村，大多数村庄领袖依然延续着“权威不败”的神话。在 HH 村，几乎所有的受访者都认为 H 书记的权威“无可替代”。地处太仓市的璜泾镇更是一度公开出台了以“党员干部带头创业致

富、带领群众致富的意见”为内容的“双带”政策。面对质疑，镇党委书记的回答是：“市场经济主要看钱，现在村里镇里有钱的老板很多，如果有钱人既不是党员，也不是干部，那么，党员干部的威信从何而来。我这个书记，领导一帮有钱人也好办事，领导一帮穷光蛋，什么事也干不成。”①

这一回答，与 HH 村书记 HSY 的思路似乎不谋而合。

> 我有两个身份，书记和董事长，我还是喜欢村民叫我书记。在我看来，两个角色合一是有好处的。书记是政治、行政领导，但他必须有经济基础。在苏南这个地方，书记最硬的就是“有钱”。就是说，你能让地方社会经济发展，让老百姓实惠多，你这个书记就吃香。如果你当个书记，经济不发展百姓没实惠，你这个书记最好帽子去掉。而且书记当董事长，上面的精神和政策也容易消化和贯彻。所以，在我们周庄，只要是经济发展好的村，书记都是董事长，只有那些经济落后的村，书记不是董事长。他们只有收点土地使用费之类的，没有自己的企业，也没有长远发展规划。而且现在没有经济地位就没有政治地位，说话也不硬气。如果我什么都没有，就是个空的书记，在村里说话就不灵了，凝聚力、号召力、战斗力就没有了。人家会说，你有什么用，还要靠我们老百姓的钱。（2007 年 1 月 18 日上午 9:45—11:20 与 HS Y 的访谈记录）

在上述论述中，我们不难找到“书记”与“老板”角色重合的合理性

① 新望：《苏南模式的终结》，北京：三联书店，2005 年，第 244 页。

依据：有利于村庄长远发展与规划，有利于村庄领袖的号召力，有利于政策的贯彻，等等。但是苏南乡镇企业产权制度的改革，仍然不免使我们对村庄领袖权威的未来走向产生了困惑。其一，随着苏南大批乡镇集体企业转变为股份制、公司制企业，新的产权制度必然使"老板"和"书记"发生角色冲突：作为"老板"的企业领袖，无疑应将企业利润的获得和增长作为最基本的责任；而作为"书记"的村庄领袖，村庄共同体的发展及其成员的"共同富裕"，又是他必须承担的政治任务和道义责任。其二，在产权制度改革完成后，乡村企业领袖除了交纳土地租金等规定费用外，已经没有继续为村集体提供财力支持、为村庄成员提供其他福利的"义务"。易而言之，改制后的企业对村庄、乡亲的利益回报，更多只是一种"道义上的责任"。问题在于，这种失去了产权制度约束的"道义责任"是否能够得到永久兑现？如果失去了这种"道义"上的支持，村庄共同体成员共享的集体福利何以为继？

不过，对于角色重合及其冲突问题，身兼"老板"、"书记"于一身的HSY似乎不以为然。

> 这两个角色我觉得没什么冲突，说到底就是我多做些奉献罢了。我现在不在村委会拿一分钱工资，也不报销一分钱，但是所有村里的行政事务责任都由我承担。说白了，我只是个班长，带好头。以后企业发展实力增强，积聚了财力，我有这个义务，和董事会成员统一思想，在许可的情况下尽量多回报村里的百姓。我们的发展是依靠我们的衣食父母。你的企业在这个土地上，这个土地是你的发展基础，应该懂得回报这个地方。(2007年1月18日上午9:45—11:20与HSY的访谈记录)

从这一叙述中，我们可以十分清楚地看到，化解两种角色冲突的路径在于，村庄领袖以其企业利润的让渡实现对村庄和乡亲尽可能多的“回报”。易而言之，乡村企业领袖以对村庄福利的持续贡献和“慷慨”行为，不断获得村庄共同体成员的道德认同乃至崇拜。其“回报”方式包括企业在村庄基础设施建设、村民（尤其是老、弱、残、童）福利保障等方面的投入。同时，村庄领袖还常常通过企业就业岗位安置上呈现“差序格局”的“地缘优先性”原则，实现其在村庄共同体内部政治权威和道德权威的延续。在HH村，一位村民十分明确地告诉我：

书记每次开会都会对各个厂说，本村的，只要能干活，还是要优先的。我觉得也应该这样。现在基本上各个厂在安排人员的时候也是这样考虑的。本村没有人了，安排外村的，外村没有了，再安排别的镇的，最后再安排外省的。（2007年1月13日下午3:00—4:25与QXQ的访谈记录）

不经意间，这位苏南农民以安置上的“本村—外村—外镇—外省”的地缘差异格局，向我们描绘了走向工业化、现代化的苏南乡村依然存在的“差序”图景。具体而言，在HH村，由于不断并村所带来的村行政格局变化，这一“差序格局”进一步演化为：核心村（即原MX村）—HH行政村—周边村—周庄镇—江阴市—江苏省—外省。在HH村的实地调查中，我们十分清楚地看到，HH集团在企业内部遵循的本村人与外地人“同工同酬”的“报酬平等”原则，体现了其企业分配制度上的公平性和“非排他性”。然而，与此同时，本村村民在就业岗位与升迁机会上享受的“地缘优先”，又体现了村庄共同体对外排斥的事实存在。理论上说，这种企业就业岗位和升迁机会上的“地缘优先”，对企业人力资本的优化是极其不利的。但是与HH集团副董事长、副总经理 HPX 的交谈，却使笔者对这一问题产生了新的思考：

> 我们企业假如公开招聘，可能会有很多优秀人才来应聘。如果仅仅从人才角度考虑，我们当然应该择优录取，把那些优秀的人才招进来。可是我们的企业开在这里，总是还要担当一份社会责任。如果眼巴巴地看着乡亲们没有工作或者到别的地方谋生，说不过去。我们企业招人的时候也都会考试。如果光看考试成绩，我们当然应该录取 70 分的而不应该录取 60 分的。但是如果村里的人都不录取，我们就抛弃了我们的社会责任。不过这样做肯定是有问题的。对一个企业来说，全是 60 分的，竞争力肯定是比不上全是 70 分的。但我们就是得用村里人啊，不可能不管他们的，还要优先照顾。所以我们招工控制的年龄是男的 45 岁女的 40 岁，人家外面的企业看了都要笑死了，现在哪还有这样的标准。但是我们的企业在这一方土地上，就必须要考虑这些问题。不考虑的话，村民会对你产生怨恨心理，是不利于和谐发展的。(2007 年 1 月 18 日上午 9:45—11:20 与 HPX 的访谈记录)

上述叙述，或许可以帮助我们建立一种新的逻辑思路：就业岗位和升迁机会上的“本地优先”所强化的村庄内部凝聚力，能够转化为有利于企业和村庄和谐发展的“道德资本”。此种“道德资本”的生成及其价值的实现，能够在一定程度上抵消或弥补企业因“非择优录取”所带来的人力资本缺失。同时，这种“地缘优先性”原则的贯彻，可以在村庄共同体内增强企业领袖的道德权威，并由此强化其作为村庄领袖的政治权威。显然，这种政治权威和道德权威，能够产生社区资源调动中的"一呼百应"，对于维持村庄秩序也有其正面效应。

由此，我们可以对苏南村庄领袖权威的未来走向做出如下判断，即村庄领袖的权威延续，必须基于作为"经济能人"给村庄发展做出持续贡献的"报偿性权威"和作为"道德楷模"对村庄福利"慷慨"回报的"魅力型权威"相结合。在此基础上，村庄领袖的政治权威可以自然获得并不断巩固。相反，一旦失去这两种权威基础，村庄领袖的双重角色就会自然中断。取而代之的，或者是具备两种权威基础的另一个"能人"，或者是以上级任命形式赋予其法理权威的"书记"。区别在于，前者往往可以迅速获得基于村民"共意"的上级任命，从而为其领袖权威建立合法性依据；而后者如果不能将其法理权威与报偿性权威、魅力型权威相结合，其政治权威则可能因缺乏"共意"基础而丧失。

（原文发表于《道德与文明》2010年第2期）

转型期中国乡村社会的人际信任
——基于三省四村庄的实证研究

学界对信任的理解有着不同的取向，涉及社会学、心理学和伦理学等众多学科。有学者曾总结出西方人文社会科学中关于信任问题研究的四种不同取向：一是理解为情境刺激决定的个体心理和行为；二是理解为经过社会学习而形成的相对稳定的人格特点；三是理解为人际关系中的理性计算和情感关联决定的人际态度；四是理解为建立在法理或伦理基础上的一种社会现象。① 人际信任是信任中最基本的类型，表明对某种人际关系具有的信心程度。

自 20 世纪以来，国内外关于中国社会人际信任问题的研究并不鲜见。以韦伯、福山等为代表的西方学者认为，中国人彼此之间存在着普遍的不信任，并由此将中国社会视为低信任度社会。近年来，王绍光、郑也夫、彭泗清、杨宜音、王飞雪等国内学者的研究则更多倾向于认为，中国社会的人际信任有其本土特征，显现出一种多元性，需要注意在中国社会的变迁特别是转型中把握中国社会人际信任及其变化。不过，学者们对中国社会人际信任问题的研究主要集中于城市，对乡村人际信任问题的研究相对缺乏。基于上述研究现状及笔者 2007 年以来对江苏省江阴市华宏村、江苏省吴江市圣牛村、河南省漯

---

① 彭泗清：《关系与信任：中国人人际信任的一项本土研究》，郑也夫、彭泗清：《中国社会中的信任》，北京：中国城市出版社，2003 年，第 2—3 页。

河市扁担赵村、贵州省凯里市朗利村等四个村庄的田野调查资料,[①]本文试图对转型期中国乡村社会人际信任的基本特征、形成原因及发展变化进行初步的探讨。

一、当前中国乡村社会人际信任的基本状况

在华宏、圣牛、扁担赵和朗利这四个村庄的问卷调查中,我们均设置了"人们在社会生活中总要和不同的人打交道,下列成员,您在多大程度上信任他们?"这一问题,意在考察受访者对不同对象的信任程度。表1—4分别给出了四个村庄的受访样本回答这一问题的频率统计。

表1 华宏村村民信任度

	完全信任		比较信任		一般		比较不信任		完全不信任		说不清	
	频数	百分比	频数	百分比	频数	百分比	频数	百分比	频数	百分比	频数	百分比
家庭成员	107	71.3	35	23.3	8	5.3	0	0	0	0	0	0

① 2007年以来,笔者在完成主持的国家社会科学基金项目"乡村经济伦理的苏南图像"和"社会转型期的中国乡村伦理问题研究"过程中,先后带领调研团队对江苏省江阴市华宏村、江苏省吴江市圣牛村、河南省漯河市扁担赵村、贵州省凯里市朗利村四个村庄进行了田野调查。四个村庄分别地处东部、中部和西部地区,其中贵州朗利等村为苗族聚居村落,具有一定的典型意义。华宏村的调查时间为2007年1月,圣牛村的调查时间为2008年7月,朗利村和扁担赵村的调查时间为2012年8月。田野调查采用问卷调查与深度访谈相结合的方式。问卷调查使用了多阶段系统抽样方法。华宏村共抽取208个样本,实际访问样本153个,收回有效问卷150份;圣牛村共抽取并实际访问108个样本,收回有效问卷108份;朗利村共抽取195个样本,实际访问143个样本,收回有效问卷137份;扁担赵村共抽取191个样本,实际访问147个样本,收回有效问卷139份。问卷调查结果采用SPSS12.0—SPSS17.0高级统计分析软件进行数据处理及统计汇总分析。此外,笔者在华宏、圣牛、朗利和扁担赵村以半结构式的深度访谈方式分别进行了21、11、8、9例个案访谈,访谈时间从0.5—3小时不等。受访对象大部分是村委会根据笔者所提出的兼顾年龄、性别、职业、收入的原则安排和联络的,少部分由笔者直接联系。

续 表

	完全信任		比较信任		一般		比较不信任		完全不信任		说不清	
	频数	百分比	频数	百分比	频数	百分比	频数	百分比	频数	百分比	频数	百分比
亲戚	52	34.7	64	44.7	30	20.0	0	0	0	0	1	0.7
朋友	34	22.7	67	44.7	44	29.3	2	1.3	0	0	3	2.0
邻居	27	18.0	58	38.7	63	42.0	0	0	0	0	2	1.3
同事	22	14.7	57	38.0	64	42.7	3	2.0	1	0.7	3	2.0
单位领导	28	18.7	61	40.7	42	28.0	9	6.0	3	2.0	7	4.7
村干部	30	20.0	53	35.3	50	33.3	6	4.0	4	2.7	7	4.7
陌生人	5	3.3	4	2.7	25	16.7	35	23.3	69	46.0	12	8.0

表 2　圣牛村村民信任度

	完全信任		比较信任		一般		比较不信任		完全不信任		说不清		拒绝回答	
	频数	百分比	频数	百分比	频数	百分比	频数	百分比	频数	百分比	频数	百分比	频数	百分比
家庭成员	118	84.9	11	7.9	2	1.4	0	0	0	0	1	0.7	0	0
亲戚	27	19.4	80	57.6	25	18	2	1.4	0	0	2	1.4	1	0.7
朋友	17	12.2	49	35.3	58	41.7	7	5	0	0	3	2.2	0	0
邻居	17	12.2	33	23.7	72	51.8	13	9.4	1	0.7	3	2.2	0	0
同事	9	6.5	20	14.4	79	56.8	12	8.6	2	1.4	10	7.2	0	0
单位领导	15	10.8	36	25.9	58	41.7	11	7.9	1	0.7	12	8.6	1	0.7
村长	25	18	53	38.1	39	28.1	11	7.9	0	0	4	2.9	1	0.7
同村人	9	6.5	21	15.1	84	60.4	8	5.8	2	1.4	10	7.2	0	0
陌生人	3	2.2	1	0.7	6	4.3	13	9.4	97	69.8	9	6.5	4	2.9

表3　扁担赵村村民信任度

	完全信任		比较信任		一般		比较不信任		完全不信任		说不清		拒绝回答	
	频数	百分比	频数	百分比	频数	百分比	频数	百分比	频数	百分比	频数	百分比	频数	百分比
家庭成员	85	78.7	14	13.0	7	6.5	1	0.9	0	0	1	0.9	0	0
亲戚	30	27.8	47	43.5	26	24.1	1	0.9	0	0	4	3.7	0	0
朋友	11	10.2	46	42.6	44	40.7	2	1.9	0	0	4	3.7	1	0.9
邻居	12	11.1	32	29.6	56	51.9	2	1.9	3	2.8	3	2.8	0	0
同事	10	9.3	30	27.8	53	49.1	3	2.8	0	0	12	11.1	0	0
单位领导	14	13.0	31	28.7	38	35.2	7	6.5	7	6.5	10	9.3	1	0.9
村长	14	13.0	25	23.1	41	38.0	11	10.2	7	6.5	9	8.3	1	0.9
陌生人	2	1.9	2	1.9	17	15.7	11	10.2	67	62.0	7	6.5	2	1.9

表4　朗利村村民信任度

	完全信任		比较信任		一般		比较不信任		完全不信任		说不清		拒绝回答	
	频数	百分比	频数	百分比	频数	百分比	频数	百分比	频数	百分比	频数	百分比	频数	百分比
家庭成员	86	67.7	13	10.2	14	11.0	0	0	0	0	3	2.4	4	3.1
亲戚	42	33.1	40	31.5	30	23.6	6	4.7	0	0	2	1.6	1	0.8
朋友	25	19.7	26	20.5	56	44.1	7	5.5	2	1.6	4	3.1	0	0
邻居	17	13.4	20	15.7	50	39.4	15	11.8	6	4.7	6	4.7	0	0
同事	7	5.5	22	17.3	57	44.9	10	7.9	4	3.1	8	6.3	1	0.8
单位领导	30	23.6	22	17.3	36	28.3	5	3.9	1	0.8	10	7.9	4	3.1
村长	40	31.5	24	18.9	37	29.1	9	7.1	2	1.6	5	3.9	2	1.6
同村人	11	8.7	11	8.7	57	44.9	24	18.9	6	4.7	8	6.3	1	0.8
陌生人	3	2.4	6	4.7	17	13.4	25	19.7	31	24.4	18	14.2	20	15.7

从上述统计数据中我们不难看出，尽管四个村庄地处不同的地理

位置，经济发展状况和文化传统也存在着极大差异，但是在人际信任关系上都呈现出一种亲疏有序的关系格局：对亲人的信任度高于对朋友的信任度，对朋友的信任度高于对同事、领导等熟人的信任度，对熟人的信任度又高于对陌生人的信任度，这种信任度上的以“亲—朋—熟—生”为表征的差序性成为当前我国乡村社会人际信任关系的基本特征。

二、中国乡村社会的人际信任基础和信任格局

韦伯在关于儒教与清教的比较研究中曾指出，“中国人彼此间典型的不信任已为所有观察者所证实，同清教诸派中对信徒的诚实品质的依赖成为鲜明的对照”。[①] 他认为，“在中国，一切信任，一切商业关系的基石明显地建立在亲戚关系或亲戚式的纯粹个人关系上面”，而新教伦理与禁欲教派的伟大业绩是“将商业信任建立在每一个个人的伦理品质的基础上，这种品质已经在客观的职业工作中经受了考验”。[②] 由此，韦伯以“特殊信任”和“普遍信任”区分中国人和西方人的信任，认为中国人的信任建立在血亲关系的基础之上，是一种局限于家族和亲属的范围之内而难以普遍化的特殊信任（particularistic trust），西方人（尤其是新教徒）的信任建立在共同信仰的基础之上，是一种能够超越血缘氏族纽带束缚的普遍信任（universalistic trust）。在韦伯看来，基于血亲关系的特殊信任无法转化为普遍信任，因而，中国人对于血缘家族之外的“外人”是普遍地不信任。

韦伯对资本主义兴起的社会文化因素的讨论以及将中国社会缺乏信任归因于文化因素的观点，在相当程度上成为后世西方学者对中

① 马克斯·韦伯：《儒教与道教》，王容芬译，北京：商务印书馆，1995 年。

② 马克斯·韦伯：《儒教与道教》，王容芬译，北京：商务印书馆，1995 年，第 289 页。

国社会人际信任关系研究最重要的理论资源。在其追随者中，福山的观点最具代表性。他更为明确地强调文化因素对于经济发展的重要性，认为“一国的福利和竞争能力其实受到单一而广被的文化特征所制约，那就是这个社会上与生俱来的信任程度”。① 在福山看来，中国、意大利和法国这样的国家，一切社会组织都建立在以血缘关系维系的家族基础之上，对家族之外的其他人则缺乏信任，因而，这样的社会是一种缺乏普遍信任的低信任度的社会。

尽管韦伯关于“特殊信任”与“普遍信任”的建立基础在华人社会科学界一直存有争议，②但是这对范畴及其后的争议对我们理解中国乡村社会的人际信任基础仍具理论资源意义。从韦伯和福山的论述中不难看出，他们都将血缘关系视为中国社会的信任基础，而这一判断的逻辑前提是，中国社会是一个“血亲关系本位”的社会。事实上，对于中国社会“血亲关系本位”判断的理解应当有两个基本方面。一方面，毋庸置疑，血缘关系确实是中国传统乡村社会人际关系的中心。正如费孝通所指出的，在中国传统乡村社会，“血缘是稳定的力量”，“地缘不过是血缘的投影，不分离的”，“地域上的靠近可以说是血缘上亲疏的一种反映，区位是社会化了的空间”。③ 因此，人们围绕血缘这一中心建立起与他人的社会联系；另一方面，中国传统乡村社会的人际关系是一种以“己”为中心、逐渐向外推移的“差序格局”。在这一格

① 弗兰西斯·福山：《信任——社会道德与繁荣的创造》，李宛容译，呼和浩特：远方出版社，1998年，第12页。

② 大体而言，关于这一问题的争议和回应包括：一是强调中国文化构成的多元性，认为中国文化虽然具有关系特殊主义的特点，但其内部的制衡机制可以抑制特殊主义的过分膨胀，因此，中国文化本身也可以容纳某种程度的普遍信任；二是强调信任行为的时代性特点，认为在现代化过程中，通过与西方文化的接触，在一些华人社区（如中国港台地区、新加坡）已经建立了普遍信任；三是一些实证研究的发现并不支持韦伯等人的观点（参见彭泗清：《信任的建立机制：关系运作与法制手段》，载《社会学研究》1999年第2期）。

③ 费孝通：《乡土中国　生育制度》，北京：北京大学出版社，1998年，第70页。

局中,“家”的界限并不是严格而分明的,“血亲”与“非血亲”、“自家人”与“外人”之间并没有不可逾越的明确界限,在中国乡村社会,“自家人”的确定虽然包含血缘因素,但同时也包含了心理认同因素。由此,人们既可以在血缘关系的基础上产生对“自家人”的信任,也可以在地缘关系或其他由血缘关系泛化后所形成的各种拟亲关系(认干亲、拜把子、套近乎、做人情等)的基础上,在长期的密切交往过程中,对“非血亲”或“外人”产生熟悉和信任。在四个村庄的调查数据中,我们可以看到,受访者在对“朋友”、“村长”的信任选项中选择“完全信任”和“比较信任”的比例较高,这说明交往的密切程度以及对他人能力、人格的心理认同在相当程度上成为乡村社会人际信任的重要基础。

由是观之,简单地将中国乡村社会的人际信任理解为“特殊信任”,或是简单地否定中国乡村社会有产生“普遍信任”的基础,都不足以对中国乡村社会的人际信任格局提供充分的解释路径。在这一点上,将韦伯关于“普遍信任”和“特殊信任”的范畴与费孝通对中国乡村社会基层结构做出的“差序格局”的经典理论判断相结合,能够对中国乡村社会的人际信任基础和信任逻辑做出较为合理的阐释。费孝通曾指出,中国传统乡村社会的差序格局“好像把一块石头丢在水面上所发生的一圈圈推出去的波纹。每个人都是他社会影响所推出去的圈子的中心。被圈子的波纹所推及的就发生联系。每个人在某一时间某一地点所动用的圈子是不一定相同的”。[①] 可以说,差序格局是中国传统乡村社会以“己”为中心的人际关系模式,但是这一格局中的“差序”并不仅仅是由“己→家→家族”所体现的“血缘差序”,也是由交往程度和心理认同程度所体现的“情感差序”。借助于费孝通“一圈圈推出去的波纹”的比喻,可以认为,中国乡村社会的信任格局产生于

① 费孝通:《乡土中国　生育制度》,北京:北京大学出版社,1998年,第26页。

"血缘差序"和"情感差序"两个同样以"己"为中心的"圈子",其中人际信任度最高的是在血缘和情感上都最靠近中心的"家庭成员",信任度最低的是在血缘和情感上都离中心最远的"陌生人"。而在两者之间,信任的建立和信任度的强弱则呈现出"血缘差序"和"情感差序"交织共生、共同作用的复杂格局。

在四个村庄的调研数据中,我们不难验证上述格局:华宏、圣牛、扁担赵和朗利等四村受访者在回答对"家庭成员"的信任程度时,选择"完全信任"和"比较信任"的比例之和分别为94.6%、91.7%、92.8%、77.9%,而选择"完全不信任"的频数均为0;在回答对"陌生人"的信任程度时,选择"完全信任"和"比较信任"的比例之和分别为6.0%、3.8%、2.9%、7.1%。在信任度最高的"家庭成员"和信任度最低的"陌生人"之间,受访者在人际信任关系上都呈现出差序性的共性格局特征,不过,这种"差序"并未体现出非常明确和一致的亲疏顺序。

三、转型期中国乡村社会人际信任格局的变化及其地域差异

从一定意义上说,中国传统乡村社会是"一个没有陌生人的社会",人们在相互熟悉的基础上产生信任与合作,从而使传统村庄以"重人情"为特征,呈现出显著的道德逻辑和伦理指向。这种在熟悉基础上建立的信任局限于"熟人圈"的范围内,且信任的程度与熟悉的程度密切关联,因之,乡村社会的人际信任呈现出十分显见的差序特征。时至今日,这种差序性仍然是中国乡村社会人际信任的基本格局。但是建国以来,尤其是改革开放以来,以工业化、市场化、城市化为主要内容的农村改革进程不断改变着乡村社会的生产方式和生活,日益冲破了乡村社会长期以来商品交易和人际交往的"熟人"限域,使得转型期的中国乡村社会出现了一系列新的特征。农副产品经营的放开,农业的产业化运作,大量农民进入城市务工,一些东部沿海地区的村庄

更是在乡村工业化进程中逐渐演变为"没有一亩农田、没有一个完全务农的农民"的新型工业化乡村社区，[①]加之近年来村庄合并的政策推动，越来越多的农民开始从"熟人社会"进入"半熟人社会"，甚至"陌生人的社会"。在这一过程中，乡村社会的人际信任关系出现了一些新的变化。

首先，伴随着大量农民向产业工人的角色转变，新型的"职业共同体"及由此所产生的信任关系成为转型期乡村社会人际信任的重要内容。从表1—4中可以看出，华宏、圣牛、扁担赵和朗利等四村的受访者在回答对"同事"的信任度时，选择"完全信任"和"比较信任"的比例之和分别为52.7％、37.1％、20.9％、22.8％，这一比例均高于其对"同村人"的信任度。结合村庄基本状况及访谈资料，我们不难发现，在这一问题上的信任度差异主要源自村庄经济发展水平和模式所造成的"同事"构成的差异。[②] 易而言之，四个村庄的受访者所理解的"同事"有着不同的对象所指，华宏村受访者主要指同在华宏集团工作的同村人或外地人，圣牛村受访者则主要指一起进行羊毛衫生产经营活动的同伴，而扁担赵村和朗利村受访者则是指在外地打工时同一企业中的其他打工者。由此，我们不难发现，在华宏村受访者较之其他村庄受访者对"同事"的更高信任度中，既包含了市场经济条件下基于职业共同体内部的契约与合作而产生的"普遍信任"，也包含了传统乡村社会基于血缘、地缘和情感而产生的"特殊信任"。

其次，传统村庄所依系并不断巩固的"伦理生活共同体"在一定程

① 笔者调查的地处苏南地区的江阴华宏村和吴江圣牛村都是这样的典型村庄。

② 华宏村是一个典型的苏南新型工业化乡村社区。华宏集团目前下辖9个子公司，是中国制造业500强、中国民营500强企业。华宏集团不仅将本村绝大多数农民转变为企业工人，同时还吸纳了大量外来务工人员。圣牛村地处有"中国羊毛衫生产基地"之誉的横扇镇，尽管也有一些规模企业，但仍然以家庭作坊式的小型针织企业为主。而扁担赵村和朗利村因地理位置和经济发展条件等多种因素的制约，本村尚无企业，村民主要从事传统农业生产或外出打工。

度上走向式微，村庄成员间的信任关系呈现出较为复杂的态势。韦伯曾明确指出：“伦理宗教，特别是新教的伦理与禁欲教派的伟大业绩就是挣断了宗族纽带，建立了信仰和伦理的生活方式共同体对于血缘共同体的优势，这在很大的程度上是对于家族的优势。”[①]从这一阐释中我们不难发现，与其说韦伯将伦理宗教视为普遍信任的基础，毋宁说，他更强调“信仰和伦理的生活方式共同体”对于建立普遍信任的作用。值得注意的是，在中国传统乡村社会，村庄成员在共同的生活地域和生活经历中产生共同（或相似）的利益诉求、价值取向和善恶判断，并由此形成对村庄共同体的心理认同和身份认同。在此基础上，村庄成员之间保持着较高的信任度。换言之，尽管中国传统乡村无法产生韦伯所谓的“基于共同信仰的普遍信任”，但是村庄成员能够将对村庄伦理共同体的认同转化为对村庄成员的信任，从而超越韦伯所谓的“基于血亲关系的特殊信任”。在笔者的访谈中，多位年长的老人都提及儿童时代家家户户大门敞开、互不设防的日子。并且，我们至今仍可看到，相当一部分农民在离土离乡之后，依然会将同乡关系作为建立新的社会联系的最可靠途径，并对来自同村的职业同伴给予更高的信任。不过，伴随着村庄规模的扩大和人口流动的加剧，村庄居民的异质性和村民行动的原子化程度大大提高，村庄共同体的凝聚力趋于弱化，加之近年来乡村生活中开始出现的“熟人失信”现象，导致村庄成员间的信任关系呈现出较为复杂的态势。在表 3 和表 4 中，我们不难发现，受访者在回答对“同村人”的信任度时，出现频数最高的选项是“一般”，而选择“完全信任”和“完全不信任”的频数和比例都非常低。这在一定程度上反映出村庄伦理共同体的式微及其对乡村社会人际信任关系的影响。

---

① 马克斯·韦伯：《儒教与道教》，王容芬译，北京：商务印书馆，1995 年，第 289 页。

最后，村庄领袖的信任度取决于其在村庄内部的权威地位，因而体现出一定的地域和个案差异。从表1—4中可以看出，华宏、圣牛、扁担赵和朗利等四村的受访者在回答对“村长”或“村干部”的信任度时，选择“完全信任”和“比较信任”的比例之和分别为55.3%、36.1%、56.1%、50.4%，这一比例既高于其对“同村人”的信任度，也高于其对“同事”的信任度。这表明，在当前基层农村，村庄领袖获得的信任基础既非单纯的传统地缘和情感关系，也不完全是市场经济条件下新型的职业关系。应当看到，村支书、村长等村庄领袖获得的信任度在相当程度上取决于其在村庄内部的权威地位。在社会转型期，村庄领袖权威是一种由基于为村庄共同体带来福利的报偿性权威、基于上级任命获得的法理权威和基于个人人格和道德威望的魅力型权威共同组成的“复合型权威”。[①] 由于经济发展水平、模式和文化传统的差异，村庄领袖的权威获得会在上述三种权威构成中体现出一定的地域和个案差异，因此，村庄领袖的信任基础也会相应地有所差别。结合四个村庄的实际状况及访谈资料，我们发现，扁担赵村和朗利村村民对村干部的信任主要基于村干部勤恳、正直、清廉的工作态度；而华宏村和圣牛村村民对村干部的信任更多地建立在其个人水平尤其是发展村级经济、带领村庄成员共同致富的能力上。易而言之，地处中西部欠发达地区的基层村庄，村庄领袖的信任基础主要是基于个人人格和道德威望的魅力型权威；而地处东部发达地区的基层村庄，村庄领袖的信任基础更多地基于其为村庄共同体带来福利的报偿性权威。

由是观之，转型期中国乡村社会的人际信任在保持传统差序性格局的同时，也出现了与乡村社会新的生产、生活方式及交往方式相对应的若干变化，并且呈现出更为复杂多变的差异性特征。如何应对转

---

① 王露璐：《经济能人·政治权威·道德权威——以HH村为个案的苏南村庄领袖权威获得与延续之实证研究》，《道德与文明》，2010年第2期。

型期乡村人际信任关系的变化？如何提高乡村社会的人际信任度？如何建立有效的乡村社会信任机制？这一系列问题有待进一步探索。而对当前乡村社会人际信任关系的准确把握，无疑为上述问题的探讨和解决提供了必要的理论前提和实证资源。

（原文发表于《道德与文明》2013年第4期，收入湖北大学哲学学院编：《价值论与伦理学研究·2012年卷》，新华出版社2013年版。《中国社会科学文摘》2013年第12期转载）

【附录：书评及报道】

这是乡村伦理中的中国

万俊人

中国曾经被誉为“礼仪之邦”和“东方道德文明古国”，这无疑是一个民族所能赢得的最高道德荣耀了。然而，这一荣誉毕竟只能代表农业文明时代的中国，而且，当我们千辛万苦地闯入现代工业文明并为之殚精竭力时，却猛然发现，随着“田园诗般的”农业文明风光一起渐渐消失的，不仅仅是往日里桃花源般的田园风光，还有蕴含甚或弥漫于村落、祠堂、家族、家庭、邻里、私塾、学院、寺庙，以及飘荡在晨雾暮色、田间地头和袅袅炊烟间的呼喊应答、作揖问候、短笛长调……工业、城市、商业、现代交通通信，还有正在迅猛突起的网络信息，不仅快速地挤压并改变着曾经广大而宁静的农村、农业和农民，而且也让生活和工作在城市里的人们或多或少有些头昏目眩，茫然失据。于是，乡愁和“记住乡愁”便同时迅速成为现代社会和现代人的一种文化病症，这其中，乡村伦理当是近代以来中国社会最为纠结的文化症候了。

也许正因为如此，早在“五四”新文化运动之后不久，毛泽东、梁漱溟、费孝通等思想先进们便纷纷将眼光和心思投向了中国农村，考察和分析农民运动、着手乡村道德文化建设试验、进行乡土中国的社会学研究。我想强调指出，与近世中国社会的其他学术研究和思想理论成果相比，这些研究中国农民、这些乡村伦理中的中国农村和农业的理论成就殊堪卓越，不单最具“中国特色”，而且产生了世界性影响，有的甚至被视为具有典范意义的创造性理论成就。可惜自此以后，这类研究和探讨似乎风光不再，未能持续。大约十余年前，南京师大博士生王露璐告诉我，她准备以乡村伦理作为其博士论文选题，我听后禁不住拍案击节，并极尽怂恿之能事，为其鼓呼唱和。几年后，其文毕，并不出意料地荣获该校优秀博士论文和江苏省优秀博士论文；越明年，其处女作《乡土伦理——一种跨学科视野中的“地方性道德知识”探究》出版，学业初成。去年，其《新乡土伦理——社会转型期的中国乡村伦理问题研究》问世，同时又组成其学术团队承接国家社科基金重大招标项目《中国乡村伦理研究》，可谓志业大成。毫无疑问，王君之功不仅在其接续了近世以来的中国乡村研究学统，而且也在其别开乡村伦理之新脉，虽不敢断言其有填补空白之大成，却可云其自有别开生面之善功。眼下，已然成为知名教授的王露璐向读者坦陈其经年探究乡村伦理的思想心迹，字里行间，情理洋溢，让我顿生“士别三日，当刮目相看”之叹。而陶涛博士的书评虽有未竟，却也堪称高山流水知音语，哲理诚言对手谈了。吾不胜欣之荐之，以为“按语”。

（作者系教育部“长江学者”特聘教授，中国伦理学会会长，清华大学人文学院院长，清华大学首批文科资深教授，博士生导师。原文刊于《博览群书》2017 年第 5 期）

中国乡土伦理的转型

——评王露璐著《新乡土伦理——社会转型期的中国乡村伦理问题研究》

王淑芹

中国现代化所实现的社会转型,不仅是社会体制、发展模式和经济结构的重大转变,在根本上,更是社会价值观念的嬗变。由之,中国乡土伦理的转型在很大程度上关系着我国社会全面转型的最终实现。社会转型期乡村伦理问题的研究,理应是伦理学关注当下社会、反思当代伦理问题的重要课题,然则,在伦理学的学科视域中,对乡村伦理进行理论思考与实证研究的论著并不多见,甚或说在某种程度上,乡村伦理是我国伦理学研究的薄弱领域。欣喜的是,南京师范大学王露璐教授长期专注于中国乡土伦理问题的研究,其新近出版的《新乡土伦理——社会转型期的中国乡村伦理问题研究》(人民出版社,2016年),抓住了关键问题,突破了研究的薄弱环节,是具有重要理论与实践价值的开创性的研究成果。

该著作理论体系框架新。尽管我国传统社会具有"礼俗社会"的典型特质,但在伦理学研究中,乡村道德生活史、现代社会转型中农民道德观念演变史的资料比较匮乏,学界缺乏对现代农村道德状况实证研究与理论分析的整体把握及其建设机制等方面的系统研究,而本著作对中国乡村伦理变迁的梳理与条陈,对乡村伦理共同体的式微与重建、农民行为选择的伦理冲突与化解、乡村分配伦理观念、乡村社会道德权威、乡村社会人际信任、乡村社会礼制与法治秩序等问题的深入思考与研究，不仅具有强烈的问题意识、跨学科的理论视野，而且具有新的学术研究思路和独到见地，极大地丰富了我国农村伦理道德理论，形成了我国乡村伦理理论体系的新框架。

该著作实践路径接地气。如何实现乡土伦理的现代转型，是理论研究的指归。该著作坚持乡土伦理之"历史之根"与"现代之源"相结合的原则，实现乡土伦理"地方知识"与"普适性意义"的有效整合，进而促进"新乡土中国"由传统的礼俗伦理转化为现代法德共治伦理，为新乡土社会传统与现代道德价值的撕裂与整合提供了针对性的建设策略。这一建设策略不仅在认识范式上指出了乡村道德建设内容的转变，也在实践范式上明确了道德建设主体和方式的转变，从而为中国特色的社会主义新农村建设提供了重要的道德建设理论指导。

该著作研究方法有突破。本成果采用跨学科研究与实证研究相结合的方法，实现了理论与实践的有机统合。运用伦理学、政治学、经济学、社会学等多学科理论，以跨学科的多维视角对乡村伦理进行了深入的理论分析，同时，通过对不同地区典型村庄的田野调查，较为准确地把脉了我国乡村伦理道德的现状，增加了研究成果的理论性和可信性。具体而言，一方面，作者沿续了在前著《乡土伦理》中所采取的历史唯物主义方法论原理，以不同地区、不同民族的村庄作为典型，采用问卷调查和深度访谈相结合的规范的田野调查方法，从而在确保《新乡土伦理》与《乡土伦理》有一以贯之的科学研究方法前提下，使研究调查的数据更具有代表性和说服力。另一方面，作者并未停留于对乡村道德状况的简单描述，而是借鉴经济学、法学、政治学等众多学科关于乡村研究的理论资源，从伦理学的专业视角阐释转型期中国乡村社会的道德现象和伦理关系，提出了具有学理性的论证和分析，从而很好地处理了现象描述与学理阐释、个案分析与理论提升、事实解析与价值思考之间的关系。由此，该著既体现了跨学科的综合视野和理论联系实际的方法，又凸显了作者基于伦理学的基本立场和专业视角对中国乡村问题所给出的独特理论阐释。

（作者系教育部“长江学者”特聘教授，中国伦理学会副会长，首都师范大学马克思主义学院院长、教授、博士生导师。原文刊于《伦理学研究》2017 年第 1 期）

拓展乡村伦理研究的多维视角

——评王露璐新著《新乡土伦理》

孙春晨

南京师范大学王露璐教授是当代中国乡村伦理研究领域的突出代表，她于2007年出版《乡土伦理》，此后历经近十年的探索，又出版新著《新乡土伦理》（人民出版社2016年版）。从《乡土伦理》到《新乡土伦理》，作者将研究的视野从《乡土伦理》中单一的乡村经济伦理拓展到了多维的乡村社会伦理领域。

当代中国乡村社会发生了一系列结构性的变革，出现了诸多新型的伦理关系和道德生活形态。市场经济价值观念的引入，理性“经济人”意识的不断提升，冲击着乡村社会重农、勤勉和节俭的价值取向，改变了传统的乡村经济伦理观；乡村社会从“熟人社会”向“半熟人社会”的演变，使得农民的道德生活半径突破了血缘亲缘的局限，从而扩大了人际交往伦理关系的范围，这就需要在传统的村民互助相帮伦理的基础上注入诸如契约意识、规则意识和责任意识等新价值观念，以适应与陌生人打交道的生活情境；受现代民主和法治进程的洗礼，乡村社会的法治水平得到了空前提高，但这并没有消弭儒家礼治伦理传统在乡村治理中的功能，以新型乡绅为代表的乡村道德权威依然发挥着积极的引导作用。

在这样的乡村社会发展背景下，如何建构具有中国特色的新乡村伦理？《新乡土伦理》提出了两个关键点：一是寻求乡村伦理之“历史之根”与“现代之源”的成功嫁接；二是实现乡村伦理之“地方性知识”

与“普适性意义”的有效整合。《新乡土伦理》对当代中国乡村社会多维伦理关系和道德生活的研究，既立基于乡村社会伦理自身的内生逻辑，同时又对促使传统乡村社会伦理发生变革的外力推动给予了充分的关注，惟其如此，才能够客观地认识当下乡村社会伦理的真实面貌，才能够准确地理解乡村社会各个生活领域中所呈现出的“地方性道德知识”。《新乡土伦理》从多个角度讨论了当代中国乡村伦理的重要问题，不仅展现了乡村伦理关系和道德生活的经验事实，而且做出了富有学理性的分析。在研究方法上，《新乡土伦理》中那些基于田野工作的道德民族志，为研究乡村伦理提供了鲜活的第一手文献。“书斋里的伦理学家”不可能感知生动的和丰富多彩的乡村伦理，研究乡村伦理应当借鉴人类学和社会学的方法，研究者必须走进乡村，参与到实际的乡村生活之中，亲身观察乡村道德生活的点点滴滴，并对乡村社会的道德现象和道德事实做出合理的文化解释。

乡村社会的伦理是一个可供研究者进行深入挖掘的宝库，除研究乡村经济生活伦理、法律生活伦理和公共生活伦理等之外，一些与乡村日常生活密切相关的道德文化传统更能凸显研究“地方性道德知识”的意义和价值。例如，乡村的习俗文化是乡村千百年延续下来的人际交往伦理准则的载体，乡村的节日文化和仪式文化担当了乡村道德濡化和道德传承的功能，乡村的亲属关系文化则是家庭和家族成员之间的道德纽带以及世代更替的道德记忆。如果不研究乡村的习俗伦理、节日伦理、仪式伦理和亲属关系伦理，就不能从“生活的根底”理解乡村伦理的独特性及其无穷魅力。寄希望于《新乡土伦理》的作者和其他有志于乡村伦理研究的同仁们在这些领域有所贡献。

（作者系中国伦理学会常务副会长，中国社会科学院研究员、教授、博士生导师，原文刊于《道德与文明》2017 年第 2 期）

苏南乡村经济伦理的深刻透视

——评《乡土伦理》

龙静云

近年来，尽管在伦理学领域也有学者涉足农村道德建设和农民道德问题的研究，但是总体上看，伦理学对乡村的关注仍然是十分欠缺的，从经济伦理视角深入研究乡村伦理的学者和成果更可以说是几近阙如。在我看来，中国经济伦理学的研究成果更多是一些理论层面的分析论证，而偏重实践性的成果则相对集中在企业伦理研究领域。从这一意义上说，王露璐博士的新著《乡土伦理——一种跨学科视野中的“地方性道德知识”探究》(人民出版社 2007 年 12 月版)，填补了当前国内经济伦理研究中的这一空白，是一项具有开创性意义的前沿性研究成果。

《乡土伦理》一书，以苏南这一特殊区域为研究范围，运用建立在跨学科透视和道德生活史基础上的道德社会学研究方法，通过对大量文献和田野调查资料的整理和分析，提炼和梳理了苏南乡村经济伦理的历史传统及其近代以来的传承变迁，描述和分析了苏南乡村经济伦理的实存状态及其双重作用，阐释了这种作为“地方性道德知识”的苏南乡村经济伦理与苏南乡村经济发展的区域领先优势间的内在关联，探讨了这一“地方性道德知识”对建构中国乡村经济伦理的普适意义及其限度。

通读全书，我以为其独到之处首先在于其鲜明的问题意识和独特的研究视角。作者从考察乡村经济发展的伦理维度入手，通过探究乡村道德价值观念和伦理关系的变化及其特征，以把握当代中国乡村道德文化发展的内在规律。然而，作者并未停留在对中国乡村经济伦理问题的一般考察上，而是选择了苏南这一当代中国最发达的农业区域和农村改革前沿地带，对作为"地方性道德知识"的苏南乡村经济伦理进行理论解读，以探寻苏南乡村经济发展领先优势背后的精神动力。作者从理论与实践两个维度，在对"苏南模式"和"新苏南模式"的伦理分析和比较中，既准确揭示了苏南乡村经济伦理的历史生成与传统特征，又充分展示出其现代变迁的内在轨迹和特点；既阐释了苏南模式成功、"终结"及新苏南模式生成的伦理内因，同时又指出了苏南乡村经济伦理作为一种"地方性道德知识"在整体上的不可复制性，其普适意义仅在于苏南乡村经济伦理实践中形成的某些具体道德原则或规范，其中尤其是在"承继传统"与"吸收外来"的平衡中不断自我优化的内在精神。我以为，上述研究将我国经济伦理学的研究视野从抽象的理论阐释拓展到具体的乡村经济伦理实践分析，大大丰富了经济伦理学的研究内容，在伦理学走向乡村田野和公司企业方面开了一个好头，鲜明地表达了作者建构中国现代乡村经济伦理以服务"社会主义新农村建设"的学术立意。

在研究方法方面，作者在坚持历史唯物主义方法论的基础上，从韦伯、斯科特和费孝通的经典理论研究中，成功汲取了大量有价值的方法论资源，如作者选择了当今颇具前沿性的"跨学科视景透视"、"道德叙事学"等先进的学理方法，从而以一种基于道德生活经验的、"自下而上"式的"综合—分析"方法，真实还原和描述了苏南乡村经济伦理的历史图像与实存状态。但是，作者又没有将这一方法理解为对日常道德生活经验的简单描述，而是在坚持道德生活史基本立场的同时，通过逻辑推演与学理论证将琐碎而平凡的道德生活经验提升为具有普适价值的理论范式。尤其值得赞许的是，作者借鉴了社会学研究中规范的田野调查方法，以极大的学术探究热忱，成功地走近“乡土”，“贴近”农民，取得了大量的分析数据和口述资料，并将问卷调查的定量研究和深度访谈的定性研究紧密地结合起来。这种真正走向实践、走向生活，开展艰苦繁杂的田野调查的研究精神，十分难能可贵。

当然，作为一部乡村经济伦理研究的拓荒之作，该书还存在着一些尚待完善之处。例如，以一个村庄作为田野调查的个案，所获得的数据对苏南这一区域并不具有完全充分的代表性。同时，作者对当前苏南乡村经济发展中已经出现的一些新问题，如大量外来务工人员的进入及其所带来的地域伦理文化冲突、村庄领袖的道德权威及其延续、乡村企业改制后村庄共同富裕面临的困境等，尽管有所触及，但尚未作出深入的解析。但作者并未回避其研究中存在的局限，相反，在该书的结尾明确表达了继续这一研究的愿望。衷心期待作者不断思考，深入研究，始终走在乡土伦理研究的前沿。

（作者系华中师范大学马克思主义学院教授、博士生导师。原文刊于《道德与文明》2008年第5期）

感受历史唯物主义方法论原理的逻辑力量

——读识《乡土伦理》有感

钱广荣

王露璐博士的《乡土伦理》是一本原创性的学术专著，读识之后让人感觉耳目一新，感受到一种逻辑力量。其所以如此，我以为是作者在分析和阐述"乡土伦理"的过程中，始终注意运用历史唯物主义的方法论原理，做到了逻辑与历史的统一。

中国伦理学人对历史唯物主义的方法论原理并不陌生，不论是在文本著述还是口语传播中人们一般都不会违背或忽视这一方法论原理，但是无庸讳言，不少人缺乏运用这一方法论原理的自觉性，或者虽能自觉运用却缺乏驾御能力。面对中国社会30年来伴随改革开放所发生的伦理道德观念的变化，从事伦理学元理论研究的学者多把兴趣放在批评"道德失范"和排解"道德困惑"方面，专攻应用伦理学研究的学者多把兴趣多放在都市伦理的设计和宣示方面，很少涉足"乡土伦理"的设计和传播。我并不是要反对中国伦理学研究需要关注"道德失范"、"道德困惑"和都市伦理设计等这些现时代的重要问题，而是要指出目前伦理学研究所存在脱离实际的主观主义和形式主义的倾向，在改革与道德的互动关系上缺乏自觉运用历史唯物主义观察、分析、梳理和说明究当代中国伦理道德观念变化方法论意识，缺少把握和运用这一方法论原理的应有能力。在这种情况下，《乡土伦理》能够自觉地运用历史唯物主义方法论原理分析和揭示"乡土经济"与"乡土伦理”之间在历史发展演变的过程中客观存在的互动关系，表现出较强的驾御方法论的能力，无疑是具有历史唯物主义方法论的启发意义的。

通读全书，笔者深感《乡土伦理》运用历史唯物主义的方法论原理的成功之处，主要体现在如下几个方面：

其一，全书内容是围绕“中国乡村经济发展与伦理道德观念的互动关系”这条主线展开的。众所周知，历史唯物主义认为道德作为特殊的社会意识形态和价值形态根源于一定社会的经济关系，并具有对“竖立”在经济关系基础之上的上层建筑包括观念的上层建筑发挥“反作用”的社会功能。因此，考察和研究伦理道德的变化应当始终立于伦理道德与经济关系之间的互动关系状态，在经济变革的年代尤其应当这样。恩格斯说：“人们自觉或不自觉地、归根到底总是从他们阶级地位所依据的实际关系中——从他们进行生产和交换的经济关系中，获得自己的伦理观念。”(《马克思恩格斯选集》第 2 卷，人民出版社 1995 年版，第 434 页)中国改革的起点和轴心是“生产和交换的经济关系”，改革过程中萌动和生长着的新“伦理观念”一直在冲撞和冲击民族传统道德和革命传统道德，与此同时作为资本主义道德文明核心的个人主义也支离破碎地被“放”(“引”)了进来，由此而造成以“道德失范”和“道德困惑”为表征的普遍的社会道德矛盾。毫无疑问，“道德失范”并非就是道德堕落，“道德困惑”并非就是道德认知缺失，由此构成的社会道德矛盾并非就是以非善即恶或非恶即善的“对立统一”方式存在的价值对立，而是以“亦善亦恶”或“非善非恶”的“奇异的循环”的方式而存在的道德悖论。对这种以悖论性状存在的复杂的社会道德矛盾进行梳理和说明，是伦理学研究责无旁贷的时代使命，而要如此就必须运用历史唯物主义的方法。自近代始，苏南乡土就是一片不断变革着的开放热土，虽属于“地方乡土”却具有中国“乡土社会”的特色，进入改革开放历史新时期以来则同时具有“都市社会”的“视景透视”意义。正因如此，《乡土伦理》虽然用副标题向我们表明它要叙述的是一种“地方性道德知识”，但从全书的分析逻辑看它所宣示的恰恰是一种“全局性道德知识”，读者可以沿着其由个别到一般的分析路径强烈地感受到唯物史观的逻辑推演力量。

其二，体现在强烈的历史感和明晰的现时代意识。道德与经济的逻辑关系并不是抽象的，只有置于特定的历史发展过程才能彰显其无庸置疑的逻辑力量。《乡土伦理》为了叙述近代以来苏南“乡土伦理”的历史演变过程，以详实的史料描绘了苏南“乡土经济”的历史发展轨迹，极具表现力地给读者描绘了一幅关于经济与道德之互动关系的历史画卷。“乡土经济”变迁的第一推动力是“地少人多”的土地生产力与人口生产力之间的矛盾，这一矛盾直接促使蚕桑和棉花等非自给性农产品的生产，“蚕桑、棉花等经济作物商品性生产的扩大，也带动了随之而来的粮食作物的商品化”，这就“打破了苏南农村长期以来在粮食生产方面的自给自足状态，进一步增加了苏南农民与外界的经济往来”。鸦片战争后，随着西方资本主义经济的入侵，苏南农村与近代中国其他一些地方一样，实际上被卷入“世界经济系统”。在生产力发生的这些“彼此关联，相互促进”的变化过程中，“乡土经济”人们相互之间及其与外部世界之间的“生产和交换的经济关系”自然也会发生相应的变化，这种变化又会反过来不断推动原有生产力的解构和整合。作者在描绘这一物质生产过程的历史变迁的基础上，适时地指出近代以来的“吴文化”对于“乡土伦理”发展（从“安全第一”到“生产伦理”再到“交换伦理”）所给予的支撑、维护和滋润。至此，读者已经能够十分清楚地看出，所谓“苏南模式”和“新苏南模式”，就是生产力与生产关系、经济关系与伦理道德合乎逻辑的矛盾运动模式，互动与共生共荣的模式，“乡土伦理”不过这种模式的道德文化产品而已。中国改革起步于农村，当代中国社会伦理道德变化起步于农村改革，后续的都市改革及由此引发的“伦理观念”变化也多直接或间接地与农村的改革与变化相关。《乡土伦理》虽然没有花太多的笔墨阐述“乡土伦理”的现代形式，但是，我们难道不可以从中得到某种启发么？

其三，体现在用历史唯物主义的原理方法引领和统领其他学科的研究方法。《乡土伦理》开篇便以马克思关于“小农”及其伦理特征的研究方法为突破口，交代了自己涉及的诸多具体学科的研究方法，如马克斯·韦伯在《新教伦理与资本主义精神》中倡导的将经济发展中的伦理动因——不同宗教进行比较研究的方法、詹姆斯·C.斯科特在《农民的道义经济学：东南亚的反叛与生存》中提出的农民以“安全第一”为生存伦理的分析方法、费孝通立足于“乡土中国”研究中国农民的伦理特色的方法等。但是，作者并没有拘泥于这些具体的学科方法，而是沿着马克思关于“小农”及其伦理特征的唯物史观的分析方法一直走下去，最终实现在唯物史观引领下的“跨学科方法透视”之旨趣，这种选择是颇具方法论启迪意义的。改革开放以来，中国人文社会科学包括伦理学比较注意引进和应用别国学者的科学研究方法，由此而促进了我们科学研究的繁荣，但与此同时也存在一种不正常的现象，这就是：拘泥于别国方法的形式，而不注意其方法的实质，有的甚至痴迷于生吞活剥地套用别国学者的方法用语，发展到“不愿好好说话”的地步，如“道德教育的生态学”等，把本来简单的问题弄得很复杂，本来就复杂的问题弄得令人看不懂。在这个问题上，王露璐教授的方法和文风是值得倡导的。在她的笔下，韦伯和斯科特的方法，不仅成了其运用历史唯物主义方法论原理的方法资源，而且通俗易懂。须知，借用“他山之石”不为别的，仅为了“筑己之巢”。掩卷思之，《乡土伦理》对“地方性道德知识”的探究所取得的成就多是认识论和知识论意义上的，涉及道德建设的实践论内容不多，这是一个缺憾。伦理，作为一种特殊的"思想的社会关系"需要相应的道德给予维护和支撑，道德作为社会意识形态和价值形态依赖建设，道德建设本来应是探讨一切伦理问题的题中应有之义。我们期待关于"地方性道德建设"的"乡土伦理"新著问世。

（作者系安徽师范大学教授、博士生导师。原文刊于《伦理学研究》2009 年第 1 期）

乡土伦理的式微与重构

陶　涛

18世纪末，随着清帝制走向穷途末路，中华民族在政治经济文化诸领域皆面临着前所未有的动荡。这种长期变革在趋于相对稳定之前，历经了多个错综复杂的历史阶段。或许，在许多新生代的中国青年人看来，短短三四十年前的中国社会就已然是一个遥远、陌生的时代。而这种陌生感不仅源于对以往政治经济文化制度的无知，还源于对“中国社会是乡土性的”（费孝通语）定位之不解。

其实，乡土或乡村伦理在我国的重要性毋庸多言，梁漱溟早已清醒地认识到乡村建设是解决中华民族前途问题的一个有效答案。虽说在传统历史之中，文化精英阶层始终占据着舞台中央，正所谓以劳力求食者，农工商也；以劳心求食者，士君子也。但乡村治理却是任何士君子都极度重视的家国大计，孔飞力就曾经指出：“在中国长期的帝制历史中，没有哪个根本性问题比之什么是统治乡村地区的适当方式引起过更为激烈的争辩了。”此外，以血缘为圆心的家庭宗族无疑是构建我国传统伦理秩序的现实土壤，并且肩负着道德教化的重要职责。而胸怀社稷天下的圣人理想看似高不可攀，但人人皆可为尧舜的修身之道，恰是以家庭与宗族村舍作为实践之起点。在这个意义上，乡土伦理亦可谓我国传统伦理之本、之基、之源。

不过，作为共同生活的基本单位，中国传统乡村却始终缺乏成文的伦理规约,多是以乡绅或宗族元老的伦理自治以实现稳定。直到宋儒吕大钧,为在乡村中承袭张载之关学而作《乡约》,才出现了我国历史上第一部成文的村规民约。吕氏《乡约》强调德业相励、过失相规、礼俗相交、患难相恤,仍是以儒家之义理维护乡村的发展,并以团体的力量互相督励。然而,无论乡土伦理成文与否,无论凭借人治抑或乡约,传统乡土伦理的连贯性与稳定性在漫长的中国历史中都显得格外耀眼。

中国近现代革命的开始,同样是传统乡土伦理瓦解的开始。在陈忠实的小说《白鹿原》中,吕氏《乡约》最初还得到村民的认同与传颂,但随着革命的进程,旧的乡土伦理被粉碎,在风云莫测的时代大动荡中瑟瑟飘零,新的乡土伦理却始终飘忽不定,令人不知何去何从。如上所述,自清末至今,百余年的乡村大变革历经了多个错综复杂的历史阶段,而每个阶段似乎都需要浓墨重彩,方能剖析其来龙去脉、起承转折。但若粗略地说,这也大致可以划分为三个阶段:一是清末到内战结束;二是新中国建立到改革开放前;三是改革开放至今。而王露璐教授的《新乡土伦理》,着重研究和分析的是最后一个阶段即改革开放以来的中国乡村伦理问题。

在《新乡土伦理》之中,她开宗明义地指出,随着工业化与市场化进程的发展,传统的乡村伦理共同体已经式微,并亟待重建与重构。她所批判的是:当今乡村多处于貌合神离的状态,似是一种"机械的"地域性集体;而她所寄希望的是:重新构建一种人与人之间的情感、生活、价值追求等彼此交织在一起的"有机的"伦理共同体。这种"机械"与"有机"的区分,近者源于滕尼斯与涂尔干;远者则源于亚里士多德对于"总体"(total)与"整体"(whole)的区分,即总体是多个事物的简单聚合或在数量上的叠加,但整体却与事物的本性相关。可见,真正的共同体原本是"有机的",而非流于表面的,缺乏了婚姻结合、宗族关系、公共祭祀和各种消遣活动的集合体根本就不是原初意义上的共同体。这就类似于缺失了爱情与共同生活愿景的夫妻,并不能建构真正意义上的婚姻共同体一样。

然而,作为伦理共同体的传统乡村之所以式微,却有着其内在的逻辑线索,甚至毫不夸张地说,这亦是中国现代社会发展的必然旅途。"对于生活于现代的中国人来说,以牺牲历史遗产为代价来争取权力和影响力,似乎是一种难以逃脱的命运。"(孔飞力语)这种必然性一方面出自我国市场经济体制改革所造成的制度转变;另一方面则出自科技进步所带来的全球性的时代变迁。但是,必然性远远不能说明其合理性;恰恰相反,必然性更需要我们凭借理性进行反思批判。因此,面对传统乡土伦理的式微,由于承认其必然性,便将乡村中出现的一系列问题视为合理的现象,显然是一种不负责任的处理方式;而只有承认问题与难题的存在,并积极面对、寻求解决方案,才是看待乡土伦理的理性态度。

毋庸讳言,对于当代乡村而言伦理问题是严峻而又紧迫的,其中首当其冲的无疑是因物质财富或金钱而引发的一系列问题。作为社会基本益品(primary goods)之一,物质财富既是维系人们日常生活的前提与基础,又是人们实现美好生活的必要手段与工具。但改革开放之初,我国乡村却普遍过于贫困。贫困的理由则是多方面的,难以言状。尤其是在市场经济逐步取代计划经济的过程中,农村开始实行分田到户的政策,但粮食价格极低,且需缴纳农业税费,农业生产不仅无法挣钱,还存在入不敷出的风险。因此,当人的基本生存难以维系之时,谋生的动机无疑将占据乡村居民的内心,"活下去"无疑优先于"怎么活"。

这也就不难理解,为什么 1984 年乡村户籍人口可以"自由出入"城市的政策一旦开始施行,乡村原有的生活样态便会迅速瓦解,而乡村进城务工的人数会以几何倍数疯狂增长。这种规模的人口大迁移，在人类历史上恐也罕见。而其直接后果便是我国城乡对立的二元结构越发凸显、贫富差距逐渐增大。自从迈上这条为了谋生而选择的生存之路，乡土或乡村伦理就将面临着空前绝后的挑战。

一方面，在城市内部，劳动力的迅速涌入为城市发展注入了活力与动力，并成为有效促进经济增长的中坚力量。按照美国经济学家托达罗的预期收入差异理论，只要城乡收入差距的预期存在，农村劳动力向城市迁移便是一个必然的现象。然而，在这一过程之中，农民工自身的生活状态与基本权利却很难得到有效的保障：工资偏低，且被拖欠的现象严重，并且缺乏维护合法工资的能力、知识与手段；工作劳动强度大、危害大，职业病与工伤事故频发，并且对伤病与失业缺乏必要的保障政策；生活条件恶劣，住房、保险以及子女的教育问题等都存在着诸多困难。

可以说，在我国急速腾飞的社会转型期内，农民工这一特殊历史阶段出现的“弱势群体”，正在某种程度上承担着经济迅速发展所付出的惨痛代价，而这也集中体现出了现阶段社会财富分配过程中的不合理与不正义。就此而言，西方常见的观点是：在一个正义的社会环境之中，个人的成功与失败都只取决于自己的志向与努力，而不取决于种族、阶级或性别。罗尔斯甚至更进一步，将因人的自然禀赋差异而造成的不平等也视为不正义的表现，因为自然禀赋与社会境况都只不过是纯粹的运气，但良序的社会却能把运气对于财富分配的影响降到最低的限度。或如德沃金所言，正义的分配要“敏于志向”而“钝于禀赋”。但对于农民工群体而言，在极度辛苦条件下的高强度劳作，却依然有可能无法获得维系普通生活的物质报酬。换言之，当农民离开农村、走入城市之后，仅仅由于他们“农民”的身份未发生变化，他们即便在同样的场所，做同样的工作，仍然无法获得城市居民所得到的平等待遇(且不论城市居民的待遇是否公正)。无论导致这一现象的缘由是什么,从后果来看,这无疑是不正义的,是中国亟需解决的重要社会问题之一。

另一方面,大批“空巢”乡村在我国,尤其是中西部涌现出来,村落里只剩下部分的老弱妇孺,他们被诗意地称为乡村的“守望者”。但这种浪漫主义的称号丝毫没有削减务工潮所带来的无奈与悲凉,“父母在,不远游”似乎只是老人对子女们怀有的一个不切实际的幻想。其中,最为典型和受到社会瞩目的则是留守儿童的严峻问题。留守儿童的贫苦生活、缺乏关爱与教育等现状都对其身心造成了巨大的伤害。在我看来,对一个国家或社会共同体的道德评价,并不基于该共同体的最高水准或平均水准,而基于其最低线层面的道德状况。我把这种评价方式理解为罗尔斯“最大的最小”(maximin)策略的一种应用。比如:在甲国之中,人们都过得很幸福,只有一个人无法生存、饿死街头;在乙国之中,所有人都过得不好不坏,但每个人都衣食无忧;那么,在我看来,乙国便是比甲国更好或更值得追求的(desirable)国家。留守儿童等触碰社会底线的伦理问题若不能得到有效解决,我国改革开放所取得的卓越成就无疑将大打折扣。

由上可见,仅从地域性的因素进行考量,乡村伦理共同体在我国社会转型期内就已然面临着前所未有的巨大挑战。城市就像一个黑洞,无止境地吸吮着乡村的劳动力与生命力。而相应地,城市文化与价值理念也反过来开始影响乡村原初的伦理习俗。按照辩证的观点,这亦可视为:最初城乡二元对立(分)而引发的人口流动,最终又导致了城乡一体化(和)的历史进程。就这个方面而言,物质财富或金钱又带来了另外一个严重的问题,即在乡村共同体的交往之中,衡量人生成就的标准原本是德才兼备、以德优先的伦理标准,却逐渐被金钱多寡的财富标准所取代。

随着乡村中“先富”群体有效改善自身生活处境的事例日益增多，也随着市场经济对于中国人价值理念的重塑，金钱在乡村不再仅仅是幸福生活的必要手段，而成了邻里街坊进行个人评价的首要标准。“致富”或“赚钱”的冲动，也超越了其他所有价值追求，成了人生的最终目的。正如马克思所言，这种类似“货币拜物教”的价值理念，用物与物的关系取代了人与人的关系，并最终导致了人自身的异化。在从“谋生”到“致富”转变的道路上，财富这个目标没变，变的则是追求财富的动机与理由。于是，在部分乡村之中，伦理、文化与法制甚至沦为金钱的附属品，若是能够有效致富，乡村甚至会演变为集体犯罪并互相包庇的利益共同体。时至今日，以电信诈骗为代表的事例，足以说明地域性犯罪屡见不鲜，而这也都反映出了乡土伦理在当下的尴尬境遇：似乎不再有乡土，亦不再有伦理。

那么，到底该如何纠正或改善乡村伦理所面临的困境呢？该如何把乡村重建成王露璐教授所追求的“有机的”伦理共同体呢？

按照她的说法：“中国传统乡土社会可以说是一个‘无法’却有秩序的‘礼治’社会，其秩序维系并非依靠国家法律的外在强制力量，而是主要依靠以村规民约代表的各种传统礼俗来解决各种冲突和问题。伴随着乡村社会的转型，法治开始进入乡村。尤其是改革开放以来，传统乡村社会礼治秩序的约束力出现了弱化趋势，而‘送法下乡’则随着‘依法治国’之一治国方略的提出而成为法治大规模进入乡村的表现形式。”在分析了礼治与法治的冲突之后，她最终认为：“一方面，我们不能希冀以‘礼’拒‘法’，试图通过乡村礼治传统的全面复归而拒斥国家正式法律的介入和作用；另一方面，我们也不能一味强调以‘法’代‘礼’，使法治的强制推行因缺少民间土壤而丧失其应有的社会基础和权威地位。”

显然，中国乡村伦理共同体的重构，不能复归到以德高望重的乡绅与宗族家长治理的旧途。礼法并举无疑是一条光明之路：礼治有助于传承中国传统的治理方式；法治则有助于明晰公共领域与私人领域的区分，完成乡村的现代性转型。礼治有助于顺应风土人情，灵活治理；法治则有助于抵制贪腐及对公权力的滥用；礼治有助于法治在乡村的普及；法治则有助于礼治的强制执行。

然而，礼法若想要得以有效地践行，都离不开礼法的实施者或执行人。以常见的切蛋糕为例，通常认为：由于切蛋糕之人最后选择拥有哪一块蛋糕，因而他会尽可能地将蛋糕平分，以便于在他进行选择时，他也能拥有和他人同等大小的蛋糕。但实际上，还有其他多种可能性：他没有遵守契约，而是优先选取了最大的一块蛋糕；或者，分配者虽然最后选择，但他人由于畏惧他的权力，而主动选择了较小的蛋糕，等等。这即是说，分配者自身权力必须得到有效的约束，同时，他人基本的选择权也必须要得到强有力的维护。一言以蔽之，若缺乏有效实施制度的相应条件，优良的制度（无论是礼或法）都将会沦为一纸空文。因此，乡土或乡村伦理的关注点首先要聚焦于人。在尽可能满足乡村基本物质生活需要的基础之上，对于村民所进行的职业教育、素质教育与美德教育或许是决定乡土伦理是否能够有效重构的关键环节之一。

乡村是中国当代社会的“缩影”，乡村问题则是社会问题的集中体现。因而，王露璐教授所做的工作，或许不仅仅是试图改变“自上而下”的伦理学研究范式，重建式微的乡村伦理共同体，而是以现代中国乡村为“试验场”，寻找到一条有效融合传统与现代价值理念、西方与中国（以及中国内部多民族）多元文化的道路，从而实现人类“命运共同体”和谐、共生的理想生活。

（作者系南京师范大学副教授。原文刊于《博览群书》2017年第5期）

解译乡土地里的文化密码

——记南京师范大学公共管理学院教授王露璐

费孝通先生在《乡土中国》中提出:“从基层上看去,中国社会是乡土性的。”对南京师范大学公共管理学院教授王露璐而言,“乡土性”一词意味着一种伦理文化特性。秉承费孝通先生的观点,她在看到传统乡土伦理作为“历史之根”推动乡村现代化进程和现代文明的同时,也关注着市场化进程如何为乡土伦理注入开放、平等、变革的时代血液。她认为,正是市场化为乡土伦理提供了实现转型的“现代之源”。“当代中国乡村社会的文化脉动其实就体现在这种‘根’与‘源’的伦理关系之中。”王露璐说,研究这种伦理关系的变动规律,就像是在田间地头进行活文化“考古”,解译那些失落在乡土地里的文化密码。

一、情系乡土,在调研中获得理论灵感

王露璐说,将苏南地区作为“考古”首选,是因为苏南地区特有的文化深深地吸引了她。在不同历史发展时期,苏南地区似乎总是乡村经济的“领头羊”。时至今日,全国县域经济百强县前10名中,苏南占了7个。

王露璐带领调研团队走访了苏南地区的多个典型村落,收集了数十万字的访谈资料和调研记录,获得了大量的一手调研数据。

通过调研,王露璐对某些学术观点产生了新的认识。如以往学界

认为苏南地区村庄领袖的“绝对权威”在村落共同体中可能引发“道德风险”,但她发现,“绝对权威”实际上并不存在。王露璐认为,苏南地区村庄领袖的权威是由三种权威组成的“复合型权威”,即基于为村庄带来福利的报偿型权威、基于选举和任命的法理型权威和基于个人人格和道德威望的魅力型权威。只有当村庄领袖能为村庄发展作出贡献、带来福利时,这种权威才能延续。

二、走进乡土,关注乡土伦理的地域特性

王露璐在其专著《乡土伦理》中描述了乡土苏南的文化密码,“起关键作用的其实不是表面上的务实、理性、守序这些规范,而是苏南乡村经济伦理在‘承继传统’与‘吸收外来’的平衡中不断自我优化所形成的‘精神不朽’”。

结合实地考察与文献研究,王露璐认为,由于特殊的自然地理条件、生产生活方式、地域文化特征、历史发展机遇,苏南地区的乡村经济伦理是一个无法克隆的“地域特殊”。然而,在这个“地域特殊”中同时又延续着乡土文化传承的“历史不朽”。她指出,在当前社会主义新农村建设的实践中,一味仿效甚至照搬其他地区的发展模式,结果往往会以失败告终。开展工作的关键前提在于找到某种“地域特殊”背后潜在的“精神动力”,只有通过实地调研,掌握可靠的实证数据,才能找到这个“精神动力”并拿出行之有效的具体思路和方案。

近年来,王露璐的乡土伦理系列研究获得了丰硕的成果和广泛的认同,除了专著《乡土伦理》外,她还撰写了大量学术论文,先后主持了两项国家社会科学基金项目。在对苏南乡村经济伦理的考察基础上,她又进一步拓展了乡土伦理研究的视野,试图对转型期中国的乡土伦理问题进行解析。

王露璐认为,伴随着“乡土中国”向“新乡土中国”的转变,实现乡

土伦理的现代转型，建构具有中国特色的新乡土伦理，方能为中国乡村发展提供强大而持久的精神动力。而建构新乡土伦理的关键，在于在“历史之根”与“现代之源”、“地方性知识”与“普遍性意义”的冲突中找到平衡点。换言之，新乡土伦理不是一成不变的伦理范式或道德规范，而是在不断借鉴和融合现代理念及其他“地方性道德知识”先进成分的基础上实现自身伦理文化的提升与优化。

在区域比较的基础上，王露璐坦言，如果不把理论研究建立在实地调研和实证分析的基础上，笼统地、抽象地把一种“模式”和“经验”简单地“复制＋粘贴”，不仅达不到预想的“捷径效应”，反而会事倍功半。

三、贴近农民，在乡间烙下鲜活的学术记忆

每到一个地方调研，王露璐都要求自己和调研团队学会一套与当地农民“混熟”的本领。在“熟人社会”里，熟悉是获得配合的前提。王露璐说，调研最常遇到的困难是受访对象拒绝访问。“有时人们会把我们当成‘推销员’、‘特派员’、‘服务生’甚至‘冒犯者’。但一路走来，每一次田野调查都留下了鲜活的学术记忆，也让大家都成了‘有故事的人’。”

每当一天的调研结束，王露璐和她的调研团队总要开一个碰头会，分享一天的所见所闻所思，写出调研日志。“这个会每次都开得像故事会。大家把在乡间获得的理论知识当做故事来叙述，在亲身经历中捕捉学术思想的火花。”

（原文刊于《中国社会科学报》2012 年 04 月 28 日 A－03 版。记者郑飞、实习记者黄佩映报道）

图书在版编目(CIP)数据

伦理如何“回”乡村/王露璐著.—上海:上海三联书店,2019.12

ISBN 978-7-5426-6804-2

Ⅰ.①伦… Ⅱ.①王… Ⅲ.①乡村—道德社会学—研究—中国 Ⅳ.①B82-052

中国版本图书馆CIP数据核字(2019)第210104号

伦理如何“回”乡村

著　　者/王露璐

责任编辑/张大伟
装帧设计/杨　姿
监　　制/姚　军
责任校对/朱倩倩

出版发行/上海三联书店
(200030)中国上海市漕溪北路331号A座6楼
邮购电话/021-22895540
印　　刷/上海惠敦印务科技有限公司

版　　次/2019年12月第1版
印　　次/2019年12月第1次印刷
开　　本/640×960 1/16
字　　数/280千字
印　　张/21
书　　号/ISBN 978-7-5426-6804-2/B·652
定　　价/68.00元

敬启读者,如发现本书有印装质量问题,请与印刷厂联系 021-63779028